航空发动机发展中的故事

The Story of the Development of Aeroengine

陈 卫 程 礼 于锦禄 张小博 编著

U0195149

西北工业大学出版社

西 安

【内容简介】 本书共分 3 篇,主要内容为莱特兄弟成功进行第一次有动力飞行及其后航空发动机发展中的 30 个故事,其中包括开启航空时代序幕的莱特兄弟故事、人类首位航空机械师的故事、活塞发动机飞机挑战音障的故事、惠特尔发明涡喷发动机的故事、奥海因发明涡喷发动机的故事、大推力军用涡扇发动机"大战"的故事、旧中国航空发动机诞生的故事,以及九小孔空心涡轮叶片诞生的故事等等,目的是使读者了解航空发动机技术发展背后的故事。

本书主要供高等院校航空机械工程、飞行器与动力工程等专业学生阅读,也可供航空爱好者、航空相关专业的学生,以及从事航空发动机设计、科研、使用、维修和技术管理等工作的人员学习、参考。

图书在版编目(CIP)数据

航空发动机发展中的故事 / 陈卫等编著. — 西安:
西北工业大学出版社,2023.7
ISBN 978 - 7 - 5612 - 8661 - 6

Ⅰ. ①航… Ⅱ. ①陈… Ⅲ. ①航空发动机-普及读物
Ⅳ. ①V23 - 49

中国国家版本馆 CIP 数据核字(2023)第 125250 号

HANGKONG FADONGJI FAZHAN ZHONG DE GUSHI

航 空 发 动 机 发 展 中 的 故 事

陈卫 程礼 于锦禄 张小博 编著

责任编辑:胡莉巾 李阿盟	策划编辑:李阿盟
责任校对:王玉玲	装帧设计:李 飞

出版发行:西北工业大学出版社

通信地址:西安市友谊西路 127 号　　　　　邮编:710072

电　　话:(029)88491757,88493844

网　　址:www.nwpup.com

印 刷 者:西安五星印刷有限公司

开　　本:787 mm×1 092 mm　　　　　1/16

印　　张:19

字　　数:462 千字

版　　次:2023 年 7 月第 1 版　　　2023 年 7 月第 1 次印刷

书　　号:ISBN 978 - 7 - 5612 - 8661 - 6

定　　价:88.00 元

前　言

自从 1903 年莱特兄弟成功进行第一次有动力飞行以来,人类的航空事业已经走过百年历程。其间最复杂、最波澜壮阔的应该是飞机动力装置——航空发动机的诞生及其发展,这是因为航空发动机被誉为飞机的"心脏",也因为它是人类有史以来创造的最有挑战性、最能推动技术进步、结构最完美的集机械、电子、液压于一身的机械装置。百年来的航空发展历程表明,航空发动机代表着一个国家的综合实力。据说日本通商产业省曾进行过统计研究,按照产品单位质量创造的价值来计算,如果船舶为 1,则汽车为 9,电子计算机为 300,大型飞机为 800,而航空发动机高达 1 400。因此,航空发动机是大国竞相发展的重点。

在航空发动机发展历程中,从刚开始的活塞式发动机,到涡轮喷气式、涡轮风扇式发动机,一步步的发展既给人们带来了惊喜,同时也带来了技术上的挑战,其结果就是发动机技术的不断进步。然而,技术最终还是由人,以及人所完成的事构成的,这便产生了故事。了解这些故事,一方面可以帮助人们感受这些人物的人格魅力,理解影响发动机技术进步的源动力及其发展规律;另一方面可以帮助人们从故事中感受技术发展所带来的挑战,使人们汲取智慧,更好地设计、使用发动机。从这一个个的故事中,人们会由衷地感叹人类的智慧和创造力在面对一个个挑战时是多么的强大。

2016 年 8 月 28 日,中国航空发动机集团公司成立时,对外公布的集团从业人数为 7.6 万人,总资产为 1 100 亿元。据 2019 年底公开发布的报告,我国目前以航空发动机为主业的企事业单位共 26 家,其中设计研究院所 5 家,主机生产企业 6 家,年产各类航空发动机约 1 100 台,年销售额 300 亿元。这些数据说明,我国已成为一个名副其实的航空发动机大国。

近年来,我国通过成立航空发动机集团公司、成立航空发动机研究院、设立航空发动机与燃气轮机国家重大专项及采取一系列政策举措促进航空发动机相关产业发展,研制了一批能用、管用的航空发动机,但航空发动机在我国航空领域的尴尬处境并没有出现实质性的转变。无论是商用的 C919、ARJ21 飞机,还是军用飞机,都曾经或者正在面临国外进口发动机技术封锁的窘境。另外,航空发动机是一门可用"木水桶"来类比的综合学科技术,涉及气动、热力、材料、计算、仿真、测试、传感器、工艺、化学、力学、电子电气等诸多领域，任何一门学科的"短板"都会制约其发展，也造成航空发动机在设计、制造和使用等方面具有很多与航天和地面使用动力装置不同的特点，即使是航空发动机专业方向的老师在读硕士、博士研究生，也有很多人不了解这些方面，普通读者可能就更无从知道了。

受习近平同志"讲好中国故事，传播好中国声音，展示真实、立体、全面的中国，是加强我国国际传播能力建设的重要任务"和"……打造融通中外的新概念、新范畴、新表述，更加充分、更加鲜明地展现中国故事及其背后的思想力量和精神力量"讲话的启发，我们试图通过选取航空发动机发展过程中的一些典型故事，向读者展示航空发动机在发展中经历了什么，有哪些技术引领了航空发动机的发展，又有哪些人、哪些事影响了航空发动机的发展进程轨迹。为了反映我国航空发动机发展中我国科研工作者所付出的艰辛和取得的成就，本书选取了"旧中国航空发动机诞生的故事""新中国第一台航空发动机诞生的故事""测仿美残骸发动机的故事""错过发展机会的涡扇6发动机故事""沙丘驻涡火焰稳定器诞生的故事""九小孔空心涡轮叶片诞生的故事"等6个具有典型意义的故事，以飨读者。

我们长期从事"航空发动机构造学""航空发动机监控技术"和"航空发动机故障诊断"等多门航空发动机相关课程的教学和研究工作，先后讲授过数个型号航空发动机构造内容，对民用航空发动机也有着较深入的认识，更重要的是我们对航空发动机的使用有着切身体会。这些经历促使我们想到以讲故事的形式告诉读者航空发动机发展的源动力是什么，同时给航空发动机领域的爱好者提供一本适合学习专业知识的参考书。

以故事的形式展示航空发动机技术的发展，对我们而言是一个比较大的挑战。挑战主要表现在，一是如何把握技术的典型性，二是如何增强技术的故事性，三是如何揭示技术的启发性。对于第一个挑战，我们构建了三个典型性准则，即技术如何起步、技术如何发展、技术怎样转折。例如技术如何起步，通俗说就是"万事开头难"，即讲述技术是怎么样从0发展到1的，其间经历了什么。对于第二个挑战，我们以发动机技术发展的时间顺序为主线，以从整机到部件、从国外到国内的顺序为副线，统一组织和编排内容。由于各个故事之间的关联性不是很强，读者完全可以从某个自己感兴趣的故事开始阅读。虽然我们用亲历者经历和技术发展的前后顺序来组织内容，但仍存在一些遗憾，比如有些故事叙事性太强，而趣味性不足，这一方面是能力和水平所限，一方面是受客观素材所限，还有一方面就是技术发展本身可能带有一定的偶然性，难以用精彩的故事来叙述。对于第三个挑战，在编写本书的过程中，我们深深体会到了每一个故事背后还有故事，其背后的故事往往更令人深思和值得玩味。

我们特别感谢那些在航空发动机发展过程中创造历史、创新技术的人，包括但不限于莱特兄弟、弗里德里克·B.伦茨勒、弗兰克·惠特尔、汉斯·冯·奥海因等国外航空先驱，以及吴大观、师昌绪、张恩和、高歌等国内著名学者，还要感谢那些在航空发动机技术发展过程中默默付出的普通工作者,他们是航空发动机发展进程中真正的主角。正是由于他们所创造的非凡成就,现代航空发动机能够在带给人类安全、快捷生活的同时,也使这颗"皇冠上的明珠"更加夺目。

本书由陈卫、程礼、于锦禄、张小博等共同编著。

在编著本书的过程中,参考了相关书籍(包括英文专著、译著)、论文和其他资料(包括网络素材)。另外,本书得以成稿,还得到了笔者所在单位和相关同事的大力支持。在此一并表示衷心的感谢。

感谢西北工业大学出版社胡莉巾、李阿盟等编辑老师,她(他)们以认真的态度、专业的素养、扎实的作风为本书增添了一抹色彩。

限于能力和水平,书中难免会存在一些不足和疏漏,恳请广大读者批评指正。

编著者

2022 年 7 月

目　录

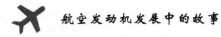

第一篇

各国航空发动机的诞生

1 开启航空时代序幕的莱特兄弟故事

　　1903 年 12 月 17 日上午 11 时左右,奥维尔·莱特驾驶"飞行者一号"完成了人类历史上第一架有动力、可操纵、重于空气载人飞行器的首次试飞。这项伟大的成就标志着人类正式迈进了航空时代,而莱特兄弟也因此永载史册。

莱特兄弟(左为哥哥威尔伯·莱特,
右为弟弟奥维尔·莱特)

人类首次成功试飞

　　莱特兄弟的故事之所以成为一个传奇,是因为缺乏正规教育的他们用了比大多数航空先驱少得多的时间和金钱就完成了发明飞机的重任,他们的身份与达成的目标之间差距实在太大了。

　　英国著名物理学家瑞利(J. W. S. Rayleigh,原名约翰·威廉·斯特拉特,John William Strutt)指出:"莱特兄弟的名字是人类飞行史上最伟大的名字,他们的成就在航空史上占有杰出的地位。一项成功的新发明一般总是许多人共同努力的结果,莱特兄弟也不例外。在他们之前有许多杰出的先驱者,但他们都只能居于从属地位,主要成就应该完全属于莱特兄弟。他们多年面临重重困难,而坚忍不拔的精神仅仅是他们个性的一部分,他们之所以伟大,主要在于他们摒弃固有思想模式,批判地吸收旧有的资料,不怕危险和失败带来的失望,他们从书本上、从大自然的实践中获得知识。他们懂得在征服自然和驾驭天空上没有捷径,只有人类最高精神才能在长

瑞利(1842—1919)

期奋斗中取得胜利,他们的信心从未丧失。"

哥哥威尔伯·莱特(W. Wright,1867—1912)于1867年4月16日生于美国印第安纳州的纽卡斯特尔,后来他们举家迁到俄亥俄州的代顿,弟弟奥维尔·莱特(O. Wright,1871—1948)于1871年8月19日降生于代顿。他们俩在家排行是老三和老四,上面有两个哥哥,下面还有一个妹妹。他们的父亲密尔顿·莱特是当地的一位牧师,他心胸豁达,经历丰富,经常鼓励孩子们要有多方面的爱好和专长,这对孩子们的影响很大。

威尔伯自小体弱多病,在学校学习时间很短,连高中都没有上过,但这不影响他对一些新奇事物的追求。奥维尔的性格与威尔伯完全不同,他极其好动,兴趣基本不在读书上,但是两人的关系非常好,配合也非常默契。虽然兄弟两人都缺乏正规教育,但他们对自然科学和工程技术却十分热爱,养成了勤奋好学、探索新奇事物并且十分自信的性格特点。

1894年,威尔伯和奥维尔创办了莱特自行车公司。公司一开始只修理自行车,后来开始设计和制造自行车。由于他们肯于钻研、心灵手巧,设计的"克莱夫"(Clever)牌自行车不仅美观大方,而且坚固、平稳、价格低廉,经过几年经营,他们赚到了一些钱。

1896年,德国航空先驱奥托·李林塔尔(Otto Lilienthal)在飞行试验中因飞机坠落而摔断脊柱,为自己的理想献出了生命。这个消息激起了莱特兄弟对飞行的浓厚兴趣。此后的两三年间,他们通过阅读有关书籍加深了对航空的了解,但基本上处于业余状态。随着他们对这个复杂问题的理解逐渐深入,他们对飞行问题就越发着迷,以至后来越陷越深,不能自拔。大约在1899年,他们放弃了一切活动,专心于对飞机的研究。

奥托·李林塔尔(1848—1896)

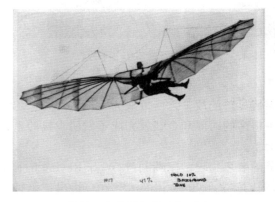

奥托·李林塔尔的飞机试飞

1899年5月,威尔伯写信给著名的科学机构——史密森研究院索取与航空有关的资料。他在信中表达了他们投身飞机研究与设计的决心:"我的观察使我坚定地相信人类的飞行是可能的,也是现实的。我准备以实际的工作系统地进行这一课题的研究。"该研究院给他提供了一张清单,其中有查纽特·奥克塔夫(Chanute Octave)的《飞行机器的发展》、塞缪尔·兰利(Samuel Langley)的《空气动力学试验》、李林塔尔的《作为航空基础的鸟类飞行》,以及1895—1897年的航空年鉴,这些文献中对他们帮助最大的是航空年鉴和《飞行机器的发展》。

通过研究这些资料,一方面他们比较系统地学习了基本的航空知识,特别是设计飞机所必需的基本部件和空气动力学知识,这使他们一开始就有了较高的起点,避免了很多弯路;另一方面他们认识到前人存在的不足和飞机研制面临的重重困难,发现了飞机研制所应采取的正确技术路线。

查纽特·奥克塔夫

（1832—1910）

塞缪尔·兰利

（1834—1906）

莱特兄弟认识到,19 世纪时已基本具备了动力飞机研制的必要条件,先驱们已经在飞机结构、空气动力学、升力与阻力关系、平衡与操纵、发动机等各个方面取得了不同程度的突破。之所以还没有人能够设计、制造出一架能够持续飞行的载人飞行机器,是因为他们往往都只关注飞机的某一个或某几个方面的问题,孤立地看待和解决局部问题,而没有从整体上,从一架完整飞机的角度寻求解决的办法。这也就是说,这些先驱者只是航空学某一方面的专家,而不懂得或忽视了各种环节之间的相互关系,没有真正用系统的观点看待飞机的设计问题。

史密森研究院外景

仅用了短短两个多月的时间,莱特兄弟就完全弄清了一架飞机所应具备的三要素,即升力、推进力和控制。在过去的一百多年时间里,几乎还没有一个人从整体上看待飞机的设计。清楚地认识到这些问题使莱特兄弟一开始就在思想和方法上比许多航空先驱者都技高一筹。

通过进一步学习、研究,他们认识到解决飞机的稳定与平衡问题比设计制造质量轻、强度大、升力足够的机翼和轻型动力装置要困难得多。由于他们对后两个问题的解决有充分的信心,因此解决稳定与平衡问题便成了他们的首要突破口。

1899 年 7 月的一天,一位顾客到他们的商店购买自行车中轴。当威尔伯拿起一只装中轴的空盒子时,由于里面没有东西,盒子一下子就被捏扁了。威尔伯一直在思索飞机平衡和操纵问题,这件事使他突然产生灵感:翼面的翘曲变形可能是操纵飞机并使其保持平衡的一种方式。1899 年 8 月,他们制作了一架滑翔机模型来试验所发现的通过翼尖翘曲保持平衡的方法的有效性。这架滑翔机实际上只是一只宽度为 1.5 m 的大风筝,采用了双机翼结构。为了有效地使机翼翼尖进行翘曲运动,他们改变了张线和支柱的结构,上、下翼面之间用垂直的刚性支柱连接。它没有尾翼组件,而是用四根绳索操纵上、下翼面的交叉翘曲偏转。莱特兄弟通过试验证明了他们保持空中平衡和操纵的方法是有效的,这给予了他们极大的信心。之后通过对鸽子飞行的大量观察,莱特兄弟于 1899 年秋取得了他们航空研究的第一项重大进展。威尔伯回忆说:"对鸟在这种情况下采用的平衡方法进行解释时,我们发现:这可能是鸟的翼尖沿一个横向轴摆动的结果。这样在空气动力的反作用下,鸟能够实现平衡飞行。在纵向平衡方面,鸟是通过翅膀的前后伸展实现稳定飞行的。"他们将这种方法用于飞机设计上,即所谓的"翼尖翘曲"(Wingtip Wrap)方法。

尽管那些年威尔伯的身体状况一直不好,但稳定与操纵研究取得的进展使他从事航空研究的决心更加坚定了。由于在控制和稳定方式上找到了一条自己满意的途径,他对成功发明飞机有了相当的把握。威尔伯于 1900 年 5 月 13 日给他们一直非常崇拜的查纽特写信,他在信中说:"几年来,人类飞行是完全可能的信念一直围绕着我。我的疾病一直在恶化,我觉得即使不是疾病断送了我,求医问药花的钱也将最终把我耗尽。我一直试图以某种方式调整我的奋斗方向,以使我能够用全部几个月的时间致力于这个领域的试验。"

莱特兄弟选择用滑翔机开始飞机的试制工作,理由有两点:一是可以把重点放在升力和控制两个方面,能够节省发动机所需的大量经费;二是驾驶滑翔机在空中翱翔更加激动人心,也更有刺激感。1900 年 9 月,莱特兄弟设计、制造了第一架全尺寸滑翔机。这架滑翔机采用的是李林塔尔的数据,翼展只有 5.18 m,机翼面积约 15.2 m²,前面有水平升降舵面。根据气象部门的建议,他们选择了北卡罗来纳州的基蒂·霍克作为试验场地,这里有三座沙山,分别称为大山、小山和西山。在试验不载人滑翔机时选择的是小山,其坡度为 7°,预计在迎角为 3°、风速为 21 km/h 时,滑翔机就能放飞起来。然而,他们在试飞时发现,滑翔机不载人时能够飞上天空,但载人时则根本飞不起来。

1900 年冬天,莱特兄弟又制造了第二架滑翔机。它的质量约 44 kg,机翼面积提高到约 26 m²。这个数据比李林塔尔、查纽特和佩尔策(李林塔尔的学生)的滑翔机尺寸都大。它的基本布局与 1 号滑翔机相似,但翼面弯度比达到 1∶12。由于机翼具有倾角时压力中心向前移动较大,他们后来又将翼面弯度比改为 1∶19。另外,这架滑翔机还加装了翼尖翘曲操纵杆。

莱特兄弟的 1 号滑翔机

莱特兄弟的 2 号滑翔机

1901 年 7 月 27 日,莱特兄弟在基蒂·霍克对 2 号滑翔机进行了试验。它的性能比 1 号滑翔机有了较大提升,最大飞行距离达到 130 m,而且在风速达 27 km/h 时也能实现操纵。但莱特兄弟并没有因此而满足,他们把性能仍然偏低的原因归结为机翼的升阻比太小,这可能是由于李林塔尔提供的各种数据(包括翼型数据)不可靠。于是,他们决定暂停滑翔机制造,自制风洞单独开展机翼翼型试验,以便积累升力和阻力方面的基础数据。

莱特兄弟的风洞主体是正方形管道,长约 1.5 m,口径约为 56 cm×56 cm,由一台 1.5 kW 的内燃机驱动一台风扇,风扇产生的风速约 0.27 km/h。从 1901 年 9 月至 1902 年 8 月,他们共进行了几千次试验,研究了 200 多种不同的翼型,迎角从 0°直到 45°。这些数据使他们能够以新的面貌设计飞机,为后来的成功打下了坚实基础。

利用新的数据和研究结果,他们于 1902 年 8 月至 9 月间制造了 3 号滑翔机。其翼展为 9.08 m,翼面积为 93 m²,展弦比也大大增加。前向安装的双面升降舵面积为 1.4 m²,他们又安装了两只固定的垂直安定面,面积为 1.07 m²,用以抵消翼尖翘曲时出现的机体摆动。滑翔机空质量约 53 kg,加上两名驾驶员后总体质量在 150～155 kg 之间。

莱特兄弟研制的木制风洞复原品

1902 年 9 月末，奥维尔驾驶 3 号滑翔机进行了首次滑翔飞行，取得了成功。它的性能虽然不错，但却不太稳定。有一次奥维尔驾驶它时，一边的机翼突然快速上升，从而导致飞机失速而坠地。他们经过多次试验后，决定加装可动的垂直舵面（其面积只有大约 0.56 m²），同时取消前面安装的两个垂直安定面。经过这些改动后，飞行试验结果大不相同。威尔伯最好的成绩是在 26 s 时间里滑翔了 190 m，奥维尔在 21 s 时间里滑翔了 188 m。

莱特兄弟的滑翔机设计和试验时间虽然不长，但取得的成就已远远超过包括李林塔尔在内的大多数航空先驱和同辈。取得这样的成功，其原因在于他们对于航空研究和试验方法的科学性，他们很好地把理论和实践结合起来。更为重要的是，在技术路线上，他们把三大要素按重要性和难易程度区分开来，即首先解决最关键的平衡与控制问题，然后是升力问题，最后是动力推进问题，这种科学的研究方法也是他们取得最后成功的根本保证。

经过大量的滑翔机试验，研制有动力飞机只剩下推力这一个要素，其中两个最大的难题是轻型大功率发动机和螺旋桨，而发动机问题尤为突出。

根据他们的设计，估计载人飞行器总质量约 283.75 kg，那么发动机功率应达到至少 6 kW，其自重却不能超过 89 kg。莱特兄弟向位于代顿的几家发动机制造厂写信求助，但都被婉言拒绝，无奈之下他们决定自己动手设计、制造发动机。莱特自行车公司的技师查尔斯·泰勒（C. Taylor）在发动机设计制造上发挥了重要作用，他以自行车车间机器设备用的一台内燃机为原型，设计了一台四汽缸水冷式汽油活塞发动机。它最初只能工作 1~2 min，发出约 6.75 kW 的功率。在配装了发动机汽缸润滑装置之后，性能有了较大提高，能够长时间发出 9 kW 的功率，其峰值功率可达 12 kW。关键是这台发动机的质量只有 75 kg，大大优于莱特兄弟之前提出的指标。

由于发动机功率富余，他们设计的第一架动力飞机——"飞行者一号"翼展达 12.3 m，翼面积 47.4 m²，翼面弯度比为 1∶20，机长为 6.43 m，连同驾驶员在内的飞机总质量约为 360 kg。它的基本结构与 3 号滑翔机相似，前面有两只升降舵，后面有两只方向舵，操纵绳索集中连在操纵手柄上。飞机为蒙布和张线支柱结构，驾驶员卧在下机翼中间操纵飞机。

莱特兄弟的"飞行者一号"

1903 年 9 月 25 日,他们携带"飞行者一号"来到基蒂·霍克斩魔山(Kill Devil Hill)营地,一直到 12 月 12 日,一切试飞准备工作才得以就绪。

1903 年 12 月 17 日清晨,天气阴冷,寒风刺骨。上午 10 时,他们请来附近救生站的三个人以及另外两人,还有一名小男孩来监督作证,同时也请他们作为搬运飞机的帮手,帮助安装起飞滑轨。上午 11 时左右,奥维尔进行第一次试飞。发动机暖机后,奥维尔在飞机上俯卧就位。"飞行者一号"无起落架,用带轮子的小车在滑轨上靠落锤装置弹射辅助起飞。在发动机的带动下,飞机开始向前滑跑。由于有速度达 43.5 km/h 的大风迎面吹来,威尔伯一只手扶着飞机翼尖跟着奔跑,以便使飞机稳定,直到其获得足够的速度,翼尖翘曲能够有效地操纵为止。

莱特兄弟驾驶自己的飞机

就在飞机即将起飞之际,一位救生站的监督员拍下了那张被后世普遍引用、流传极广的照片。随着滑行速度越来越快,奥维尔驾驶着"飞行者一号"终于成功地升空飞行。第一次飞行留空时间很短,只有 12 s,飞行了大约 36.6 m,但这是人类历史上第一架有动力、载人、持续、稳定、可操纵的重于空气飞行器的首次成功飞行。

12 月 17 日 11 时 20 分,威尔伯驾驶"飞行者一号"作了第二次飞行,也取得了成功。整个留空时间大约 11 s,飞行距离大约 60 m。后来,奥维尔进行了第三次飞行,留空时间大约 15 s,飞行距离大约 61 m。第四次(也是当天最后一次)飞行由威尔伯驾驶飞机,结果取得了成功并达到当天的最好成绩:留空时间大约 59 s,飞行距离大约 260 m。

莱特兄弟试飞成功的消息在当时并没有引起太大的轰动,一方面是因为他们的工作不大为一般人所知,并且他们的成功似乎来得太突然;另一方面,人们对兰利在 9 天前进行的飞行以失败告终的消息还记忆犹新。因此,许多人把莱特兄弟试验成功载人飞行的消息看作是谣言。

1904 年 1—5 月,莱特兄弟制造了第二架飞机——"飞行者二号"。它的尺寸与"飞行者一号"相似,但翼面弯度比减为 1∶25,发动机也是新制造的,飞机总质量约为 409 kg。由于发动机功率提高到近 12 kW,所以飞机性能有了很大提高。"飞行者二号"试飞地点在代顿以东 13 km 处的霍夫曼牧场。从当年 5 月 23 日到 12 月 9 日,"飞行者二号"总共飞行了

105 次，累计飞行时间约 45 min，最长的一次飞行了 5 min，飞行距离达到 4.4 km（1904 年 11 月 9 日）。尽管取得了很大成绩，莱特兄弟仍准备对飞机作进一步改进，使之完全达到实用化。为此他们决定，在实现实用化以前，不过分地向公众宣传。

莱特兄弟的"飞行者二号"

1905 年 6 月，莱特兄弟制造完成了"飞行者三号"。针对"飞行者二号"存在的转弯失速和操纵丧失问题，他们在设计中进行了多项改进，包括：将机翼面积略微减小到 46.78 m²，将翼展增加到 12.6 m；增大水平升降舵面积并使其更靠前；增大方向舵面积并使其更靠后；保留了原来的发动机，但改进了螺旋桨。

"飞行者三号"的飞行试验于 1905 年 6 月 23 日至 10 月 16 日间在霍夫曼牧场进行。到 9 月，飞机的失速问题已能通过有效的操纵加以解决。解决的方式很简单，只须把机头下倾，维持操纵以得到更大的速度即可。这架飞机的性能远远超过了前两架。

在这个飞行季节里，"飞行者三号"共飞行了 50 次，莱特兄弟全面考察了它的重复起降能力、倾斜飞行能力、转弯和圆周飞行能力、绕 8 字机动飞行能力等。操纵完成这些机动飞行的结果表明，"飞行者三号"从各方面讲都是一架初具实用性的飞机，因此被看作是历史上第一架实用动力飞机，莱特兄弟兴奋地宣称"实用飞行器时代终于到来了"。飞行季节结束后，莱特兄弟还对"飞行者三号"进行了一项重大改进：把用于操纵机翼和方向舵的绳索分开。这样既可同时操纵机翼和方向舵，也可单独操纵其中的一个，从而改善飞机的失速等问题。

1905 年 12 月 15 日，奥维尔给英国航空学会主席巴登·鲍威尔（B. Powell）发去了一封信，讲述了他们的飞行情况，喜悦之情溢于言表。他说："飞机在所有飞行情况下没有一丝危险。每一次飞行中，我们大都能够做到返回起飞点。"他们当时的目标是创造留空时间 1h 的新纪录。

1906 年，美国专利局正式授予莱特兄弟飞机设计专利。查纽特在一篇文章中说："1906—

1907 年间,美国公众对空中航行的态度是既盼望又冷淡。莱特兄弟做出他们已经取得了伟大成功的宣言,一定吓住了许多研究者,除非他们知道在航空上还有许多待解决的问题。"

　　1907 年春,莱特兄弟制造了一架新飞机,这架飞机的翼展为 12.19 m,总重 360 kg,发动机功率为 22.4 kW,飞行速度为 56～64 km/h。当年 2 月 23 日,美国政府有意与包括莱特兄弟或其他任何能制造一架飞机的人签订合同。合同规定,美国政府愿意提供 25 000 美元资金,制造一架能装载 2 人、总重 160 kg(包括汽油)的飞机,该飞机能够以 64.4 km/h 的速度飞行 125 km。1908 年 2 月,美国国防部同意观看莱特兄弟的飞行表演。同年 3 月,莱特兄弟与国防部达成制造莱特飞机的协议。这样,莱特兄弟决定分别在美国和欧洲进行公开飞行表演。

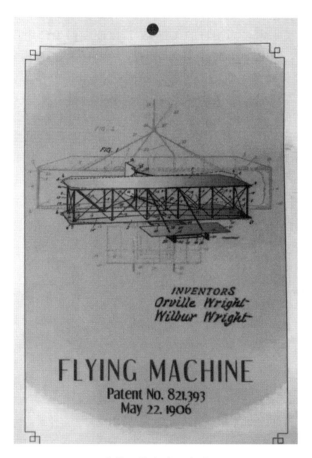

莱特兄弟申请的专利

　　1908 年 8 月 8 日,威尔伯驾驶新飞机在法国拉·芒斯附近的一个赛马场进行了其在欧洲的首次飞行表演,一下使法国人震惊了。原来抱怀疑态度的法国报纸欢呼这次飞行是"应用科学史上最激动人心的事件"。8—12 月间,威尔伯驾机飞行 100 多次,曾分别携带 60 名乘客一道升空。飞机能进行平稳的圆周、转弯和 8 字机动飞行。最好的一次留空时间达到近2.5 h,创造了飞行高度120 m的纪录。威尔伯在法国、意大利、德国等地进行飞行表演吸引了成千上万的观看者,许多人专程从异地赶来,一时间激起了公众对航空的极大兴趣。

奥维尔自1908年9月3日开始,在美国弗吉尼亚州的迈尔堡进行公开飞行表演。9月9日,他驾驶飞机在华盛顿进行了首次飞行,获得了很大成功——飞行持续了58 min。这一惊人消息闪电般传播开来。在当天下午进行第二次飞行时,华盛顿全城几乎万人空巷,成千上万人前往飞行地参观。一时间,莱特兄弟的名字在美国变得家喻户晓,飞机成了人们街谈巷议的话题。遗憾的是,人类历史上的首次空难事故发生了。9月17日,奥维尔驾机搭载一位名叫塞弗里奇(T. Selfridge)的人升空。当他们在机场上空进行第四圈环形飞行时,一只螺旋桨突然断裂,飞机拉力骤然降低,飞机发生剧烈地晃动,最终失速坠地。奥维尔严重受伤,而塞弗里奇当场身亡。

后来,兄弟俩开办了一家名为莱特的飞机公司,以便专门生产用户所需要的飞机。1911年,威尔伯染上了伤寒,于1912年5月12日逝世,年仅45岁。奥维尔性格腼腆,不善于抛头露面,1915年他把公司卖给了纽约的一个金融家,从此在商界隐退。此后,他成为航空界的活动家,并在多个官方委员会中任职,包括美国国家航空航天局(NASA)的前身美国国家航空咨询委员会(NACA)、美国航空航天工业协会(AIA)的前身美国航空商会(ACCA)等,他为美国国家航空咨询委员会工作了整整28年。为了表彰其对航空事业的贡献,1928年奥维尔被授予首枚古根汉姆章(Guggenheim Memorial)奖,1936年他被选为美国国家科学院院士。1948年1月30日,奥维尔在代顿与世长辞。

位于北卡罗来纳州的莱特兄弟国家纪念馆外景

莱特兄弟和他们的伟大成就在美国和欧洲得到了广泛的认可,他们成了令全球瞩目的英雄式人物。今天,在莱特兄弟首飞成功的北卡罗来纳州的一座山丘上,高大的莱特兄弟纪念碑巍然耸立,两人的塑像面向附近一座机场,注视着一架架现代飞机飞上天空。美国航空界从1924年起设立了莱特兄弟奖,这是一个以创新为重要标准、授奖范围涵盖航空科技各个领域的奖项,见证着一项项航空科技革命性成果的诞生,推动着航空事业向前发展。英国航空学会秘书甚至说:"莱特兄弟掌握了能操纵各个国家命运的力量。"事实的确如此,莱特兄弟的伟大发明预示了人类历史的一场革命,是人类征服自然取得的又一伟大胜利。

莱特兄弟国家纪念馆内的莱特兄弟纪念碑

参考文献

[1]　CONNORS J. The Engines of Pratt & Whitney:a Technical History:as Told by the Engineers Who Made the History[M]. Reston:AIAA,2009.

[2]　邢馨月. 莱特兄弟[EB/OL]. (2007 - 03 - 25)[2022 - 02 - 22]. http://www. 360doc. com/content/07/0325/13/19800_412748. shtml.

[3]　张亚辉.飞机的那些事(1):升力究竟是个什么鬼? [EB/OL]. (2017 - 03 - 31)[2022 - 03 - 08]. https://zhuanlan. zhihu. com/p/26000388.

[4]　张亚辉.飞机的那些事(2):莱特兄弟的选择[EB/OL]. (2017 - 03 - 31)[2022 - 03 - 08]. https://zhuanlan. zhihu. com/p/26102331? group_id=831010342527188992.

[5]　微梦雨.飞机制造者莱特兄弟简介[EB/OL]. (2017 - 12 - 21)[2022 - 03 - 07]. https://www. xuexila. com/lishi/bk/zhishi/54449. html.

[6]　七史二辩. 美国人的飞天梦:莱特兄弟,一对通过双手改变世界历史的兄弟[EB/OL]. (2021 - 02 - 15)[2022 - 01 - 20]. https://baijiahao. baidu. com/s? id = 1691723400743055946&wfr=spider&for=pc.

[7]　带着未来的飞行员去旅行. 从莱特兄弟国家纪念馆到哈特拉斯角灯塔:带着未来的飞行员去旅行[EB/OL]. (2018 - 10 - 30)[2022 - 02 - 05]. https://you. ctrip. com/travels/unitedstates100047/3738229. html.

2 人类首位航空机械师的故事

在美国俄亥俄州代顿市的莱特·帕特森空军基地(Wright Patterson Air Force Base)美国空军国家博物馆内陈列着一座特别的半身铜像。它是由一家美国非营利组织——航空器维修机械师协会委托代顿艺术家弗吉尼亚·海斯(Virginia Hayes)为查尔斯·泰勒(Charles Taylor)创造的,以纪念这位杰出的首位航空工程师。

对于这位名叫查尔斯·泰勒的工程师,可能很多人并不熟悉(不仅是他的名字,也包括他曾经做过的事情)。但是,如果说到他曾为著名的莱特兄弟制造滑翔机、研制飞行者号的发动机及建造世界上第一座风洞,可能大家就会对他有些印象了。事实上,查尔斯·泰勒的故事并不这么简单。

查尔斯·泰勒于1868年5月24日出生在美国伊利诺伊州的一个农场家庭。他从莱特兄弟实现第

查尔斯·泰勒(1868—1956)

一事飞机机械装配和维修工作。此后,他成为第一位机场管理者并参与了第一架军用飞机的制造,参与了第一次横穿北美大陆的飞行,他的足迹遍布人类早期航空史的里程碑事件。与长期曝光在镁光灯下的莱特兄弟相比,虽然他的事迹不为人所熟知,但他为人类早期航空所做出的贡献理应得到尊重。美国空军国家博物馆名人堂将其列为第一位航空机械

位于俄亥俄州代顿市的美国空军国家博物馆外景

师,联邦航空管理局(FAA)以他的名字命名了卓越机械师奖。

小时候的查尔斯·泰勒就对机械十分感兴趣,但由于家庭条件所限,只上了不长时间的学,12岁就辍学外出务工补贴家用。虽然上学时间不长,但在务工的时候,他总是能善于观察和学习一些机械常识,并亲自动手修理一些简单的机械装置。随着年龄的增长,对一些相对复杂的机械他也能进行修理和拆装,遇到确实不能应对的机械问题就认真地进行学习和钻研。因此,20岁不到,他就练就了好手艺,任何复杂的机械问题到了他的手里都变得易如反掌。

美国空军国家博物馆内的查尔斯·泰勒半身铜像

1888年,查尔斯·泰勒结了婚,不久有了一个可爱的儿子。婚后不久,查尔斯·泰勒举家搬迁到了俄亥俄州的代顿市。正好泰勒妻子的叔叔帮泰勒在代顿一家农用机械和自行车生产企业里找到了一份工作,而这份工作对于泰勒养家糊口很重要。说来还是因为泰勒的手艺比较出众,这个机会并不是每个人都能得到的。

事情就这么凑巧,泰勒妻子叔叔一幢空着的房子里搬来了一家公司,公司的老板是兄弟两人,这便是后来大名鼎鼎的莱特兄弟。这家公司是莱特自行车公司,主要从事自行车的制造,兼营修理工作。莱特兄弟之所以将公司搬到这里,就是因为这里可以有更多地方和时间来研究他们感兴趣的飞行问题。因为这所房子主人的关系和这家公司主营业务的原因,泰勒也与莱特兄弟有了交集,在莱特兄弟名扬四海的时候,泰勒也成就了他一生的事业。1901年,查尔斯·泰勒开始在莱特兄弟创办的自行车公司工作,主要是制造和维修自行车,同时打理公司的业务。泰勒在原公司的时薪为25美分,而莱特兄弟给出的时薪为30美分,这在当时已经是一份非常不错的薪水。

事实上,从公司搬到这里开始,莱特兄弟就已经把主要精力放到了研究如何制造一架飞机上,对于自行车公司的事基本上不太关心了。当莱特兄弟忙于各种飞行试验时,泰勒就负责店铺的生意；兄弟俩出差时会将店铺全权交给泰勒（包括公司资金的使用），给了他充分的信任。

泰勒妻子叔叔的房子

莱特兄弟利用自学的航空知识制造出来几架滑翔机，其中第 3 架滑翔机取得了较大的成功，已经能够在 21 s 时间里滑翔将近 200 m 了。如果有一台推动飞机前进的发动机，这架滑翔机就可以飞得更远了。但当时并没有这样的发动机，只有内燃机，而且内燃机并不是为他们的滑翔机所准备的，而是用于一般的动力机械，并且由于滑翔机的结构、尺寸、质量等问题，也没有合适的发动机可供选择。于是，莱特兄弟根据滑翔机的质量估算了发动机应有的功率和质量，向代顿市几家发动机制造厂写信求助，但都被婉言拒绝了。

没有别的办法，莱特兄弟决定自己动手，手工组装一台能够满足要求的发动机。当时这绝对是一项挑战性非常大的工作，动手能力很强的泰勒是这项工作最合适的人选。由于他对汽油发动机的认识非常有限，于是便仿照自行车车间里带动机器设备用的内燃机，凭借着经验和技术，设计了一台四汽缸水冷式汽油活塞发动机。之后，按照设计的发动机，他利用购买的一些内燃机成品件，只用了六个星期就组装了一台发动机。刚开始的时候，组装的发动机只能工作不到 2 min 的时间，产生的功率只有 6.75 kW，但这已经是不错的成绩了。在给发动机加装润滑系统、对汽缸进行润滑之后，发动机的工作时间可以达到 1 h 以上。更重要的是，它能产生 9 kW 的功率，其峰值功率可达 12 kW，而且这台发动机的质量只有75 kg，比莱特兄弟之前提出的不超过 89 kg 的最大质量足足少了 14 kg。而制造出这样的发动机，泰勒使用的只是莱特兄弟自行车公司的工具、设备，包括 26 in(1 in＝2.54 cm)的带锯、20 in 的钻床、14 in 的车床、6 in 的台式磨床等。为了减轻质量，这台发动机使用铝铸的缸体。

泰勒制造的汽油发动机解剖图(左)和实物图(右)

这台原始的燃油喷射发动机没有所谓的化油器和燃油泵,汽油油箱只能固定在飞机机翼横梁柱上,汽油依靠重力供给发动机。1903 年 12 月 17 日,莱特兄弟利用它(装有泰勒制造的发动机的"飞行者一号")成功地完成了人类首次动力飞行,在空中总共飞行了 12 s、36.6 m,从而创造了历史。

陈列在代顿莱特兄弟国家纪念馆内的"飞行者一号"

此后,泰勒继续参与了莱特兄弟的各项飞行准备活动和飞行后的维护工作,包括根据莱特兄弟在飞行中发现的问题以及提出的新想法改进、升级发动机和飞机,还包括维修试飞过程中受损的飞机。

鉴于北卡罗来纳州基蒂·霍克的试飞场地距公司太远,所以莱特兄弟在代顿距公司不远的地方购买了一家名叫霍夫曼的牧场。这块牧场面积约 100 英亩(1 英亩=0.405 ha=$4.05×10^3$ m^2),计划经过整修之后作为试飞试验基地。于是,泰勒又多了一份建筑技师的工作——将这片牧场变成一个试飞场。

泰勒对这片土地进行了认真的规划,包括建设一条跑道、一座小型机库、一间工作和维修车间等等,同时对这片土地的其他配套设施也进行了规划。在试验场建设完毕之后,泰勒便成为人类历史上第一位机场经理。在这里,莱特兄弟于 1904 年成功试飞了经过改进的

"飞行者二号",其飞行距离达到 4.4 km。

陈列在代顿莱特兄弟国家纪念馆内的"飞行者二号"

"飞行者二号"的成功引起了美国军方的注意,很快莱特兄弟的公司得到了来自军方的一份订单——为美国陆军制造军用飞机。1907 年,泰勒参与了第一架军用飞机的研制,主要为该架飞机设计和升级发动机。

1911 年,泰勒应邀参加了卡尔·罗杰斯从大西洋畔的纽约到太平洋边的加利福尼亚之间的飞行冒险活动。一位印刷商开出了 5 万美元的奖金,以奖励第一位在 30 天内穿越北美大陆的冒险者。泰勒作为这次冒险活动的首席机械师,帮助罗杰斯成功穿越了北美大陆。

当年 9 月 17 日,他们从纽约一起出发,罗杰斯驾驶飞机,泰勒驾驶汽车。受当时条件所限,罗杰斯只能沿着铁路轨道飞行,泰勒则沿着铁路旁的公路行驶。罗杰斯驾驶的飞机经过大约 70 次起降和 16 次以上的迫降之后,终于在 11 月 5 日抵达加利福尼亚州帕萨迪纳市。虽然整个行程由于超出了 30 天而没有得到奖金,但是这次飞行活动又创造了另一个历史——人类首次跨大陆飞行。

这次飞行活动使用的是莱特兄弟制造的双翼飞机。该飞机主体为木质结构,搭配一台 35 马力[1 公制马力(ps)＝735.5 W,1 英制马力(hp)＝745.7 W]的活塞发动机。这架飞机每小时可飞行 45～60 mi[1 mile(英里,本书简写为"mi")＝1.609 km],而纽约到加利福尼亚之间的总距离不超过 4 000 km,正常情况下,最长也就需要不到 90 h 的飞行时间,结果整个行程却花了 49 天。事实上,这 49 天里只有 82 h 飞机是在飞行,其余的时间不是在修飞机或发动机,就是飞机出现这样或那样的事故。当飞机最终抵达加利福尼亚的时候,泰勒已经把飞机翻修了好几遍,整个飞机中只有原来的垂尾和一对机翼横梁坚持到了最后。

也就是在这一年,莱特兄弟中的哥哥——威尔伯·莱特去世了,泰勒又回到了代顿,继续在莱特兄弟开办的莱特飞机公司里工作。这期间,奥维尔·莱特一直支持着他。1915 年,奥维尔将公司出售之后,泰勒也离开了公司。

泰勒后来搬到了加利福尼亚,继续从事机械行业的工作,他开了一家售卖机械设备的公司。20 世纪 30 年代的时候,随着经济大萧条的到来,公司的运转也出现了问题。那几年是泰勒人生的低谷,他花光了之前多年的积蓄,相濡以沫的妻子也因病去世了。

1937 年,著名的汽车大王亨利·福特(Henry Ford)打算在自己的博物馆里复原人类第一架飞机的工作室,他找到泰勒来帮忙。由于莱特兄弟已将公司转让,当年车间的许多设备由于时间和功能陈旧,早已下落不明。好在经过多方努力,大部分设备和工具还是被成功地找回来了。1938 年 4 月 16 日,这天是莱特兄弟中哥哥——威尔伯·莱特的生日,莱特兄弟工作室和试飞场地的捐献仪式在代顿举行,泰勒和福特一道在记者的闪光灯下见证了这一人类航空史起点复原的盛况。

亨利·福特(1863—1947)

福特博物馆外景

此后,泰勒继续着他的工作,利用那些当年使用过的设备、工具制造莱特兄弟飞机的复制品。

1956 年 1 月 30 日,泰勒在美国南加州去世,享年 88 岁。1965 年,泰勒凭借着 1903 年制造的发动机入选美国国家航空名人堂。

为了纪念作为人类首位航空机械师的泰勒,美国航空器维修机械师协会专门定制了一座查尔斯·泰勒的铜像,安放在位于俄亥俄州代顿市的美国空军国家博物馆。2014 年 5 月 22 日,在有泰勒后人参加的铜像揭幕仪式上,协会主席肯·麦克提尔南(Ken Mctiernan)表示,美国空军国家博物馆陈列的泰勒铜像将确保他在航空历史上做出的贡献被人们铭记。退休美军少将杰克·哈德逊(Jack Hadson)对泰勒的贡献做出了如下评价:“查尔斯·泰勒在帮助莱特兄弟实现机身重于空气的动力飞行梦上的重要作用不应被忽视。他为发展轻型发动机动力装置起到了关键作用,并且泰勒不断创新的故事能够激励很多人——尤其是志于献身科学、技术、工程和数学领域的人们。”泰勒的后人则说:“人们都知道莱特兄弟发明了第一架飞机,但当提到它的动力装置——航空发动机时,则是莱特兄弟的自行车修理工为这架飞机提供了这项重要发明。”

如今,美国航空维修领域有一个非常重要的奖项——查尔斯·泰勒卓越机械师奖(Charles Taylor Master Mechanic Award),这个以查尔斯·泰勒名字命名的奖由美国联邦航空管理局设立,用以表彰那些将毕生精力贡献给航空维修事业的资深机械师。该奖的获得者将会收到奖章和证书,其配偶也将获得一枚稍小的奖章。此外,获奖者的名字将会被收入位于首都华盛顿的联邦航空管理局大楼内的“荣誉人士”书内。该奖的得奖条件十分苛刻,一是具备 30 年的 FAA 认证机械师或修理工经历,二是具有 50 年的航空维修经验。

2014 年 5 月 22 日,泰勒铜像的揭幕仪式　　　　2019 年度查尔斯·泰勒卓越机械师奖证书

最后,我们以泰勒曾经说过的一段话作为结尾:

I always wanted to learn to fly, but I never did. The Wrights refused to teach me and tried to discourage the idea. They said they needed me in the shop and to service their machines, and if I learned to fly, I'd be gadding about the country and maybe become an exhibition pilot, and then they'd never see me again. (我一直想学习飞行,但是我从来没有飞过。莱特兄弟拒绝教我飞行并试图打消我这个想法,他们说需要我在他们的车间里,需要我来维护他们的机器。我知道,如果学会飞行,我将游历全国,或许会成为一名特技飞行员,但他们将再也见不到我了。)

参 考 文 献

[1] VU 米. 尘封的航空史:机务祖师爷查尔斯·泰勒的故事[EB/OL]. (2017 - 03 - 09) [2022 - 02 - 08]. http://www. 360doc. com/content/17/0309/09/32670666_635181966. shtml.

[2] 老陈. 鲜为人知的"航空机务祖师爷"[EB/OL]. (2021 - 04 - 02)[2022 - 05 - 14]. https://www. fx361. com/page/2021/0330/7996246. shtml.

[3] 范琳琳. 世界航空史机务第一人铜像安家美军博物馆[EB/OL]. (2014 - 08 - 19) [2022 - 05 - 20]. https://www. 163. com/air/article/A40EAN5L00014P42. html.

[4] CONNORS J. The Engines of Pratt & Whitney: A Technical History: As Told by the Engineers Who Made the History[M]. Reston: AIAA, 2009.

3 "地上开花天上香"的涡轮增压器故事

涡轮增压器(主要是指废气涡轮增压器)从 20 世纪六七十年代开始在德国等欧洲国家的各种乘用车上得到应用。21 世纪以来,涡轮增压发动机已经成为燃油发动机车型的主流产品,并被人们所熟悉。

实际上,涡轮增压技术发明后首先是在航空发动机上得以应用。本故事讲述的是美国通用电气(GE)公司为航空发动机开发、推广涡轮增压器的曲折历程。

涡轮增压技术的原理其实很简单,即利用内燃机工作后排出的高温、高压废气推动增压器的排气涡轮旋转,排气涡轮驱动同轴安装的进气叶轮,进气叶轮通过高速旋转提高内燃机进气管内的供气压力,增加内燃机的进气量,使雾化燃油充分燃烧,实现提高功率、降低油耗和污染的目的。

内燃机在加装涡轮增压器后,其最大功率与未装涡轮增压器时相比最少可以提高 20%~30%,有的甚至达 40% 以上,而油耗率可以降低 3%~5%,甚至更多。

实际的机械部件要稍微复杂一些。由于涡轮增压器工作时处于高温、高转速状态,需要相应的润滑和冷却机构。另外,经进气叶轮增压后,空气的温度很高,不能直接进入内燃机参与燃烧,需要先通过中间冷却器冷却后再进入内燃机的汽缸。

目前比较公认的说法是,1906 年苏尔寿(Sulzer)兄弟研发公司的总工程师阿尔弗雷德·J.波西(Alfred J. Buchi)博士在瑞士温特图尔首次提出了涡轮增压的概念,并于当年 11 月 16 日,被德国专利局授予"内燃机辅助增压器技术"第 204630 号专利。他还在 1911 年开展了试验工作,但一直没有找到合适的应用场景,这项涡轮增压技术逐渐被人们淡忘。

汽车用涡轮增压器

阿尔弗雷德·J.波西

1914 年第一次世界大战爆发,以英国、法国、沙皇俄国(简称"沙俄")为首的协约国联手对抗以德国和奥匈帝国为首的同盟国。战争初期在欧洲范围内,但是很快就蔓延至全球。第一次世界大战期间,协约国与同盟国生产了大量的飞机和航空发动机,空中力量首次大规模投入战争,充分显示了它的价值,即战争推动了航空技术的快速发展。

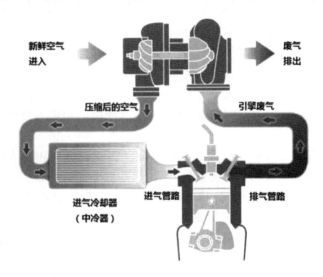

涡轮增压器工作原理

当时的航空发动机基本上都源于汽车的汽油活塞发动机,一般功率比较小,但质量比较大,特别是随着飞行高度的增加,航空发动机的输出功率随大气压力的下降而不断降低,如何保证航空发动机的高空性能是当时人们关注的重要问题之一。

1916 年,一位名叫奥古斯特·拉托(Auguste Rateau)的法国工程师基于涡轮增压器技术专利的思路成功研制了一台涡轮增压器,并将其加装到法国的 TP-1 飞机上,加装涡轮增压器后飞机的性能明显提高。之后,法国的军用飞机开始普遍装备这种带涡轮增压器的发动机,并在与德军的空战中表现出色,取得了不错的战绩。

1917 年,美国总统托马斯·伍德罗·威尔逊(Thomas Woodrow Wilson)下令设立国家航空咨询委员会(NACA,1958 年改为国家航空航天局,NASA),任命康奈尔大学的威廉·F. 杜朗(William F. Durand)教授为主任,并负责组建委员会,其职责就是开展先进飞机和发动机的开发。委员会中有人提议使用涡轮增压器来提高航空发动机在高空工作时的能力,这一提议得到了委员会其他委员的积极响应。

由于美国当时已经参加第一次世界大战,杜朗教授很快就得到了一套拉托绘制的涡轮增压器详细设计图样,并决定以此为基础进行研制。与此同时,他立刻想到了桑福德·E. 莫斯(Sanford E. Moss)这个人,十多年前他在康奈尔大学曾经做过关于涡轮增压器方面的试验。

1900 年,28 岁的莫斯在加利福尼亚大学获得了学士和硕士学位之后,来到纽约的康奈尔大学机械物理系继续攻读博士学位。莫斯在学习期间一直对燃气涡轮很感兴趣,在导师的指导下他对燃气涡轮的理论和工作原理进行了深入的研究和探索。

　　1903年，莫斯完成了一项试验。他在装有压缩空气的容器内使空气燃烧，利用所释放的能量来驱动一台涡轮机械转动，从而大大提高了涡轮机的工作效率，获得了前所未有的试验结果。莫斯兴高采烈地来到杜朗教授的办公室，将这一试验结果向杜朗教授做了详细汇报。没想到，杜朗教授对这位年轻的博士研究生的试验结果嗤之以鼻，认为这个试验纯属雕虫小技，根本不值得大惊小怪，不客气地将莫斯请出了办公室。此后不久，在一次机械物理系众多教授聚会的场合，有人向杜朗教授提起了莫斯关于燃气涡轮研究方面的事情，杜朗教授笑着说道："莫斯曾专门到我办公室向我介绍他的研究成果，可是在我看来，那无非就是一场制造噪声、浓烟和恶心气味的'恶作剧'，没有任何科学价值。"

　　1906年，莫斯博士毕业后加盟GE公司，来到林恩工厂蒸汽涡轮研究部，从事用于鼓风炉和化工工业的离心式空气压缩机的研究与开发工作。莫斯看到了燃气涡轮技术的广阔应用前景，并深信高温、高压燃烧气体膨胀后能够用来驱使涡轮转动，从而大大提高涡轮机的工作效率，而涡轮又可以带动空气压缩机，并再完成一次空气压缩、燃烧、膨胀、做功的循环。事实上，在康奈尔大学攻读博士学位期间，莫斯就发现了这一规律，但在机械物理系找不到能够在较高燃气温度下承受高应力的特种金属材料，加上当时所采用的压缩机和涡轮的效率太低，不能完成一次燃气涡轮做功的循环，这项技术始终没有得到试验验证。1910年，莫斯借助于GE公司丰富的研究资源和资金优势，带领一个团队研究、开发出一种涡轮增压器（Turbosuper‑charger），可以实现空气压缩、燃烧、膨胀、做功的循环。

　　杜朗仔细地查阅了莫斯在GE公司的最新研究成果，认为涡轮增压器的设计基本可行，于是以NACA的名义邀请GE公司和莫斯博士本人，借助拉托的设计图样开发一台涡轮增压器。莫斯博士代表GE公司愉快地接受了杜朗教授的邀请，并与NACA签署了一项关于开发一台涡轮增压器原型机的合同。在第一次世界大战压力的驱动下，美国飞机工业加速生产作战飞机，美国陆军航空兵（当时还没有空军）同时与两家公司签订合同，让他们研制涡轮增压器。

　　1918年6月，经过近一年的研发，以莫斯为首的GE公司团队成功地研制出一台涡轮增压器原型机，并应用于V‑12"自由"型航空发动机。但莫斯新设计的涡轮增压器与另一家公司采用拉托图纸设计的涡轮增压器在工作中出现了差异，莫斯增压器机匣在工作后没有冷却，而采用拉托图纸的增压器却是冷却的，陆军决定通过试验来决出胜负。试验要求发动机在海平面上以最大转速工作15 min，结果另一家公司的设计达到了试验技术要求。但莫斯并不认可这个结果，他认为航空发动机的试验重要的是考核其在高空工作的能力，这意味着海平面的试验结果可能说明不了问题，他建议将试验放在美国能爬得上去的最高山峰上进行。于是，本来以美丽风景和地貌特点闻名于世的科罗拉多州海拔4 270 m的派克斯峰（Pikes Peak），由于这次重大技术试验事件变得更加令人向往了。试验所要求的后勤工作非常艰巨，发动机试验台、油箱、测试仪器、加工装备、备件和试验人员的给养等等都需要打包运到这个偏僻的山峰上，美国国会还为此拨了专款。

　　一台经过标定的V‑12"自由"型航空发动机在海平面条件下测得的输出功率为261 kW，但当其在派克斯峰山顶试验时，测得的输出功率仅为172 kW，只有海平面条件的

2/3,可见功率衰减十分严重。验证考核从 1918 年 6 月 19 日开始,随着天气变坏,试验在 10 月 17 日结束。试验结果是加装莫斯研制的涡轮增压器之后,在派克斯峰上测到的输出功率约为 266 kW,比海平面发出的功率还高近 5 kW,而且直到试验结束时发动机状态仍稳定。此后,GE 公司多次在军用航空竞争中赢得胜利。

V-12"自由"型发动机

这次验证试验是航空发动机研制史上首次开展的科学、完整的高空试验,拓展了航空发动机试验验证技术,其试验方法至今仍然有重要的参考价值。

然而,技术成功突破带来的喜悦是短暂的。1918 年 11 月 11 日第一次世界大战停战协议签订后,政府撤销了所有的军用研制合同。战争结束前,美国大批量生产的 V-12"自由"型航空发动机还没有卖出去多少台。在很长的一段时间里,美国储存了大量闲置的 V-12 "自由"型航空发动机,以致没有人再去研发新的发动机。GE 公司的涡轮增压器自然也就错过了继续大展拳脚的机会。

位于美国科罗拉多州的派克斯峰

在 1919 年的战后重组中,美国陆军航空兵动力装置实验室决定为今后 20 年继续发展飞机推进装置。同年 6 月,他们与 GE 公司签署了一项涡轮增压器的研发合同,要求 GE 公司为 V-12"自由"型航空发动机研制并装配一套涡轮增压器,使该发动机在 6 100 m 高度的输出功率依然能够达到其在海平面 298 kW 的输出功率水平。应该说,这是美国陆军航空兵做出的一项重大决定,因为此时第一次世界大战已经结束,美国的军费开支大幅度缩减,对军用飞机的需求也不再迫切,所以陆军航空兵能够在这个时候资助 GE 公司继续研发涡轮增压器,充分显示了军方对涡轮增压器技术的高度重视。

标志第一次世界大战结束的巴黎和会会场(1919 - 01 - 18)

1920 年 2 月,GE 公司将新研制的涡轮增压器安装在美国当时最先进的、输出功率为 298 kW 的 V - 12“自由”型航空发动机上,对勒佩尔(Lepere)双翼飞机性能进行飞行试验测试。当飞机爬升到 7 630 m 高空时,坐在露天驾驶室里的飞行员开始感到不适,因为这一高度空气稀薄并严重缺氧,环境温度已降低到 -16℃,机翼也开始结冰。当飞机继续爬升至 10 100 m 高度时,飞行员因太冷而失去了知觉,飞机便失去控制并开始翻滚着往下掉。当飞机下掉至约 1 220 m 高度时,飞行员慢慢苏醒过来,这才将飞机控制住,最终安全落地。此次惊险的飞行测试意外地打破了飞机的飞行高度纪录,并证明了加装涡轮增压器的发动机在 9 200 m 高度仍然可以如同在海平面一样产生所需要的动力。另外,人们认识到,当飞机爬升到 9 200 m 高度时,由于飞行员在开放的驾驶室驾驶飞机,高空严重缺氧和超低温,很容易造成飞行员休克,并可能酿成灾难性事故。

“狂风”飞机的无舱盖试飞

苏式飞机的无舱盖试飞

针对上述问题,GE 公司同飞机制造商及美国陆军航空兵一道,对飞机、发动机、驾驶舱相关系统进行了改进和完善,之后又进行了一次飞行试验测试。经过改进的勒佩尔飞机一直爬升到 12 450 m 高度,飞行员状况良好,飞机各系统工作正常,这又一次刷新了飞行高度的世界纪录。此次飞行试验圆满完成之后,美国陆军航空兵向 GE 公司订购了 150 台涡轮增压器。

1921 年,美国陆军准将威廉·E. 米歇尔(William E. Michell)批准将马丁 MB-1 轰炸机的装机发动机换装为带有涡轮增压器的发动机。改装后的轰炸机可以载弹飞到 4 580 m 的高度,超出了当时防空高射炮能够命中的高度。可以说,装有涡轮增压器的发动机能够使飞机飞得更远、更高、更快,并不断刷新多项世界纪录。

马丁 MB-1 轰炸机

经历了航空发动机研制高潮之后,从 20 世纪 20 年代到 30 年代初,涡轮增压器的研发又沉默了十多年时间。一方面,在战后经济发展和追求和平的气氛中,GE 公司对发电、工业装备、家用电器和照明产品的兴趣超过了对涡轮增压器的兴趣;另一方面,美国两大航空发动机制造商——普惠(P&W)公司和莱特(Wright)飞机公司倾向于选择齿轮传动增压器,而不想用涡轮增压器,因为涡轮增压器高温的排气管路使发动机质量和结构的复杂度增加。

到了 20 世纪 30 年代中后期,由于军、民用航空均看到高空飞行的价值,又重新唤起了人们对涡轮增压器的兴趣。军方认为,需要高空飞行,但没有可用以进行验证的飞机研制计划,当时正在发展的民用航空运输为此提供了机会。当时民用客机的飞行高度较低,频繁的大气扰流使乘客晕机,这影响到乘客数量的增长。此外,航空公司经常因天气原因而取消定期航班。飞机设计师和航空公司管理人员一致认为,如果飞机能在对流层以上飞行,飞行将不受天气条件的影响,而且飞行旅程将变得更舒服、更可靠。涡轮增压器正好可以实现这个目标。为此,成立了由陆军、环球航空公司(TWA)、诺斯罗普公司和 GE 公司组成的联合机构来验证涡轮增压器在高空的工作情况。试验所使用的飞机是环球航空公司的诺斯罗普公司伽玛(Gamma)飞机。在发动机和航空专家的坚持下,GE 公司尽可能地为涡轮增压器减重。因为"减重"后的涡轮破裂,最初两次试验均以失败告终。通过对涡轮进行结构改进,终于在 1937 年 7 月 5 日,完成了从堪萨斯城到代顿——莱特兄弟第一架动力飞机诞生地不受天气影响的飞行。涡轮增压器的价值再次得到证实。

伽玛飞机的试验成功为陆军航空兵进一步发展涡轮增压器提供了依据。当时,陆军已经制定了历史上第一架四发远程轰炸机—— B-17"飞行堡垒"(Flying Fortress)的技术要求。GE 公司收到一个合同,要求生产 230 台改进的 B 型涡轮增压器。要求这种涡轮增压器能把 746 kW 的发动机功率保持到 7 620 m 的高度。几经周折，B-17 研制终于获得成功，其发动机功率能保持到比 7 620 m 的高度高出许多。之后，涡轮增压器成功地应用在许多第二次世界大战期间著名的飞机上，例如 P-38"闪电"(Lightening)战斗机、B-24"解放者"(Liberator)轰炸机、P-47"雷电"(Thunderbolt)战斗机和最终的 B-29"超级堡垒"(Super Fortress)轰炸机。

B-17 轰炸机

B-24 轰炸机

第二次世界大战给 GE 公司的涡轮增压器创造了一次大显身手的机会。在此期间，GE 公司共销售出 30 多万套涡轮增压器，用于绝大多数的美国战斗机和轰炸机发动机，包括装备波音公司 B-29 飞机的莱特飞机公司 R-3350 发动机，以及第二次世界大战后装备波音公司 B-50 重型轰炸机的普惠公司 R-4360 发动机。

1948 年，美国东方航空公司（简称"东方航"）、泛美航空公司（简称"泛美航"）、英国海外航空公司以及其他一些航空公司都开始使用波音公司的"高空客机"执飞越洋航线。实际上，"高空客机"是波音公司在第二次世界大战中投入使用的 B-50 重型轰炸机的基础上改造而来的，其发动机就是装备有 GE 公司涡轮增压器的普惠公司 R-4360 发动机。此后，波音公司的"高空客机"迅速被道格拉斯公司的 DC-6 和 DC-7 以及洛克希德公司的"星座"飞机所取代，而这些飞机的发动机上也都装备了 GE 公司的涡轮增压器。显然，涡轮增压器成了 GE 公司的一棵"摇钱树"，而在军机和民机的发动机上装机的涡轮增压器就成为 GE 公司的"提款机"。

P-47 战斗机

B-29 轰炸机

R-3350

R-4360

　　随着燃气涡轮发动机的研制成功并投入使用,活塞式航空发动机逐渐被冷落,而涡轮增压器也失去了昔日被"宠爱"的地位。但是,涡轮增压器对航空发动机制造业产生了重大影响,一是其制造技术为燃气涡轮发动机制造奠定了良好的基础,许多涡轮增压器企业都转行进行燃气涡轮发动机制造;二是将本来与航空发动机关系不大的 GE 公司,带进了燃气涡轮发动机制造业。目前,GE 公司已经成为世界航空发动机的龙头企业。

　　2021 年 11 月 9 日,GE 公司宣布:公司将拆分为三家分别专注于航空、医疗保健和能源的独立公司。具体而言,其将在 2023 年拆分医疗保健公司,在 2024 年拆分可再生能源和电力公司。交易完成后,GE 公司将成为一家以航空业务为重点的公司,以"塑造飞行的未来"。

参 考 文 献

[1]　CONNORS J. The Engines of Pratt & Whitney:a Technical History:as Told by the Engineers Who Made the History[M]. Reston:AIAA,2009.

[2]　飞机维修专家. 航空器与涡轮增压[EB/OL]. (2019-04-15)[2022-04-20]. https://www.sohu.com/a/308268167_651535.

[3]　不沉俾斯麦.聊聊二战飞机上的废气涡轮增压器[EB/OL].(2020-10-20)[2022-03-11]. http://www.360doc.com/content/20/1020/14/37844335_941379595.shtml.

4 活塞发动机飞机挑战音障的故事

　　如果有人冷不丁问您,日常生活中人们是否能见到产生超声速的东西?您很可能马上会回答,这绝无可能!事实上,这样的东西的确在日常生活中可以见到,那就是小时候经常玩的鞭子。

　　以前的奴隶主用鞭子抽打奴隶的时候,他们发现在挥舞的时候,鞭子的尖端会在空中发出不同寻常的声音,仿佛切断了空气一样,但是当时他们并不知道这到底是什么声音。直到15世纪,才有人意识到声音传播也是有速度的,只不过限于条件,无法具体测量声音传播的速度。17世纪的物理学家牛顿在他所著的书中,曾给出他测定声音的速度是298 m/s,不过当时他还没有意识到声速会随着空气温度而改变。

美国南北战争前奴隶主鞭打奴隶版画

　　有些人看到复原的1亿多年前的蜥脚类恐龙的长尾巴时,再想到鞭子末端的运动可能产生的超声速,便联想到这种长着长尾巴的恐龙很可能是最早能产生突破声速的动物——因为它们的尾巴在高速挥动时可能会突破声速。不过,这种说法尚未得到充分证实。

蜥脚类恐龙的长尾巴

此后,法国数学家、物理学家皮埃尔·西蒙·拉普拉斯(Pierr'e Simon Lapras)提出了空气温度和声速的关系,有人通过测量火枪射击时声音传播的距离,也测定了声速。火枪子弹可能是人类发明的第二件超声速物体——至少有时候子弹出膛的速度可以突破声速,当然,现在很多半自动步枪和全自动步枪子弹的出膛速度早已超过声速。

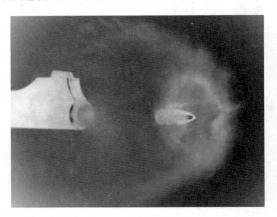

皮埃尔·西蒙·拉普拉斯(1749—1827)　　　　　子弹出膛瞬间

第二次世界大战期间及以前的飞机,广泛地采用活塞式发动机作为动力,通过活塞式发动机驱动的螺旋桨转动产生拉力,推动飞机向前飞行。无论是当时生产量最大(125 443台)的普惠公司 R-2800 发动机,还是汽缸数量最多(28 个汽缸)、功率很强大的 R-4360 发动机,都成为活塞发动机的"明日黄花",因为其后飞机使用的发动机很快都转向喷气式涡轮发动机,其中一个很重要的原因就是装有活塞式发动机的飞机速度提升存在所谓的音障问题。

R-2800 活塞式发动机　　　　　　　　　战斗机音障

音障是一种物理现象,当物体(通常是航空器)的速度接近声速时,它会逐渐追上自己发出的声波。声波叠合累积的结果,会造成激波(Shock Wave),进而对飞行器的加速产生障碍,而这种因为声速造成的提升速度的障碍称为音障。突破音障进入超声速后,会从航空器最前端起产生一股圆锥形的音锥,在旁观者听来这股激波犹如爆炸一般,故称为音爆或声爆(Sonic Boom)。强烈的音爆不仅会对地面建筑物产生损害,对飞行器本身伸出冲击面之外的部分也会产生破坏。

当飞机的飞行速度比声速低时,与飞机直接接触的空气把声速传给飞机前进方向即将遇到的空气,以便让这些空气给飞机"让路"。但当飞机的速度超过声速时,飞机前进遇到的空气因来不及"让路"而被紧密地压缩在一起,堆聚成一层薄薄的波面——激波。激波后面空气被压缩,使压强突然升高,阻止了飞机的进一步加速,并可能使飞机的机翼和尾翼剧烈振颤而发生爆裂,如果不对机身作特殊加固处理,那么机身将会被瞬间摇成碎片。于是,当时的人们有理由相信,声速应该是横亘在飞机前一个不可逾越的速度障碍。为什么会产生这样的想法呢?

这要从飞机螺旋桨如何产生拉力开始讲起。仔细观察螺旋桨,就会发现飞机螺旋桨的结构很特殊。单支桨叶为细长而又带有扭形的翼形结构,桨叶扭形的扭角(桨叶角)相当于飞机机翼的迎角,而且从桨尖到桨根的扭角呈旋转逐步向平行平面变化的形状。换句话说,桨根的桨叶角设计成最大,依次递减,桨尖位置的桨叶角最小。这是因为,在接近桨尖处,半径较大处气流迎角较小,对应桨叶角也应较小,而在接近桨根处,半径较小处气流迎角较大,对应桨叶角也应较大。

活塞式发动机的螺旋桨

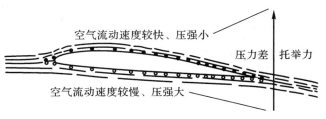

空气流动速度较快、压强小

压力差　托举力

空气流动速度较慢、压强大

螺旋桨产生拉力的原理

桨叶的剖面形状与一般飞机机翼的剖面形状相似,即前桨面可看作是机翼的上翼面,曲率变化较大;后桨面可看作是机翼的下翼面,曲率近乎为零。因此,飞机的螺旋桨可看作是几个竖直安装的机翼。

桨叶在高速旋转时,由于桨叶前桨面与后桨面的几何外形不同,因此,气流在流过桨叶时,桨叶前桨面的压力降低,桨叶后桨面的压力升高,在这两个表面同时产生两个力,一个是牵拉桨叶向前的空气动力,一个是由桨叶扭角向后推动空气产生的反作用力。这个情况可具体从机翼剖面图中看出,即由于前机翼面与后机翼面的曲率不一样,在气流流经机翼面时,气流对曲率大的前机翼面压力小,而对曲线近于平直的后机翼面压力大,因此形成了前、后机翼面的压力差,从而在机翼上产生了一个向上的空气动力,这个力对于机翼来说就是机翼的升力,而对螺旋桨来说则是螺旋桨牵拉飞机向前飞行的动力。

影响螺旋桨拉力的因素主要包括飞行速度、飞行高度、油门杆位置和大气温度等。飞行速度增大,使得相对气流方向越发偏离旋转面,因此桨叶总空气动力的方向也更加偏离桨轴。在飞行速度和油门位置不变的情况下,飞行高度改变,将影响空气密度的大小,使得发动机有效功率发生变化,拉力也发生变化。对于活塞式发动机,高度升高时,空气密度减小,会使发动机有效功率降低,螺旋桨拉力减小。在飞行高度和速度不变的条件下,加大油门时,曲轴传给螺旋桨的拉力增大,发动机有效功率提高,扭力矩增大,从而使螺旋桨转速增大。调速器为了保持转速不变,将自动增大桨叶角,使桨叶迎角增大,因此桨叶总空气动力增大;反之,收油门时,拉力减小。气温升高时,空气密度减小,发动机有效功率减小,螺旋桨拉力也随之减小;气温降低时,空气密度增大,发动机有效功率增大,螺旋桨拉力会增大。

对于飞机来说,飞行速度是一项很重要的性能指标,更高的飞行速度意味着战斗机在发起战斗攻击时能占据优势,防御时能更快脱离敌机火力范围。因此,在很长的一段时间里,科学家和工程师都在研究如何让飞机飞得更快。

双叶桨　　　　　　　　三叶桨　　　　　　　　四叶桨

装有不同数目螺旋桨的活塞式发动机的飞机

第二次世界大战后期,战斗机的飞行速度达到了 650～750 km/h,已经接近活塞式飞机飞行速度的极限。例如,美国的 P-51D"野马"战斗机,最大速度为 765 km/h,这大概是螺旋桨推进的活塞式战斗机中飞得最快的了。但是,想要进一步提高飞机的飞行速度,继续增加活塞式发动机功率这条路是行不通的。因为这些飞机的飞行速度是由飞机装机的活塞式发动机和与其配套的螺旋桨共同决定的,首先是螺旋桨遇到了问题,其次是增加发动机功率遇到了问题。

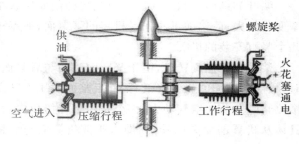

P-51"野马"战斗机　　　　　　　　汽缸与螺旋桨的功率传递

首先来看螺旋桨。如果使用螺旋桨的飞机要提高飞行速度,那么螺旋桨功率就要提高,螺旋桨的尺寸就要比原来的更大。这样就会带来四个方面的影响:一是使螺旋桨在同一发动机转速下桨叶尖端的线速度达到甚至超过声速,而螺旋桨的桨轴部分的线速度却接近零,这样一方面会造成因螺旋桨上巨大的阻力分布不均而需将螺旋桨变厚,另一方面激波的存在会造成桨叶上巨大的激波阻力;二是更大尺寸的螺旋桨会使飞机的高度变得更高,对于已经定型的飞机来说,换装增大功率的发动机和更大尺寸的螺旋桨意味着要相应地更改飞机结构设计,尤其是改变起落架的高度,这显然不大现实;三是气流流经螺旋桨时由于桨叶各截面的几何形状不同会产生较大的流动损失,使螺旋桨的效率下降较多,而且飞行速度越高,这种损失越大;四是因为螺旋桨所能吸收的发动机输出功率有限制(其吸收的功率一般与桨叶面积和曲轴转速成正比),很显然,对于确定的桨叶面积,在一定的转速下所能吸收活塞发动机的功率是一定的,因此所能吸收的发动机功率也是一定的。

螺旋桨也广泛地用在各种舰船上。我国自 19 世纪中叶沦为半殖民地半封建社会后,在船用技术方面所做的工作并不多,但在新中国成立后,我国造船业得到了飞速发展,对螺旋桨也进行了大量设计、研究工作,为各类舰船配上了大量自己设计制造的螺旋桨。最值得骄傲的是"关刀桨"的问世,它是我国螺旋桨技术发展中的一大创造。20 世纪 60 年代,广州文冲船厂有一位名叫周挺的师傅,他根据自己几十年制作螺旋桨的经验,把螺旋桨的桨叶轮廓做成《三国演义》中关公 82 斤重大刀的式样,他形象地称它为"关刀桨"。1973 年,首先在上海进行了"关刀桨"敞水试验研究,发现该桨不仅提高了船的航速,更神奇的是螺旋桨的振动也大大地降低了。有趣的是,世界著名造船国家开发的大侧斜螺旋桨叶、最新舰用大侧斜螺旋桨叶(其直径为 6.3 m,轴功率为 35 660 kW,舰航速达 32.8 kn)、最新客渡船上采用的大侧斜螺旋桨叶(桨叶直径为 5.1 m,轴功率为 15 640 kW,船航速为 23.2 kn),它们都与我国的"关刀桨"非常相似。

"关刀桨"

我国制造的全球最大的船用螺旋桨

再来看活塞式发动机功率。活塞式发动机的输出功率正比于发动机排量、转速和汽缸进口压力的乘积。发动机排量为汽缸数与每个汽缸的排量的乘积,因此增加汽缸数或增加汽缸排量均能提高发动机排量,但增加汽缸数就意味着增加发动机质量,而尽管理论上每个汽缸排量可以做得更大一些,但实践中这是不大可能的,因为汽缸排量与汽缸缸径及活塞行程密切相关,人们通过大量的研究已经得出活塞发动机最佳的气缸缸径与行程组合。例如,普惠公司的活塞发动机从单排 V 形发展了单列堆叠型,再从双排径向发展了多排径向,其多排径向式 R-4360 对"黄蜂"发动机的汽缸数已达 28 个,缸径为 5.75 in(约 14.6 cm),行程为 6 in(约 15.24 cm),最大质量已达 3 892 lb(约 1 765 kg,1 lb≈0.454 kg),再继续增加汽缸数和增加排量已经非常困难。至于提高发动机转速,尽管可以通过采用更高强度的汽缸材料和更好的抗爆燃油来实现,但显然也存在困难,因为当时无论是从质量、比强度,还是从散热效果上看,汽缸材料都是采用比较好的铸铝材料;而抗爆燃油则依赖于化工技术,在当时化工技术尚无根本性突破的前提下也几无可能实现。因此,增加发动机功率的办法中唯一可行的就是增加汽缸进口压力。

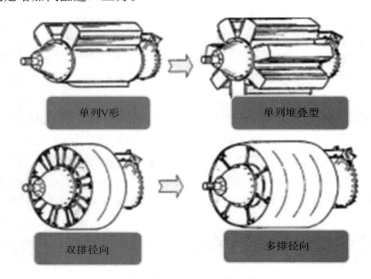

活塞发动机汽缸数的演化

普惠公司 R-4360 活塞式发动机

解剖后的涡轮增压器

　　增加汽缸进口压力的方法就是使用涡轮增压器。涡轮增压器实际上是一种空气压缩机,通过压缩空气来增加进气量。它利用发动机排出的废气的惯性冲力来推动涡轮室内的涡轮,涡轮又带动同轴的叶轮,叶轮压缩由空气滤清器管道送来的空气,使之增压后进入汽缸。当发动机转速增大时,废气排出速度与涡轮转速也同步增加,叶轮就压缩更多的空气进入汽缸,空气的压力和密度增大可以燃烧更多的燃料,相应地增加燃料量和调整发动机的转速,就可以增加发动机的输出功率了。事实上,从 1938 年开始,人们就在活塞式发动机上使用了涡轮增压器,最先想到这个方法的是桑福德·E. 莫斯(Sanford·E. Moss),因为他发现涡轮增压器在高海拔地区可以增大发动机的进气密度,而最早使用这一技术的是美国 GE 公司。

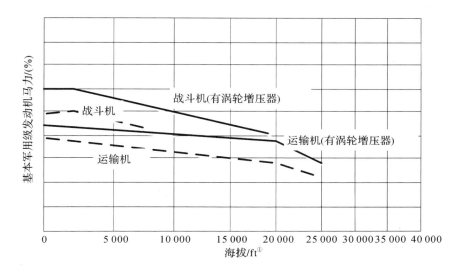

有无涡轮增压器时发动机功率变化对比

注:①1 ft＝0. 305 m。

活塞式发动机曲轴到螺旋桨的功率传递方式对功率也有影响,这是因为尽管曲轴的扭矩是直接通过螺旋桨的桨轴传递的,但螺旋桨需要桨叶角、桨叶迎角和变距机构之间的配合才能产生拉力。另外,还需要考虑各种损失的影响。对于研制成功的发动机及其螺旋桨,这些因素又是确定的。美国海军曾经想要测试 P－47"雷电"战斗机的极限,制造出了 XP47－J(其中,X 代表试验机),为此改装了 R－2800－57(C)发动机,不仅采用锥形螺旋桨桨毂降低了结构质量,还去掉了飞机上的两门机体机枪。虽然在 1944 年 8 月的试验中一度达到了811 km/h 的飞行速度,但是距离突破声速还有不小的距离。

P－47"雷电"战斗机

螺旋桨桨毂

发动机并不是从活塞式发动机直接过渡到喷气发动机的,而是经历了一段较为波折的过程。

1945 年,苏联米高扬设计局研制出了伊-250 试验型高速战斗机(后来被称为米格-13),它采用由一台活塞式发动机和一台冲压喷气发动机组成的复合动力装置。在高度 7 000 m 时,这种发动机产生的总功率为 2 800 马力,可使飞行速度达到 825 km/h。当年 3 月 3 日,试飞员杰耶夫驾驶伊-250 完成了首飞。伊-250 是苏联所有研制的战斗机中,第一种飞行速度达到 825 km/h 的飞机。与此同时,苏霍伊设计局研制出苏-5 试验型截击机,也采用了类似复合动力装置。1945 年 4 月,苏-5 速度达到 800 km/h。另一种型号(苏-7)试验机,除装有活塞式发动机外,还加装了一台液体火箭加速器(推力 300 kgf,1 kgf = 9.8 N),可短时间提高飞行速度。但是,使用液体火箭加速器来提高飞行速度的办法并不可靠:其燃料和氧化剂仅够使用几分钟,而且具有腐蚀性的硝酸氧化剂使用起来也十分麻烦,甚至会发生发动机爆炸事故,曾有一名试飞员就在一次火箭助推加速器爆炸事故中殉职。在这种情况下,苏联中止了液体火箭加速器在飞机上的使用。

使用复合动力的伊-250 战斗机

使用混合动力的苏-5 战斗机

美国对超声速飞机的研究主要集中在贝尔 X-1"空中火箭"式超声速火箭动力研究机上,研制 X-1 最初的意图是想制造出一架飞行速度超过声速的飞机。X-1 飞机的翼型很薄,没有后掠角,也采用液体燃料火箭发动机作为飞机的动力。由于飞机上所能携带的火箭燃料量有限,火箭发动机工作的时间很短,因此 X-1 飞机不能自己从跑道上起飞,需要将它挂在一架 B-29"超级堡垒"重型轰炸机的机身下。

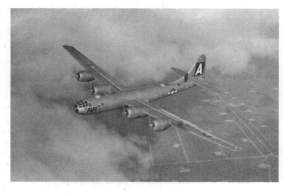

B-29 重型轰炸机

B-29 下的 X-1 飞机

在 B-29 飞机升空之前,飞行员已经在 X-1 的座舱内坐好。轰炸机飞到高空后,像投炸弹那样,把 X-1 飞机投放出去。X-1 飞机在离开轰炸机后的滑翔飞行中,起动自己的火箭发动机加速飞行。对 X-1 进行的第一次空中投放试验是在 1946 年 1 月 19 日进行的,而首次在空中起动火箭发动机试飞,则是在当年的 12 月 9 日,使用的是 X-1 飞机的 2 号原型机。

第二次世界大战末期,德国 Me-163 和 Me-262 新型战斗机相继投入了苏德作战前线。前者装有一台液体燃料火箭发动机,最大飞行速度为 933 km/h;后者装两台涡轮喷气发动机,最大飞行速度为 870 km/h,它是世界上第一种投入实战的喷气式战斗机。这两架飞机的飞行速度虽然都没有突破音障,但它们使用的喷气式涡轮发动机创造的高的飞行速度无疑给人们进一步突破音障指明了方向。

使用液体火箭动力的 Me-163 战斗机

使用喷气动力的 Me-262 战斗机

随着喷气式动力的出现,人们发现轴流式涡轮喷气发动机比活塞式发动机更有意义,因为飞机具有更高的飞行速度潜力和更轻的质量。例如,装有 6 台 R-4360 活塞式发动机的 B-36 飞机,成为最大的活塞式动力飞机,如果换为 J47 涡轮喷气发动机则只需要 4 台。活塞式发动机动力的飞机总起飞质量通常被限制在 20 000 lb 以下,如海军飞艇(the Martin Navy flying boat)JRM-2 飞机使用活塞式发动机时飞机起飞总质量为 17 000 lb,当更换为涡轮喷气发动机时起飞总质量大幅增加,在 $Ma=0.9$ 时总质量达到 100 000 lb 左右,约为前者的 6 倍。

B-36 轰炸机(使用 R-4360 发动机)

B-36 轰炸机(使用 J47 发动机)

参 考 文 献

[1] CONNORS J. The Engines of Pratt & Whitney：a Technical History：as Told by the Engineers Who Made the History[M]. Reston：AIAA，2009.

[2] 小雨下不停. 为什么螺旋桨飞机无法超音速飞行喷气发动机叶片却能超音速旋转？[EB/OL].（2020 - 07 - 09）[2022 - 04 - 30]. https://www. 163. com/dy/article/FH6EL82105370-NY9. html.

[3] 小乐的生活妙招. 卡普罗尼涵道验证机：本来可以靠速度吃饭你却偏偏靠卖萌[EB/OL].（2022 - 04 - 22）[2022 - 04 - 30]. http://news. sohu. com/a/538988876_120956268.

[4] 紫龙防务观察. 螺旋桨飞机能超音速飞行吗？这架飞机拼尽全力却功败垂成[EB/OL].（2018 - 07 - 09）[2022 - 03 - 30]. https://page. om. qq. com/page/OQ1Pfm9Pr7kS2sExHUmiEluA0.

5 惠特尔发明涡喷发动机的故事

　　喷气式发动机的发明人,原本只是为了让飞机飞得更快、更高,没想到他们将人类带进了喷气时代。弗兰克·惠特尔凭借自己在机械方面出众的思维能力和动手能力,以及一个飞行员所具备的工程理论和空气动力学基础知识,提出了喷气式发动机的设计思想,并克服重重困难,最终将理想变为现实。他可能是最后一位仅凭自己的发明创造就推动了一个领域发生根本变革的伟大发明家。

　　弗兰克·惠特尔爵士(Sir Frank Whittle)是涡喷发动机的发明者,后来被授予英国皇家空军准将衔。惠特尔于 1907 年 6 月 1 日生于考文垂,其父亲曾经营一间小型机械加工厂,生意失败后举家搬迁至利明顿。惠特尔从小在父亲机械专业的耳濡目染下成长,当来到利明顿这个陌生环境时,与同学关系不佳的他多半时间都泡在图书馆中。当时,刚发明不久的飞机时常出现在书刊上,这种同时带有视觉美和机械美的飞行机械很快便吸引了他的目光,在这个少年的心底种下一颗飞行的种子。

弗兰克·惠特尔(1907—1996)

　　惠特尔在 1923 年 1 月通过了皇家空军的入学考试,并进入第二技术训练学校开始为期 3 年的机械师培训。1926 年,他以总成绩第 7 名毕业。根据当时学校的规定,毕业生中成绩优秀的前 6 名学生有机会被保送到克伦威尔皇家空军学院学习。作为第 7 名的他看来没有什么希望了,但因排第 6 名的学生视力不合格,他才有幸得以递补进入克伦威尔皇家空军学院学习飞行。

　　克伦威尔皇家空军学院不仅教授飞机驾驶技术,而且还开设不少航空技术和基础理论方面的课程,惠特尔在此受到了良好、正规的航空教育,具备了飞行员和机械师的双重能力。

　　1928 年,在克伦威尔皇家空军学院学习的第四学期,惠特尔以"飞机设计的未来发展"(Future Developments in Aircraft Design)为题撰写了一篇论文。他在论文中提到,对于追求高速的飞机来说,在空气阻力低的高空飞行是最佳方式,而传统往复活塞式发动机驱动的螺旋桨飞机在高空的效率却很差,如要提高飞机在高空的性能,那么燃气涡轮驱动的螺旋桨发动机,甚至是火箭发动机将是更好的选择。这篇论文本身并没有提出任何先进的空气动力学理论,但它却代表了惠特尔脑海中关于燃气涡轮发动机的设想已经初步形成。1928 年秋天,克伦威尔皇家空军学院院刊以"推测"为题发表了这篇论文。

惠特尔边学习边不断完善他的喷气式发动机的设想。他曾经大胆展望了一种喷气式发动机雏形:使用活塞式发动机把空气压缩进一个经特别设计的燃烧室,再向燃烧室内喷入雾化燃油与空气混合,点燃后让燃气高速向后喷射产生推力。惠特尔预测这种发动机能让飞机在高空以时速 804 km 飞行。但他很快抛弃了这个设计方案,转而开始了其他更加实用的喷气式发动机的设计。20 世纪 30 年代,意大利坎皮尼·卡普罗(Campini Cpro)曾经研制过一台类似原理的发动机,还进行了试飞,证明了这种活塞-喷气式发动机是不可行的。

1930 年 1 月 16 日,年仅 23 岁的惠特尔撰写了一份喷气式发动机专利申请书。他设计的发动机有一个 2 级轴向进气和 1 级离心式的压气机,压气机给数个直流单管燃烧室供气,燃烧室燃烧产生的高温燃气驱动一个 2 级轴流式涡轮高速旋转,涡轮通过转轴带动位于燃烧室前面的压气机,经过涡轮之后燃气从多通道的排气喷管排出。

惠特尔善于独立思考,预见了活塞式发动机的局限性和螺旋桨在高速飞行中无法克服的缺点,在毕业论文中提出了新型涡轮喷气推进原理。他的非凡才能令同伴刮目相看,其独特见解更让学校师长交口称赞。从克伦威尔皇家空军学院毕业后,他被授予少尉军衔,并被分配到中央飞行学校任训练教官。

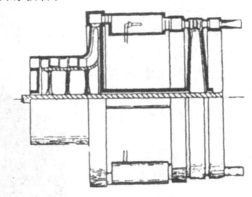

惠特尔燃气涡轮专利(英国专利号 347206)

经一位教官引荐,惠特尔向他所在的飞行学校校长约翰·鲍德温(John Baldwin)上校(后来成为皇家空军中将,并被授予爵士爵位)汇报了他的方案,鲍德温将惠特尔的方案转给了他的上级机关。之后,惠特尔被介绍给了英国航空部南肯辛顿研究院发动机发展科学研究董事会的 W. L. 特威迪(W. L. Tweedie)。虽然特威迪没有被惠特尔说服,但他又将惠特尔介绍给了英国皇家航空研究院发动机部的阿兰·阿诺德·格里菲斯(Alan Arnold Griffith)博士。

格里菲斯当时是英国涡轮发动机方面的巨擘,1926 年他的论文研究了航空用涡轮叶片的设计问题,推进了涡轮发动机的进一步发展;1927 年他获得了英国航空部及航空研究院的资助,研制了一种轴流式涡轮螺旋桨发动机。格里菲斯指出了惠特尔计算公式的一些错误,并且告诉惠特尔,他的涡喷发动机设想过于超前了。当时英国航空部的普遍看法是,当时的冶金技术和零部件设计不能支持惠特尔的设计方案。但是,有人猜测格里菲斯之所以以"过于超前"为理由否定了惠特尔的方案,是因为他已经意识到惠特尔是一个在争取皇家空军基金支持上潜在的对手。

惠特尔在 1930 年获得了涡喷发动机设计专利。他向英国航空部正式提交了他的专利证书,但目光短浅的航空部技术官僚们没有能力理解他的奇思妙想,认为这只不过是一个书呆子的无聊想法,拒绝提供资源让惠特尔制造原型发动机。航空部甚至都没有把惠尔特的专利放到"保密"类的发明里,因为他们觉得惠特尔只是一位年仅 23 岁、受过一点点高等工程训练的新手,他的发明对皇家空军根本没有价值。

惠特尔将航空部的否定意见抛之脑后,决定自己尝试将他的涡喷发动机设计商业化。在一段时间里,他曾四处寻求投资公司和发动机制造厂商的支持,但都遭到婉言拒绝,因为谁也不愿意支持这种风险很大的新发动机的研制。此后的一段时间里,惠

阿兰·阿诺德·格里菲斯(1893—1963)

特尔也感到无奈和气馁,他甚至也开始怀疑自己的设计是否太超前了。

1930—1935 年,惠特尔以普通皇家空军军官的发展路径开始其职业生涯,涡喷发动机的研制工作就这样被搁置在了一边。1935 年,由于他资金困难,以致难以维持每年 5 英镑的专利维护费,最后只能眼睁睁地看着自己辛苦设计的涡喷发动机专利失效。

惠特尔 1932 年转到皇家空军亨洛基地工作,从 1934 年到 1936 年,皇家空军安排惠特尔去剑桥大学进行深造,主修机械科学。惠特尔非常珍惜这次进修机会,他以惊人的毅力仅用两年时间就完成了全部课程而提前毕业,并因优异的成绩获得剑桥大学一等荣誉奖。惠特尔在剑桥大学上学期间又一次向他的导师提出了涡喷发动机的构想,获得了导师的热情支持。他在与剑桥大学空气动力学实验室的 B. M. 琼斯(B. M. Jones)共同工作中,更加深入地学习了流体动力学方面的知识。

剑桥大学校园

1935 年是惠特尔人生中至关重要的一年。就在惠特尔的专利失效后不久，他收到了来自一位名叫 R. 达德利·威廉姆斯（R. Dudley Williams）的前英国皇家空军军官的来信。这位军官在信中表示，他对惠特尔的设计非常感兴趣。经过沟通和协商，惠特尔和威廉姆斯，以及另外一位前皇家空军军官 J. C. B. 亭林（J. C. B. Tinglin），三个人终于找到了一家愿意资助惠特尔发动机开发资金的投资银行公司。

于是，惠特尔、威廉姆斯及亭林等三人于 1936 年 1 月 27 日成立了动力喷气有限公司（Power Jets Ltd.），公司注册资金 10 000 英镑，外加现金 2 000 英镑。由惠特尔担任总工程师，专门研制惠特尔设计的涡喷发动机。英国航空部虽然没有投资该公司，但允许惠特尔带薪参与公司的工作（一周在新公司工作 6 h，因为这时候惠特尔还是一名军官），说明政府已经默认了他的设计是有价值的。

早在惠特尔和 B. M. 琼斯一起在剑桥工作时，他就开始设计第一台用于台架试验的发动机，称为惠特尔试验机，也称 W. U. 发动机。1935 年 5 月 26 日到 6 月中旬，惠特尔通过对原始设计方案进行改进，又申请了 3 个临时专利。惠特尔意识到动力喷气有限公司只靠自身是造不出发动机的，许多实际问题都需要有经验的人来帮忙解决。

最后，惠特尔设法说服了英国 BTH 公司（The British Thomson Houston Co. Ltd）承担发动机压气机叶片、主轴、涡轮盘和涡轮叶片的制造，爱丁堡的莱德劳和德鲁公司参与 W. U. 以及后续系列发动机的燃烧系统的研发工作，霍夫曼公司承担发动机轴承的研发工作，阿尔弗雷德·赫伯特公司承担主轴装置的研发工作，等等。惠特尔选择用弗思维克斯公司生产的钢材来制造涡轮盘和涡轮叶片，用高性能合金有限公司生产的 RR. 56 铝合金来制造压气机和机匣。

BTH 公司外的燃烧装置

惠特尔最初打算分别制造和测试发动机零部件，然后再将零部件组装成一台完整的发动机，进行整机试车试验。零部件测试的成本迫使惠特尔决定一次性建造出整台发动机，因为他估计制造一个完整的发动机只要不到 5 000 英镑，而制造一个 3 000 马力的电动机和压气机试验台就需要 27 000 英镑。

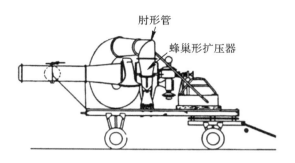

第一台试验发动机模型的试验台架

1936 年 10—12 月,惠特尔及莱德劳和德鲁公司开始了燃烧室的试验工作。到了 1936 年底,大部分惠特尔涡轮喷气式发动机(简称"涡喷发动机")的细节设计工作已经完成,发动机制造工作也在顺利进行之中。截至当时,惠特尔估计在发动机上已经花了 3 000 英镑。

1937 年,惠特尔被编入英国皇家空军特别任务名单,并被派往动力喷气有限公司。11 月 6 日,在不要求惠特尔进行晋级考核的情况下将他晋升为少校。这意味着航空部和英国皇家空军都认为惠特尔从事涡喷发动机的研发比他作为一个全职的英国皇家空军军官更有价值。随着新发动机的研发,惠特尔将他所有的专利都转到新公司的名下,并把 25% 的公司股份转给了英国航空部。政府的信任和私人的资助终于在 1937 年 4 月 12 日这一天得到了回报。这一天,惠特尔研制的涡喷发动机首次点火运转便获得了部分成功(尽管燃油系统的问题导致他们前五次刚起动发动机就熄火了)。

相对压气机和涡轮系统,惠特尔团队对燃油系统的设计太缺乏经验。他们先在上游喷射燃油,结果使喷油嘴完全处于燃烧的火焰内部。然后,他们又将燃油喷射放在下游,但是燃烧室内燃油燃烧不完全,很多燃油在涡轮后排气管内继续燃烧。接着,他们又改回到在上游的燃油喷射方式,但是这次使用了一个蒸发器来蒸发煤油,煤油蒸气随后被喷射进燃烧室内。此后,他们又尝试了在下游的燃油喷射方式。然而,W. U. 发动机从没有达到 12 000 r/min 以上的转速。由于技术、经费以及生产设备等问题,试验工作不得不停了下来。

1938 年,惠特尔和来自 BTH 公司的工程师们开始设计新款的 W. U. 发动机。第一次改装包括一个多通道叶片扩压器、一个重新设计的燃烧室、一个新的涡轮进气口和一个重新设计的涡轮。4 月 29 日,这台发动机完成了以转速 8 200 r/min 工作超过 1 h 的主要目标。5 月 6 日,这台发动机以 13 000 r/min 的转速工作了 1 h 45 min,获得了 480 lbf(1 lbf=4.45 N)的推力。

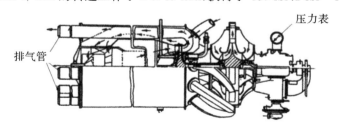

1937 年第一次改进后的 W. U. 发动机总体结构

但是,由于长期辛劳,惠特尔的身体状况已经变得很差,再加上第一台发动机运转一直不稳定,噪声极大,难以正常工作,许多合作者都离他而去,惠特尔的精神几乎达到崩溃的地步。

在第二次改装中,惠特尔决定放弃单管燃烧室而采用一系列 10 个小燃烧室。这些小燃烧室共有 2 个点火嘴,通过一系列所谓的"联焰管"顺序点燃各燃烧室。

第三次改装包括 10 个环管燃烧室和新的涡轮以及涡轮进口。惠特尔还在每个燃烧室火焰筒中加上了蒸发器。1938 年 10 月 26 日,开始了第三台发动机的测试工作。

1939 年,惠特尔团队的研制工作终于取得了实质性的进展。2 月 20 日,第三台发动机的运行转速超过 8 000 r/min。这一点进步显然是不够的。当年 2 月,飞机生产部给惠特尔施加压力,希望得到更好的结果。3 月,发动机的运转速度提高到大约 14 000 r/min。然而,1 个涡轮叶片出现了故障,造成 2 个月的工作延迟。为了处理这个新问题,他们从弗斯维氏(Firth Vichers)公司订购了一定数量的 Rex 78 材料来制造涡轮导向叶片。4 月,皇家航空研究院的康斯坦特告诉惠特尔,他开始相信目前惠特尔确实有一个具有工程实际应用价值的发动机。

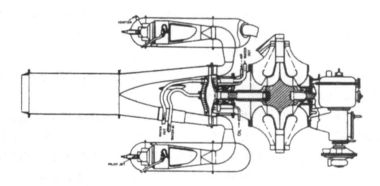

第二次改进后的 W.U. 发动机结构

6 月 17 日,在更换了一个新的涡轮后,动力喷气有限公司恢复了测试工作。这个新的涡轮有 29 个叶片而不是 30 个,以避免与 10 个叶片的扩压器系统产生耦合共振。6 月 23 日,发动机运行速度达到了 15 700 r/min,两天后,又达到了 16 000 r/min。在这个时间点,虽然燃烧的问题(包括很差的温度分布和其他问题)一直困扰着他的团队,但惠特尔觉得他已经解决了设计上的主要问题。

他邀请科学发展部主任派伊(Pye)参观莱迪伍德(Ladywood)工作车间,并展示了这一成果。在参观过程中,派伊看到发动机以 16 000 r/min 的速度持续运行了 20 min。派伊接受了涡喷发动机所代表的新的、先进的技术发展方向。虽然还有大量的工作没有做,但是进一步发展全尺寸的发动机是值得的。

1939 年 7 月,航空部与动力喷气有限公司签订合同,要求惠特尔研制一台试飞用的喷气发动机。该发动机被命名为 W.1 发动机,由 BTH 公司制造,后续由罗孚(Rover)公司和罗罗公司制造。由格罗斯特(Gloster)飞机公司研制1架试验型的喷气推进飞机,命名为E.28/39。英国在第二次世界大战后期和战后使用的"流星"和"吸血鬼"等喷气战斗机,都是在这种飞机的基础上研制的。尽管惠特尔对航空部直接决定与飞行器制造商签订合同感到失望,但对选择了格罗斯特公司还是比较满意的。

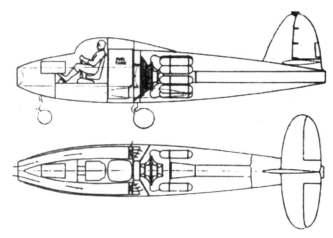

E.28/39试验飞机的机身结构

　　7月初,惠特尔已经开始了W.1发动机的设计。按照科学发展部派伊主任的要求,除了一些减重结构外,W.1发动机与第三台试验机非常类似。到7月中旬,发动机转速达到16 650 r/min,也就是94%的设计转速。

惠特尔 W.1发动机

　　到1940年1月底,动力喷气有限公司完成了W.1发动机的设计,开始W.2涡轮喷气发动机的初步设计工作。相比于 W.1 发动机 1 240 lbf 的最大推力,W.2 发动机有着 1 600 lbf 的最大推力,其总体结构与 W.1 发动机类似,但是有着一些非常重要的变化。例如,涡轮叶轮的冷却方式由水冷改为气冷。此时,燃烧室的问题依然困扰着惠特尔团队。动力喷气有限公司试验了 31 种不同类型的蒸发管,然而,他们仍然遇到蒸发管结焦、局部过热和变形,以及燃烧室出口温度分布不均等问题。

在涡喷发动机工程化的过程中,惠特尔除了需要不断解决技术问题外,还需要不断协调与政府、合作企业之间的关系。惠特尔在 1940 年 2 月 16 日给法瑞恩的信中写道:"之所以我觉得航空部让他人摘取动力喷气有限公司培育出的硕果很不公平,并非我自己要追求多大的利益,而是我认为如果很多人的投资是出于对我的信任,那么他们不能取得效益的话,我觉得我责任重大。"

1940 年 4 月 12 日,飞机生产部的决定给了惠特尔一个不小的打击:将惠特尔 W.2 发动机的生产拆分给 BTH 和罗孚两家公司。飞机生产部与这两家公司直接签订了合同,使动力喷气有限公司事实上成为一家只做研究工作的公司。

惠特尔觉得第二次世界大战全面爆发后尽管政府继续资助他的工作,但是并没有表现出特别的紧迫性。他意识到动力喷气有限公司在政府的关注下处于采购优先级的地位改变了,他将原因归纳为以下四点:一是可能某些在政治上有影响力的官员还不相信他们方案的合理性;二是可能是那些相信这项研究很重要的人认为动力喷气有限公司不适合承担这一任务,把它交给一个历史悠久的工程公司来承担会更好;三是其他人可能认为,这项工作由皇家航空研究院和梅特罗-维克斯公司(Metro-Vicker)合作更有可能取得丰硕成果;四是有迹象表明,针对动力喷气有限公司首席执行官怀特(Whyte)和他个人的敌意影响了现在的处境。

与此同时,惠特尔还总结了他与合作企业遇到的三个困难:一是 BTH 公司工程师们的工程背景问题,尽管这些工程师有从事制造大型民用发电机组专业领域工作超过 20 年的经验,但他们都不熟悉现代空气动力学理论;二是 BTH 公司的设备问题,BTH 公司燃气轮机厂的机器设备并不适合用来制造飞机发动机,例如 BTH 公司无法焊接 W.1 发动机燃烧室使用的仅有 1/64 in 厚的镍铬不锈钢薄板;三是自己的问题,他承认自己的急躁和不容许出错的习惯造成了其与 BTH 公司员工之间的很大摩擦。

1940 年 7 月,惠特尔和动力喷气有限公司开始采用壳牌石油公司(Shell Pertoleum)I. 卢博克(I. Lubbock)研发的雾化燃油喷射技术来研制一种新的燃烧室。惠特尔在《喷气机》(*Jet*)一书中明确指出,燃烧室熄火是涡喷发动机研发中的严重障碍。到了 9 月,动力喷气有限公司已经有能力为燃烧室设计和制造足够的部件,以满足他们自己以及 BTH 和罗孚公司的需求。

惠特尔采用多余的转子和一些其他零件新组装了一台 W.1 试验机,新发动机被命名为 W.1.X。W.1.X 跟 W.1 结构基本相同,但有更多的涡轮叶片数量(W.1.X 有 72 片,而 W.1 有 66 片),而且新的涡轮叶片采用枞树形榫头,试验机叶片根部为销钉式榫头。1940 年 11 月 11 日,惠特尔组装完成并试验了第一台 W.1.X 发动机。

W. U. 与 W. 1. X 的枞树形榫头

1941 年 4 月 8 日,格罗斯特飞机公司装配有惠特尔 W. 1. X 的 E. 28 飞机最大滑跑速度首次达到了 60 mi/h,此时发动机转速为 15 000 r/min。当天下午,格罗斯特飞机公司的试飞员塞耶连续三次增加 E. 28 的滑跑距离,每次提升 200～300 码(1 码＝0. 914 4 m)。随后,动力喷气有限公司将发动机从飞机上卸下来,将其带回到拉特沃斯的设备上,继续台架上的研发工作。4 月 12 日,惠特尔 W. 1. X 发动机经历了 25 h 的台架试车,为后面的飞行试验做准备。惠特尔称这 25 h 的试验是特种试验,试验过程中的最大转速为 16 500 r/min,产生了 860 lbf 的推力,其中有一次转速达到了 17 000 r/min,同时产生了 1 000 lbf 的推力。

1941 年 5 月初,动力喷气有限公司使用船只将 W. 1 发动机运到格罗斯特飞机公司并安装在 E. 28 飞机上。5 月 15 日,由试飞员赛耶驾驶 E. 28/39 首次试飞。下午 7 点 40 分左右,塞耶进入座舱,在刹车状态下起动发动机,之后推油门到 16 500 r/min,接着他松开刹车,飞机在跑道上加速滑行 600 码后平稳地起飞了。飞机向西直线爬升了数英里之后,消失在云团里,在 25 000 ft 的高度上达到了 370 mi/h 的速度。在随后的几分钟时间里,人们只能听到发动机均匀的轰鸣声。接着它出现在人们的视野之中。在绕了一个大圈后,飞机开始降落,最终在跑道末端平稳着陆,然后调转机头滑了回来,在距人群不远处停了下来。塞耶在座舱里朝人们竖起了满意的大拇指。这次持续了 17 min 的完美飞行揭开了英国喷气式飞机时代的序幕。

此后,格罗斯特飞机公司针对 W. 1 发动机又进行了 12 天的飞行测试。第一次飞行后,飞机公司的工程师对动力喷气有限公司的工程师不拆解发动机进行检查感到十分惊讶,因为在此之前这是飞行测试的例行工作。但惠特尔却说他们公司的工程师从发动机工作时发出的声音里已经知道了发动机一切正常,不需要进行类似的工作。

就在 W. 1 发动机取得进展的时候,惠特尔及他所在的动力喷气有限公司与 BTH 公司、罗孚公司的关系急转直下。根本原因是这两个公司没有忠实地按照他的设计制造发动机,直到 1942 年 4 月,他才知道时任航空部发动机发展局的罗斯少校秘密授权罗孚公司发动机的发展权,但这项授权却并未通知相应主管部门官员和惠特尔。

未来航空发动机三巨头之一的罗罗公司早已盯上了惠特尔的动力喷气有限公司和正在研发的涡轮喷气发动机。尽管当时罗罗公司生产的活塞式航空发动机已经占据了英国的大部分市场,但董事长 E. W. 海夫斯(E. W. Hives)预测:"梅林(Merlin)发动机(当时罗罗公司在第二次世界大战中的主打产品)绝对会过时,这能导致航空发动机业务的停滞,除非他们能拿出使梅林过时的东西。"

E. W. 海夫斯　　　　　　　　　　　　斯坦利·胡克

1940 年 2 月,罗罗公司涡轮增压器分部负责人斯坦利·胡克(Stanley Hooker)第一次见到惠特尔发动机时,就对它印象深刻。9 月,胡克说服海夫斯到拉特沃斯参观了惠特尔发动机,使他们更加坚信涡喷发动机是潜在的战争法宝。

1942 年 1 月 21 日,动力喷气有限公司的约翰逊、惠特尔和沃克应约到德比会见了罗罗公司的海夫斯和塞德格雷·伍兹(Cedgraves Woods)。罗罗公司计划制造一种类似于 W.2.B 的发动机,但推力应达到 2 000 lbf。1 月 30 日,海夫斯和塞德格雷·伍兹分别到拉特沃斯和布朗斯菲尔回访了动力喷气有限公司,确认了他们非正式的合作协议,即共同开发一型发动机,其中动力喷气有限公司是主要承包者,而罗罗公司是分包商。

当年 3 月 13 日,动力喷气有限公司依据协议开始对 W.2.B 进行全面重新设计,并将其命名为 W.2/500。飞机生产部在几个月后批准了这项交易,不久动力喷气有限公司也收到 6 台发动机设计开发合同,并立即向罗罗公司提供必要的分包服务。9 月 13 日,动力喷气有限公司开始测试 W.2/500 涡轮喷气发动机。

1943 年 12 月 12 日,英国燃气轮机协作委员会会议在罗罗公司位于德比的工厂中举行。洛克斯比·考克斯(Loxby Cox)、罗罗公司首席工程师 A. G. 艾略特(Eliot)以及惠特尔就罗罗公司与动力喷气有限公司之间全新的发展和生产关系达成了一致意见。会议的前一天，海夫斯会见了罗孚公司的威尔克斯，已同意就罗罗公司的坦克发动机生产权与罗孚公司的航空燃气涡轮发动机生产权进行交易，这对英国政府和罗罗公司而言都是一个历史性的时刻。罗罗公司从此走向了航空燃气轮机技术的巅峰，这都是基于弗兰克·惠特尔和E.W.海夫斯对新技术的开创性贡献。

之后，在惠特尔的帮助下，罗罗公司在 W.2/500 发动机的基础上，发展了 W.2/700 发动机、维兰德（Welland）发动机和德温特（Derent）发动机，后两者都装在格罗斯特"流星"飞机上。其中，维兰德是英国第一种量产的喷气发动机，其推力为 1 700 lbf；而德温特的推力达到 2 000～2 400 lbf，可靠性更好。1944 年 3 月开始，罗罗公司又研发了推力达 5 000 lbf 的尼恩（Nene）发动机，该发动机于当年 10 月首次试车成功，成为当时最著名的喷气式发动机。

1944 年 4 月 28 日，英国政府以 135 563 英镑 10 先令的价格完成政府对动力喷气有限公司的强行收购，惠特尔则成为新公司董事会的技术顾问。

与罗罗公司完全不同，另一个未来航空发动机三巨头之一的美国通用电气（GE）公司却是被惠特尔的涡轮喷气发动机"不幸"砸中，从而开启了自己的研制生产燃气涡轮发动机之路，并最终成为航空发动机的"顶级玩家"。

1941 年 7 月，在 E.28/39 飞机装备 W.1.X 涡轮喷气发动机试飞成功不久，英国航空部邀请美国陆军航空兵司令亨利·哈里·阿诺德（Henry Harley Amold）参观了惠特尔发动机和格罗斯特飞机，并一起观看了飞行表演。阿诺德将军欣赏完这些表演后，对这项发动机先进技术倍加赞赏，提出希望获取一套完整、详细的惠特尔发动机图样，带回美国进行研究。

英国航空部满足了阿诺德将军的请求。回到华盛顿之后，阿诺德将军马上制订了一套研制涡轮喷气发动机的计划。他要求 GE 公司按照惠特尔发动机的图样，全力以赴仿造出15 台 W.1.X 涡轮喷气式发动机。阿诺德将军之所以选择 GE 公司来制造惠特尔发动机，一方面是因为 GE 公司在涡轮增压器研制和生产方面拥有较强的技术能力和丰富经验。事实上，W.1.X 涡轮喷气式发动机与 GE 公司的涡轮增压器在工作原理和结构上非常相像，两者都拥有离心式压气机和轴流式涡轮，其结构大致相当。另一方面，让 GE 公司去尝试欧洲的一些探索性的、在军方看来还不十分成熟的发动机研究开发项目，而让两家当时主要航空发动机制造商——莱特飞机公司和普惠飞机公司专心生产传统的活塞式发动机，这样可以保证美国空、海、陆各军兵种飞机在战争时期的动力供给需求。此时，第二次世界大战在欧洲和亚洲正如火如荼，军用发动机的需求十分旺盛而且非常紧迫，所以阿诺德将军的这一"运筹帷幄"的策略对于美国军方来说是万无一失的。

1941 年 10 月 1 日，科林少校从英国返回美国，并带回一台 W.1.X 喷气式发动机和一套极不完整的 W.2.B 图样，以及动力喷气有限公司的几位工程技术人员。

GE 公司组织了一个秘密研究团队，按照惠特尔的图样，在戒备森严的马萨诸塞州林恩厂区，仅用了 28 周时间就成功仿制出了美国第一台 W.2.B 发动机（命名为 I-A）。1942 年4 月 18 日晚上 11 点，GE 公司开始发动机地面试车台测试，这个日期比预定的 5 月 1 日有所提前。由于发动机涡轮叶片采用美国哈氏合金 B 制造，因此没有发生在英国经常遇到的涡轮叶片断裂问题。但是，在达到发动机最高转速之前的喘振问题困扰了 GE 公司两个多月时间,直到惠特尔6月份来到林恩,这个问题才得以解决。让 GE 公司喜出望外的是,与惠特尔同时来到的还有 W.2/500 涡轮喷气式发动机的设计图纸。

W.2.B 发动机

10月2日,GE 公司仿制的 I-A 型发动机从 GE 公司位于马萨诸塞州东北部的林恩厂区出发,经过长途跋涉,几乎穿过整个美国大陆,抵达加利福尼亚州爱德华空军基地,装在贝尔飞机公司(Bel Aireraft Company)的 XP-59 飞机上,进行了秘密试飞。试飞取得了圆满成功,飞机和发动机的出色表现令在场的所有人员,包括空军官员和飞行员、贝尔飞机公司以及 GE 公司的管理和工程技术人员等在内,都欣喜若狂。这次完美的飞行揭开了美国喷气式飞机时代的序幕。

XP-59 飞机

惠特尔的影响到此还远没有结束。罗罗公司将惠特尔发动机"儿子辈"的尼恩发动机生产专利先后卖给了美国、苏联、法国、澳大利亚,还有当时的中国国民政府,先后衍生出了一批一代名机,著名的有苏联克里莫夫设计局的 RD-45(配装在米格-15 战斗机、伊尔-28 轰炸机上)、美国普惠公司的 J42(配装在 F9F-3 战斗机上)等。

尼恩发动机

　　1948 年,英国政府终于公开承认了惠特尔的贡献,授予他勋章、奖金,以及爵士爵位,并晋升他为皇家空军准将。全世界许多国家、城市、大学、专业学会也授予他无数的奖章和名誉学位。

　　1976 年,惠特尔移居美国,成为美国海军学院教授,安静地住在乡间。1992 年,他和奥海因同时获得了美国工程科学院颁发的最高工程奖——德拉佩奖,该奖是表彰工程技术成就的最高奖项,被誉为“技术诺贝尔奖”。

　　1996 年,惠特尔去世。一代航空发动机巨人就此谢幕,但他在喷气式发动机方面开创性的研究打开了人类进入现代航空世界的大门。

参 考 文 献

[1]　CONNORS J. The Engines of Pratt & Whitney:a Technical History:as Told by the Engineers Who Made the History[M]. Reston:AIAA,2009.

[2]　春雨历史. 喷气式发动机的创始人:弗兰克·惠特尔[EB/OL]. (2020 - 12 - 25)[2022 - 01 - 31]. https://www.sohu.com/na/440394122_120905887.

[3]　雨楠空间. 喷气发动机创始人惠特尔和奥海因生平事迹[EB/OL]. (2013 - 05 - 31)[2022 - 01 - 31]. https://blog.sina.com.cn/u/1562393402.

[4]　彼得. 美国飞机燃气涡轮发动机发展史[M]张健,等译. 北京:航空工业出版社,2016.

6 奥海因发明涡喷发动机的故事

　　活塞式发动机的发明人,只是为了创造一种动力机械,想到有一天它会被装上飞机,将人类带上天空;喷气式发动机的发明人,只是为了让飞机有与之相配的发动机,没想到他会将人类带进喷气时代。这个人就是德国人汉斯·冯·奥海因。

汉斯·冯·奥海因(1911—1998)

路德维希·普朗特(1875—1953)

　　奥海因曾经说过,有一次乘坐飞机时,他觉得活塞式发动机的振动和噪声很大,与飞机优美的气动外形实在不相称,于是就开始考虑发明一种能持续燃烧、持续喷流、没有往复运动的部件、没有被气流干扰的动力装置。

　　有意思的是,涡喷发动机两位独立的发明人是分别从飞机驾驶员和乘客的不同感受萌生了发明的初衷。

　　汉斯·约阿希姆·帕布斯特·冯·奥海因(Hans Joachim Pabst von Ohain)博士是德国物理学家、航空工程师、发明家,也是第一架喷气式飞机发动机的设计者。1911年12月14日,奥海因出生于德国东部的航空城德绍,那里也是著名热力学家与飞行器工程师胡戈·容克斯(Jugo Junks)创建容克斯飞机工厂的地方。他的父亲是德国陆军上尉,退役后在电力供应领域工作,全家搬到柏林的达勒姆区。

1930 年从达勒姆高中毕业后,奥海因进入哥廷根大学学习物理学,1935 年获得物理学博士学位,同时他还拿到了空气动力学第二学位。他的博士论文题目是"声光波动理论"(The Wave Theory of Light and Sound)。在两位指导教授的引导下,奥海因逐渐对航空产生了兴趣,他的导师、哥廷根大学的罗伯特·W. 波尔(Robert W. Pohl)教授经常教导奥海因将所学的理论物理学应用于实际。虽然爱因斯坦的物理学理论使奥海因着迷,但他也很喜欢机械和手工制作的东西。他不但能与科学家、工程师,也能与机修工、机械师交流,并理解他们的思想。他对机械的着迷对他后来的发展十分有益。空气动力学家路德维希·普朗特(Ludwig Prandtl)博士的课程对奥海因也有十分重要的影响,空气动力学理论吸引他参加了大学的滑翔机俱乐部,从滑翔中学到的速度和优雅的飞行,使他在 1933 年产生了要发展一种新的、更加高效的飞机推进方式的想法。比较有趣的是,在此之前他与航空几乎没有任何交集。

　　奥海因在大学期间就深入思考了喷气推进的原理和可行性,曾经写过一篇标题为"热转变为燃气流动能的过程"(The conversion of heat into kinetic energy of gas stream)的论文。奥海因不喜欢空想,有了想法他就想把它变为现实。1934 年,奥海因开始初步设计他的新型发动机。就像开展一项应用物理学和热力学项目一样,他提出了很多设计方案并对其进行比较和优化,最后他决定从燃气涡轮的流动过程入手。压气机-涡轮单元由一个背靠背径向流出的压缩器转子和径向流入的涡轮转子组成,被称为"改进的能斯特涡轮机",只要径向的压缩器转子和径向的涡轮转子外径相同,整机就能实现匹配。同年,奥海因获得了离心式涡轮喷气发动机专利。

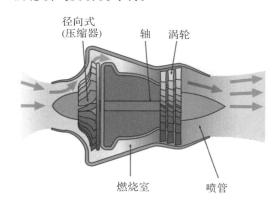

离心式涡轮喷气发动机

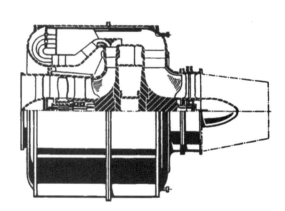

离心式涡轮喷气发动机原理图

　　奥海因也考虑过,采用轴流式压缩器和轴流式涡轮可以达到相同的效果,但是由于轴流式压缩器-涡轮单元结构太复杂且昂贵,而且还存在多级机械增压级间的匹配问题,因此他将轴流方案淘汰了。这些情况说明,奥海因特别注意"当时当地"和充分利用当时的技术水平。

　　奥海因在增压比为 3 的单级压缩器和 650～760℃ 涡轮进口温度条件下对发动机进行了性能计算和质量研究。计算结果是他的发动机可使飞机在高空时的飞行速度达到 805 km/h,总效率可达相同螺旋桨活塞式发动机的 60%,只是相应的燃油消耗量有些大,这一点令人气馁。但令人鼓舞的是发动机的质量只有相同螺旋桨活塞式发动机系统的1/4,甚至更少。在那个时代,战斗机推进系统的质量要比燃油重,所以从燃油质量和推进系统质量权衡的角度来看,涡喷发动机是非常有价值的。

纸面上说明涡喷发动机的原理相对比较容易,但是要制造出一个实际的装置就不那么简单了。1935年,在为期末考试和博士论文努力的同时,奥海因决定按照设计方案制作一个原理样机模型。他觉得一个模型对他推销涡喷发动机方案是十分必要的,于是这个幼稚的研究生竟然着手用自己的钱来实施这个计划。尽管他父亲在电力供应业上的成功会给他提供一笔可观的费用,但他意识到他将很快用光这些钱。

奥海因找到他的好朋友马克斯·汉(Max Hahn)来帮忙制作这个模型。汉是哥廷根巴特尔斯与贝克尔(Bartels & Becker)汽车修理厂的总机修师,尽管他没有接受过正规的工程教育,但是极具工程师的天赋。汉用更加实际的动手能力和技能与只有纯学术背景的奥海因形成互补,事实证明这对奥海因后来的研制工作是非常重要的。汉和奥海因一起讨论他的设计,提出一系列修改建议,使他能充分利用修理厂的设备。他们采用边设计、边加工、边修改的办法,在汽修厂车库里试制出了第一台涡喷发动机原理样机,奥海因仅花费了1 000马克。当然实际花费显然比这多,但不得不说这是一个奇迹!

奥海因发明的离心式发动机样机

1936年初,奥海因带着涡喷发动机设计方案和原理样机到导师波尔教授办公室请教。当时整个哥廷根大学都没有与涡喷发动机相关的研制项目,波尔教授还是基于自己热力学和物理学方面的知识,给奥海因以非常热情的指导,同时还允许他利用学校的设备开展试验。

奥海因用原理样机做了几次试验。试验中,他发现样机中的燃烧并不是发生在燃烧室里,而是发生在径向涡轮转子中并一直延伸到排气喷口外面。长长的黄色火焰喷出发动机,原理样机看起来更像喷火器而不像涡喷发动机。奥海因研制涡喷发动机遇到的第一个障碍与惠特尔遇到的几乎完全一样。这个结果使奥海因确信是样机燃烧室的体积太小了,根本无法在其中形成稳定的燃烧,实际需要的燃烧室可能要大20倍。要解决这个问题就必须有大笔投资,但这是作为学生的奥海因根本解决不了的,他为此情绪低落、懊丧。对此,波尔教授诚恳地指出:"你的方案在理论上基本是正确的,而涡喷发动机有着广阔的应用前景和发展潜力,只要坚持下去,问题总是可以解决的。"波尔教授亲自与工业界联系寻求合作,以便获得社会资本的支持。

大名鼎鼎的亨克尔飞机公司总经理恩斯特·亨克尔(Ernst Henkel)痴迷于高速飞机,也不墨守成规,这对研制涡喷发动机非常重要。因此,奥海因非常希望见到亨克尔,他请波尔教授为他写了一封热情洋溢的推荐信。奥海因后来回忆说:"时至今日,我更加确信在那个时代除了亨克尔不会有人支持我的喷气发动机想法。"

1936年3月17日,亨克尔请奥海因到位于瓦尔内明德(Waremuende)的家中见面。在聆听了奥海因的理论和设计方案后,亨克尔告诉奥海因他的计划:首先,他希望这个涡喷发动机项目独立于他的飞机公司,为此他将在曼瑞纳亨(Marienehe)的瓦尔诺河附近新建一所车间,供奥海因和他的团队研制和测试涡喷发动机使用;其次,他着重强调了他将为整个喷气发动机研制计划提供资金支持,不会牵扯德国空军部。这是因为亨克尔素有抱负,他既不愿军方插手,更不愿别的公司抢先,而是希望自己的公司能够独立研制出第一架喷气式飞机。最后,他告诉奥海因,第二天他为奥海因安排了一次会议。

3月18日,奥海因与亨克尔的顶级工程师西格弗瑞德(Siegfried)、沃尔特·京特(Walter Guenther)等8～10个工程师一起开了会。会上,奥海因介绍了他的喷气推进方案,大家热烈地讨论了许多问题,特别是在燃烧室方面的问题。大家都赞同淘汰螺旋桨是未来高速飞机发展的必然趋势,而且涡喷发动机的功率重量(规范名词术语为质量)比(简称"功重比")被认为比活塞推进式发动机更具有潜在的优势。他们看到了研制燃烧室存在的困难,建议先进行燃烧室测试。3月底,亨克尔打电话叫奥海因参加一个会议。他指出了几种不确定性,特别指出必须在项目研制启动之前先解决燃烧室的问题。他想让奥海因着手解决这个问题,并向他报告可能遇到的任何困难。随后,亨克尔安排奥海因与工程师们

恩斯特·亨克尔(1888—1958)

讨论了涡轮喷气式飞机的可行性,并签订了研制合同。合同中规定初步工作(燃烧室研制)应在大约两个月之内完成,研制合同的生效期为1936年4月15日。这个时间仅比英国惠特尔的动力喷气有限公司成立晚了约三个月。

亨克尔注意到奥海因没有任何实际工程背景,因此指派硕士威廉·贡德曼(William Gundermann)加入奥海因的团队。贡德曼在柏林科技大学就读航空工程专业,毕业后又师从赫尔曼·伏亭格(Herman Votige)教授学习涡轮机械工程。与亨克尔的其他开发计划一样,由亨克尔亲自制订计划目标,他将研制的涡喷发动机命名为He S(S表示喷气)。他给奥海因一个技术指标:涡喷发动机的推力等效于600马力。亨克尔还要求奥海因立刻着手设计飞机使用的发动机,他希望一年之后,也就是1937年就能开始进行地面测试。

1936 年的 4 月间,奥海因面临的最大难题是如何在两个月之内研制出一个能工作的燃烧室。根据奥海因的判断,研制这样的装置至少需要六个月,甚至可能需要一年,但亨克尔却只给了他两个月的时间。为了绕过燃烧室难题,奥海因考虑先制造一台以氢气为燃料的涡喷发动机。他之所以选择氢气而不是汽油或煤油作为演示发动机燃料,是因为氢具有极高的火焰传播速度和很宽的稳定燃烧边界。他设计了一个简单的氢气燃烧室并确信不必进行精心调试就可以正常运作,这将为他节省很多时间。对奥海因来说,制造这台发动机不仅仅是为了尽快实现喷气原理的演示(还要令人印象深刻),更重要的是如下几个技术原因:一是使用氢燃料是最有把握、最快的进行燃烧室燃烧研究的方式,这项研究不会耽搁发动机其他部件如压气机、涡轮等的测试工作;二是可以获得设计喷气发动机使用液体燃料燃烧室的基础,以及如何实现飞机发动机一体化研发的途径;三是利用氢燃料燃烧室的研究及其配套压气机、涡轮等成套设备可进一步研究其他液体燃料应用情况。

奥海因的具体想法是,用一根轴把转子上的压气机和涡轮分开,采用环形的导管连接压气机扩压器的出口与涡轮的进口。氢燃料燃烧室由位于这个环形导管中布置的一排(大约 60 个)中空叶片构成。这些中空叶片后缘较钝,上面有很多小孔,氢气从小孔中喷出,与叶片后面的空气流混合并燃烧,这样在导管出口可以形成温度分布近乎均匀的燃气,直接吹到涡轮进口。

奥海因来到亨克尔的办公室,向他简要解释了应该首先制造氢燃料涡喷发动机,而不是直接研制液体燃料发动机的原因,并强调这台发动机将在很短的时间内获得巨大成功。没想到亨克尔仅问了一个问题:使用氢燃料的演示发动机什么时候能够工作。奥海因估计最短的时间是半年,亨克尔不太满意,他想要时间更短一点,但他最终还是批准了奥海因的方案。

一周之后,奥海因就与贡德曼、汉组成了一个非常优秀的涡喷发动机研制团队。贡德曼还领导了一个最初有 12 个设计师的设计室(后来随着设计工作的增加人员也在增加)。贡德曼的设计巧妙地将机械原理与具体结构相结合,为研制团队的成功做出了巨大的贡献,汉也在发动机设计特别是燃烧系统设计方面起到了至关重要的作用。经过近 10 个月的努力,终于在 1937 年 2 月底完成了氢燃料发动机 He S1 的制造。

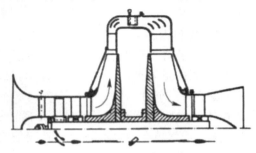

He S1 氢气发动机原理图

1937 年 3 月初的一天,尽管汉在安装好发动机与测试台架之间的最后一根导线时已经过了午夜,但是他们不顾疲劳,还是决定先试一下。三人做了简单的分工:汉负责发动机达到自持转速时，切断起动机与氢发动机之间的皮带连接；贡德曼负责观察排气管是否有超温现象；奥海因在测试室负责发动机控制。当发动机在起动机带动下转速达到约 2 000 r/min 时，奥海因打开点火开关，然后缓慢地打开氢气阀。随着奥海因继续调大氢气阀，汉激动地跳起来断开了起动机皮带，发动机开始自行运转，之后加速情况也正常。大家欣喜若狂，汉马上给亨克尔打了个电话，20 min 后亨克尔就赶到了测试台。尽管那时已近午夜 1 点钟，但他们给亨克尔再次进行了运行演示。演示结果令亨克尔十分激动，他满脸笑容地说："这是我第一次听到周围空气里那种特别的呼啸轰鸣声。"

此后一直到 3 月底，亨克尔为他的一些顶级工程师，包括沃尔特·京特和西弗格瑞德（他的两个顶级空气动力设计师），以及重要的好友进行了多次演示运行。他们都对此印象十分深刻，并相应地询问奥海因发动机的功率。奥海因回答说，"现在可能还不到 1 000 马力。"之后又补充道，"飞行中发动机将超过 2 500 马力，因为叶尖速度将更快，横截面上的相对流速将更快。"到了 4 月份，奥海因团队对发动机进行了系统的测试。发动机完全达到了预期的性能，它的加、减速性能都非常好。这可能是因为压气机和涡轮机转子的转动惯量较小，还有可能是因为在工作范围内都能稳定燃烧的氢燃料燃烧室。

这次成功对于奥海因的研制进程具有里程碑式意义，它使亨克尔相信奥海因的涡喷发动机设计有可能成为一台真正成功的战斗机发动机。亨克尔迅速采取措施确保奥海因继续为他工作。1937 年 5 月 13 日，他与奥海因签署了三个独立的合同，第一个合同是支付奥海因加入亨克尔公司前所有的研究开支，包括模型开发费用、专利费用和试制费用等；第二个是与亨克尔正式的聘用合同，其中一条规定奥海因担任部门经理并直接向亨克尔汇报工作；第三个则是给奥海因 4% 专利税的许可协议。4 月份成功完成各种测试后，亨克尔积极推动研制相当于 500 马力推力的飞机用发动机，并将该发动机命名为 He S2A。

He S2A 发动机设计要求采用汽油燃烧室，汉负责这方面的设计。他利用两个措施解决这个问题：首先，他加强了汽油的蒸发和雾化；其次，他增加了一个电加热化油器用于产生高压汽油蒸气。汉还建议，把燃烧室安排在离心压气机之前一大片未利用的空间里，这种设计诞生了一种新的设计理念和一个国际专利。最后，He S2A 的燃烧室由 16 个被设计成环状的火焰筒组成，放置在压气机扩压器的前面。每个燃烧室内有一个小的管状蒸发室，在起动时被氢加热，随后形成燃烧的火焰。燃烧室由 36% 的镍合金焊接而成。自 1936 年 4 月起，燃烧室的研发持续了 18 个月。几乎同时，涡轮的研发也在有条不紊地进行之中。

除了燃烧问题，第二个需要解决的问题是实现发动机更大空气流量和更高部件效率。研制团队设计了一种非常规的大进、出口直径比的转子来实现大流量，通过增加一级轴向导流叶片来实现进口气流的预压和预旋，从而实现高的部件效率，这大大减小了转子进口的相对马赫数和叶片曲率。

1937 年的最后几个月，德国亨克尔公司的飞机工程师西弗格瑞德和沃尔特·京特（Walter Gunter）开始了世界上第一架喷气式飞机的初步设计。1938 年早期，飞机的详细设计完成，被命名为 He 178。

He 178 是一型很小的上单翼飞机，采用半硬壳式金属机身，头部带有环形进气道。它有胶木复合机翼和一个可收回的尾轮式起落装置，最大飞行速度可达到 250 mi/h。

He 178 飞机

几乎同时,奥海因团队开始为 He 178 飞机配套设计世界上第一台飞行用的涡喷发动机,代号为 He S3。He S3 发动机的研制工作贯穿了 1938 年全年,最终产生了一个全新的设计:发动机由一套压气机-涡轮单元组成,该单元由一级轴流式进口导向叶片、一级离心式压气机叶轮和一级径流式涡轮组成。经过离心式压气机叶轮的空气被分为两部分:一部分气流经扩压器后进入环形回流燃烧室;另一部分气流直接与燃烧室燃烧产物混合后进入涡轮,用于降低涡轮进口温度。

奥海因团队研制的第一台发动机被命名为 He S3A,重 795 lb、迎风面积为 7.3 ft^2,转速可以达到 13 000 r/min。这台发动机被安装在 He 118 飞机上进行了很多次飞行试验,直到涡轮被烧坏。这个时候,He 178 机身的研发工作已经基本完成,可以配装 He S3 发动机,但此时配装的是经过改进的第二台 He S3B 发动机。

He S3B 于 1939 年 3 月在曼瑞纳亨试运转成功。初夏的时候,奥海因团队终于完成了世界上第一台能够供飞机飞行使用的涡喷发动机设计。He S3B 发动机质量约 925 lb,转速为 13 000 r/min 时静推力可达 1 100 lbf,燃油消耗率为 1.6 lb(lbf·h)。

1939 年 8 月 27 日,第二次世界大战全面爆发前的一个星期,著名试飞员埃里什·瓦辛兹(Erish Waz)驾驶 He 178 飞机首次升空。这是世界上第一架完全由燃气涡轮发动机推进的喷气式飞机,从此拉开了人类喷气飞行时代的序幕。

1940 年上半年,亨克尔与奥海因几乎同时启动了两个型号涡喷发动机的研发工作,即 He S8(一种径向式涡喷发动机)和 He S30(一型轴流式涡喷发动机)。

He S8 有一个类似于 He S3B 的径向转子,但有一个轴流式压气机和一个轴流式燃烧室,其转子转速为 13 500 r/min。燃烧过程是在轴流式环形燃烧室中进行的,来自压气机的空气进入燃烧室之前流经两级导流叶片。燃油系统的燃油经过 16 组(每组 8 个)总共 128 个独立的喷嘴喷入燃烧室。该喷嘴为一个直径大约 1/16 in 的细管,相互交错的喷嘴长度有所不同,大约相差 1/2 in,然后喷到两个由钢环组成的金属外表面,其外表面开有槽,在这里燃油得到蒸发和燃烧。

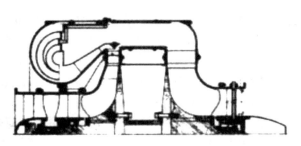

He S3B 发动机原理图

He S3B 发动机剖视图

经过改进的 He S8 重 836 lb,而 He S3B 重 925 lb,相比之下前者质量更轻;He S8 的进口直径是 30.5 in,而 He S3B 的进口直径约 36.5 in,相比之下前者迎风面积更小。

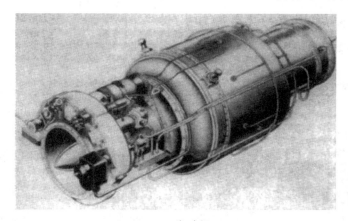

He S8 发动机

1941 年 1 月,He S8 发动机开始地面试车。3 月中旬,发动机安装在 He 280 喷气式战斗机的原型机上。3 月 30 日,由试飞员弗里茨·谢弗(Fritz Shaffer)进行了首次试飞。4 月 5 日,德国航空部试飞员保罗·巴德(Paul Budd)驾驶 He 280 进行试飞,飞行高度达到了 20 000 ft,最大速度达到 485 mi/h。

He 280 原型机

He 280 战斗机的发动机

1941 年夏，奥海因团队完成了 He S30 轴流式涡喷发动机的研制，这型发动机对于奥海因来说代表着一个新的起点。由于当时奥海因把主要精力放在 He S8 发动机上，所以这型发动机基本上是负责技术细节的阿道夫·米勒（Adolf Miller）的研究成果。该发动机的迎风面积是 3.23 ft²，转速达 10 500 r/min，质量约为 857 lb。

He S30 由一个 5 级轴流压气机和一个带有导向叶片面积可调的单级轴流式涡轮组成。鲁道夫·弗里德里希（Rudolph Friedrich）采用 5 级压气机就使压比达到 3。燃烧室由 10 个独立的火焰筒组成，火焰筒头部结构由圆弧形进口截面变化到喷嘴叶片的心形截面。后来，由于亨克尔和米勒之间出现个人矛盾，以致米勒很突然地离开了亨克尔公司，因此奥海因这型轴流式涡喷发动机直到第二次世界大战结束也没有实现。

第二次世界大战期间，奥海因和亨克尔在喷气发动机研究方面的进展自然引起了美国、苏联等国的重视。1945 年初二战尚未完全结束，美国海军便捷足先登"劫持"了奥海因。1947 年，奥海因被转交给美国空军后，被安排到设在莱特·帕特森空军基地的喷气推进实验室工作。1951 年，奥海因加入美国籍，成为一名美国公民。1963 年，他成为喷气推进实验室的首席科学家，直到 1979 年退休，1998 年因病去世。

由于在喷气发动机方面的突出成就，奥海因获得了诸多荣誉，如 1966 年获得美国航空航天学会戈达德奖，1992 年与惠特尔共同获得美国工程科学院德拉佩奖。德国也没有忘记它这个曾经的儿子，不少社会组织给他颁奖，如德国工程师协会狄塞尔纪念奖、德意志博物馆荣誉奖、德国航空航天协会普朗特奖等。

晚年的奥海因

晚年的惠特尔

对比发现，弗兰克·惠特尔爵士和冯·奥海因博士在各自完全独立的条件下研制涡喷发动机的故事竟然有许多相似之处，不得不说其中颇具传奇色彩。他们有相似的开头，都想研制一种不使用螺旋桨和活塞式发动机的新型发动机；也有相似的结局，各自都研制出了一种带离心式压气机的涡喷发动机，并实现了本国喷气式飞机的首飞，当然这也是世界喷气式飞机的前两名。另外，惠特尔比奥海因大 4 岁，提出喷气发动机的设想早 5 年，但是其研制的涡喷发动机首次试车时间与奥海因基本相同,首飞时间更是被奥海因反超了1年零9个月。之后的经历更为相似,相差一年被迫退出本国涡喷发动机的研制,并先后移居美国。

但是,奥海因仅用了惠特尔大约一半的研制时间就将涡喷发动机从想法转变为首飞成功的现实。他的成功是值得深思的,特别是他的研制思路更值得后人学习。

另外,就德国政府对亨克尔公司与奥海因博士施加的压力和英国政府对惠特尔与动力喷气有限公司方面施加的压力对比来看,孰重孰轻也是很明显的。两个政府都想要这样的结果:控制最新技术,作为未来涡轮喷气飞机发展的核心。亨克尔公司能够很好地保护奥海因团队,并保持他们的独立开发能力,这是因为亨克尔有一个很强大的研发组织;而惠特尔所在的动力喷气有限公司则没有这样的能力去保护自己,英国政府在1944年将它收为国有公司。

但是第二次世界大战的战争背景和惠特尔、奥海因两人不同的行事风格却决定了他们从事喷气发动机研发条件和环境的不同。在惠特尔的一生中,他坚持在自己的直接控制下进行发动机的研发,这沿袭了美国爱迪生的方式(在发明电灯的过程中),但惠特尔并没有取得成功,他这样做破坏了与他合作的所有公司的关系;反观奥海因,他与亨克尔之间以诚相待,不仅保持了良好的私人关系,而且对他将研发的发动机始终处于第一优先地位也是很有益处的。因此,我们有理由相信,如果惠特尔能够与合作的公司坦诚合作,人们将会看到他对战后英国涡喷发动机和涡桨发动机的研发做出多么重要的贡献!

参 考 文 献

[1] CONNORS J. The Engines of Pratt & Whitney:a Technical History:as Told by the Engineers Who Made the History[M]. Reston:AIAA,2009.

[2] 雨楠空间. 喷气发动机创始人惠特尔和奥海因生平事迹[EB/OL]. (2013 - 05 - 31) [2022 - 01 - 10]. https://blog. sina. com. cn/u/1562393402.

[3] 彼得. 美国飞机燃气涡轮发动机发展史[M]. 张健,等译. 北京:航空工业出版社,2016.

[4] 川陀说旅游. 最早发明喷气式飞机的是德国飞机设计师亨克尔与奥海因[EB/OL]. (2017 - 11 - 02)[2022 - 01 - 10]. https://baijiahao. baidu. com/s? id=15829442529 74099109 & wfr=spider & for=pc.

[5] 环球低空. 厉害! 决定喷气式飞机的两个名人你都知道吗? [EB/OL]. (2020 - 01 - 08)[2022 - 01 - 10]. https://zhuanlan. zhihu. com/p/101671473.

7 喷气式飞机突破音障的故事

　　随着活塞式飞机速度的不断增加，音障成为其飞行速度的极限。当喷气式飞机诞生的时候，人们又燃起了对突破音障新的希望。

　　早在 1934 年，德国亨克尔飞机公司与奥海因合作，一边设计飞机，一边设计发动机，他们于 1939 年 8 月 27 日成功试飞了 He 178 喷气式飞机，这是世界上第一架喷气式飞机，也标志着人类喷气飞行时代的来临，但真正应用于实战的喷气式飞机是著名的 Me-262 战斗机。1943 年，Me-262 投入生产，德国空军成立了 Me-262 试验飞行队。1944 年，Me-262 投入战场使用。

世界上首架喷气式飞机 He 178　　　　　　　　　首架实战的喷气式飞机 Me-262

　　尽管 Me-262 为高速战斗机，但是它的技术并不成熟。英国的格罗斯特"流星"战斗机在第二次世界大战末期服役，但是从未参与和 Me-262 的作战，这是因为人们担心英国飞机的先进技术落入敌人手中，所以它的任务仅仅是守卫英吉利海峡，以防德国飞机前来突袭。"流星"和 Me-262 都是双发喷气战机，但是它们的"心脏"却有本质区别。Me-262 使用 Jumo 004 轴流式发动机，而"流星"飞机使用惠特尔 W. 2. B（RB. 37）离心式发动机。轴流式和离心式发动机的区别，一是空气在发动机内部的增压方式不同，二是空气在发动机内部的流动方向和路线不同。因此，Me-262 飞机的发动机相比于"流星"飞机的发动机具有更多的空气增压潜力。这两种发动机的竞争持续不到十年，即朝鲜战争时，美国 F-86 开始使用轴流式发动机，而苏联的米格-15 使用仿制的英国离心式发动机，战争之后战斗机采用的离心式发动机逐渐被轴流式发动机替代了。

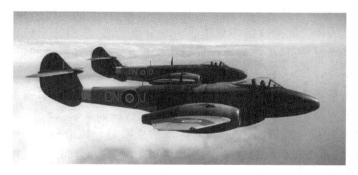

英国的流星战斗机

新型战斗机在飞行中很快就接近了声音的速度（特别是在飞机进行俯冲的过程中）。据说，1942 年一架 P-47 在俯冲时速度超过了声速，但后来人们普遍认为是空速计出了问题（有确定记录的活塞式飞机最高速度是 1944 年 4 月一架"喷火"PR XI 在俯冲时创下的 $Ma = 0.92$，但飞机却报废了），因为具有更高设计速度的 P-51 飞机也不可能超过 $Ma = 0.84$，否则飞机可能也会报废。

P-47"雷电"战斗机

P-51"野马"战斗机

此外，据说 1945 年 4 月，一架 Me-262 在俯冲过程中突破了声速，但是他的队友并不认可，实际上 Me-262 在 $Ma = 0.9$ 时就会失去控制。不过德国很可能产生了第一个实现超声速的人，那是在 1945 年 3 月 1 日，飞行员罗塔儿·西贝尔驾驶一架 Ba-349 火箭截击机垂直起飞，他在 55 s 内飞行了 14 km，但最终却摔得粉身碎骨。

他并不是第一个死于挑战声速的人。1946 年 9 月 27 日，德·哈维兰 DH.108"燕子"喷气飞机在试飞过程中解体，飞行员小杰弗里丧命；1943 年 3 月 27 日，苏联 BI-1 火箭截击机在试飞中突然陷入 45°方向俯冲并直接撞击到地面，飞行员当场身亡。这两架飞机发生事故时的速度都在 $Ma = 0.8 \sim 0.9$，仿佛在那个速度下出现了一位看不见的死神，一旦遇到了就无从逃脱。

后来人们通过大量的研究，发现当气流速度接近声速的时候，由于可压缩性的作用空气阻力急剧增大，这时的气流就会在飞机的操纵舵面形成很强的激波，让操纵面如同被压死了一样失去操纵能力,从而导致飞机进入失控状态。因此,要实现飞机的超声速飞行,第一个改进就是将尾翼上的传统舵面改换为整体活动的全动平尾,从而让飞机在跨声速飞行时仍然具有操纵能力。同时,飞机头部需要做成类似圆锥形,并具有更薄的机翼前缘,且飞机的翼尖变得更加短小,从而避开机头产生的锥形激波。

这项研究最先是在英国(迈尔斯 M.52 高速验证机)开始,因为当时苏联的战略轰炸机对英国具有很大的威胁。为了应对苏联的战略轰炸机,再加上喷气式发动机的成熟,英国在1947 年就提出了高速战斗机研发计划,以对苏联的战略轰炸机进行拦截。英国皇家空军认为既然是高速飞机,那么其平均时速最少应该达到 1 600 km,而这个飞行速度在当时几乎是螺旋桨活塞式发动机战斗机的两倍。除此之外,英国皇家空军还认为飞机应该在 90 s 内爬升到 11 000 m 的高度。皇家空军这两个指标发布之后,迈尔斯公司就提交了自己的战斗机方案,这就是 M.52 验证机。但是,皇家空军将飞机的指标定得太高,M.52 战斗机项目经过多次修改完善,都无法全面达到指标要求。此外,英国政府为了缩减预算,取消了 M.52 战斗机项目,但该项目一些先进的技术被应用到后来的"闪电"飞机上。

此后不久,美国与英国两国签署了高速飞机研究资料的互换协议。根据协议,美国贝尔飞机公司与英国航空部合作,将迈尔斯 M.52 高速验证机的研究成果应用到自己的 X-1 高速验证机上,但应用情况对外界保密。随后,贝尔飞机公司给他们的 X-1 验证机安装了全动平尾,从而解决了跨声速下飞机的失控问题。

贝尔 X-1 验证机是美国第一架火箭动力研究飞机,其设计目的就是通过设计精良的机身结构和液体燃料火箭发动机来探索高速和高空飞行的未知极限。

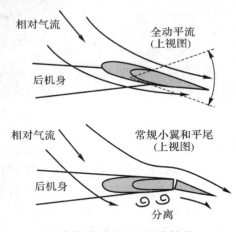

迈尔斯高速验证机研究结果

X-1 验证机的外形和 M.52 高速验证机非常像,但是它使用的是火箭发动机而不是涡轮喷气式发动机。它更像是一发载人的火箭,机身如同一颗放大后的子弹,有着短小的机翼,而不是当时还很不成熟的后掠翼。通过打开和关闭四个火箭发动机,X-1 可以改变发动机的推力。

由于飞机的燃料有限,火箭发动机工作时间又很短,X-1 飞机需要有个飞行载体将它带到天空,才能实现飞行使命。巨型 B-29"超级堡垒"是实现这个任务的不二选择,因为它能将充满燃料的 X-1 带到 7 600 m 高空。随后,贝尔飞机公司对一架"超级堡垒"进行了大量的改进,以方便携带 X-1 验证机。为了消除 B-29 飞机抛光铝蒙皮上的眩光,它的整个底部被涂成了黑色,而这架被涂成亮橙色的火箭飞机则被悬挂在 B-29 的底部。

英国的"闪电"飞机　　　　　　　　　首架突破音障的贝尔 X-1 验证机

第一次测试是在佛罗里达州派恩·卡斯尔(Pine Castle)陆军机场,由贝尔飞机公司的飞行员和工程师完成。1946 年春天,整个项目转移到加利福尼亚州穆罗克(Mourinho)陆军机场。在派恩·卡斯尔机场试飞的时候,工程师们在斜坡上挖了一个地坑,以便将 X-1 挂载到轰炸机下部,但它的设计和使用体验很差。

携带 X-1 的 B-29 飞机(可看到飞机下面的地坑)

1946 年底,X-1 开始全面试飞工作,但进展极其缓慢,直到 1947 年初时 X-1 的速度只达到了 $Ma=0.84$。美国军方希望尽快完成此类测试,以便在高速军用飞机的发展中尽快获得对苏联的航空优势。

随后飞行测试负责人阿尔伯特·博伊德(Albert Boyd)上校开始接管这个试飞项目,他希望这个项目能逐步进行且能很快实现。最终,他正确地选择了查尔斯·耶格尔(Charles Igor)上尉作为 X-1 验证机的飞行员,鲍勃·胡佛(Bob Hoofer)中尉作为后备,杰克·雷德利(Jack Redil)上尉担任飞行工程师和副驾驶。

正在试飞的 X-1

查尔斯·耶格尔(左)与杰克·雷德利(右)

实际上,杰克·雷德利曾就读于杰出的加州理工学院空气动力学家西奥多·冯·卡曼(Theodor Vorr Karman)门下,他也是当时空军中最聪明的工程师之一。在耶格尔上尉突破音障的过程中,他扎实的空气动力背景和知识为耶格尔提供了坚强的技术支撑,这不仅有助于测试成功,而且不止一次挽救了飞行员的生命。因为此前耶格尔并没有经历过严格的工程训练和专业学习,而是一位从机械师成长起来的飞行员,这一切都是他的视力特别好的缘故——他的视力等级为 20.0/10,相当于在 550 m 外仅需一枪就可射中一头小鹿。

1923 年 2 月 13 日,查尔斯·耶格尔出生于西弗吉尼亚州一个农民的家庭。耶格尔五岁的时候,全家搬到了哈姆林。少年的耶格尔在那里的高中学习,他不仅几何学和打字表现突出,而且还擅长足球和篮球。1939 年和 1940 年夏天,青年时代的耶格尔在印第安纳波利斯的本杰明·哈里森堡参与了公民军事训练营,此后他和军队结下了几十年的缘分。

1941 年 6 月毕业后,他在 9 月正式加入了美国陆军航空兵,驻扎在加利福尼亚的乔治空军基地。但因为他只有高中学历,所以没有参与飞行训练的资格,最后他成为一名机械师。然而就是这么凑巧,3 个月后的 12 月 7 日,日本轰炸美国珍珠港,太平洋战争爆发,美国随之加入第二次世界大战。为了迅速获得兵源,陆军航空兵降低了飞行员的学历标准,耶格尔恰好又有着敏锐的视力,于是便顺理成章地成为一名正式飞行员。

耶格尔最先在 AT-11 教练机上接受飞行训练,1943 年 3 月 10 日正式成为内华达州托诺帕陆军第 357 战斗机大队的一员,主要驾驶 P-39"空中眼镜蛇"战斗机。不过这个 20 岁的小刺头并不是那么老实,他曾经因为驾机低空飞行时机翼切断了农民的树木,违反安全飞行条例而被禁飞一周。1943 年 11 月 23 日,他终于有机会到作战一线,来到了英国皇家空军莱斯顿基地。

到达莱斯顿基地后,耶格尔加入了第 363 战斗机中队,驾驶当时最先进的 P-51B"野马"战斗机。这种飞机本来是北美飞机公司对柯蒂斯 P-40 飞机的改良版,却因为其独特的低阻力机翼设计,具有非常出色的机动性和航程。

耶格尔给自己的 P-51 起名为"华丽的格伦尼丝"(格伦尼丝是他女朋友的名字)。1944 年 3 月 5 日,耶格尔驾驶 P-51 在法国上空迎来他人生中的第一次战斗时就被敌机击落了。

幸运的是他迫降成功,并被法国地下抵抗组织营救。1944 年 3 月 30 日,他在该组织的帮助下逃到西班牙,很快重返英国。从 5 日到 25 日这不到 20 天的时间里,他并不是一直在逃亡,而是在协助抵抗组织工作——帮他们制造炸弹,这是他父亲教的。在跨越西班牙和法国边境的比利牛斯山时,他还救了一位 B-24 飞行员的命,从而获得了美国空军铜星奖章。

P-39 战斗机

在 P-51B 飞机旁的耶格尔

尽管出于保护飞行员身份的目的,当时有禁止被击落的飞行员重新返回他所在战区的规定,但耶格尔还是重新开始飞行。这是因为,他与另一位被击落的 P-51 飞行员弗雷德·格洛弗(Fred Glover)一起提交了意见,认为既然现在(1944 年 6 月 12 日)盟军已经占领了法国,那么如果两人再次被俘,敌人还是无法从他们的嘴里知道当初谁帮助过他们,况且这对于时局也没有什么太大的影响,时任基地司令艾森豪威尔同意了两人的请求。

重新在天空飞行的耶格尔表现出了惊人的潜力。1944 年 10 月 12 日,他在一天之内成了王牌,单次任务就击落了 5 架敌机,且是全中队第一个获此殊荣的飞行员。不过,在执行此次任务过程中,出现了一个意外。当他在追击一架德军 Me-109 飞机的时候,这架飞机的飞行员惊慌失措,拼命地向右压杆,结果他的飞机向右滚转,一头把自己的僚机撞了下去。战争结束的时候,耶格尔一共击落战机 11.5 架,其中有 1 架还是 Me-262 喷气式战斗机。

1945 年 1 月 15 日,耶格尔完成了自己的第 61 次也是最后一次作战飞行任务,2 月初返回了美国,并且和格伦尼丝结婚了。在那之后,他选择在西弗吉尼亚的莱特·菲尔德基地担任试飞员,因为这里离家很近,而且他对于航空系统有足够的了解。从此,他将挑战一个无形的死神,一个从未被战胜的死神。

1945 年 8 月 6 日到 10 月 12 日,耶格尔试飞团队利用 X-1 进行了三次无动力和八次有动力飞行,每次都更接近 $Ma=1$ 的速度目标。不过这样的试飞都是在凌晨进行的,目的是避免耶格尔驾驶 X-1 降落时被阳光眩目。

每一次飞行都有新的挑战,因为如果 B-29 飞机在高空释放 X-1 验证机之后,X-1 未能自由落下,这家伙几乎就是个定时炸弹,但每一次耶格尔都能安全地打开 X-1 的燃料供应阀,然后冒死爬回到 B-29 机舱。另外,在一次试飞时,耶格尔驾驶的 X-1 挡风玻璃出现了严重的结冰问题,此时挡风玻璃一片模糊,什么也看不见。幸运的是他依靠扎实的飞行功底,安全盲降到基地机场。最终,这样的结冰问题被一个非常简单的方法解决掉了,那就是在挡风玻璃的内表面涂上一层洗发水,这是宝洁公司的一款合成表面活性剂洗发水。这个洗发水在历史上非常出名,但宝洁公司怎么也不会想到洗发水可以这么用!

地面停放在 B-29(机腹为 X-1)

停放在 B-29 旁边的 X-1

1947 年 10 月 12 日,就在突破音障记录试飞的前两天,耶格尔骑马时从马上摔了下来,折断了两根肋骨。意识到自己可能会失去试飞资格,于是他悄悄地在一个小诊所里用绷带简单固定了一下受伤的部位就上阵了,只有极少数几个人知道他受了伤。甚至在 14 日试飞的时候,他都无法用手关上舱门,最后在不知情的旁人帮助下才得以将舱门关上。

1947 年 10 月 14 日,弹舱下挂有 X-1 的 B-29 飞机从跑道上缓缓起飞。当达到 13 700 m 高空时,X-1 验证机从 B-29 上落下,开始点火自主飞行。

查尔斯·耶格尔与 X-1 的试飞团队

在莫哈维沙漠的上空,一阵短暂的颠簸后,X-1 验证机逐渐加速。耶格尔看到速度表上的指针逐渐向 $Ma=1.0$ 位置靠近,接着穆罗克上空被一声音爆声刺破,最终飞行速度达到了 $Ma=1.06$。燃料耗尽后,X-1 在罗杰斯干湖平地上安全地滑翔降落。查尔斯·耶格尔驾驶的飞机突破了音障,这也是人类首次突破了音障的限制,同时也开辟了航空史的新篇章。

1949 年 1 月 5 日,耶格尔再次驾驶 X-1 验证机进行试飞。不过,这次飞机直接从地面起飞。在进行的唯一一次零高度爬升试验中,X-1 在 90 s 内突破了 7 000 m 的高度。

这并不是他最后一次挑战死神,1953 年他参与了 X-1A 验证机的开发工作,这是一种能够在水平高度突破 $Ma=2$ 的验证机。这一年,他见证了第一位女性飞行员打破声速——杰奎琳·科克伦(Jacqueline Cochran)驾驶一架 F-86 也突破了 $Ma=1$,耶格尔驾驶另一架飞机全程记录了这一壮举。不过就在这一年的 11 月 20 日,美国海军试飞员斯科特·克罗斯菲尔德(Scott Crosfield)驾驶 D-558Ⅱ天空火箭飞机率先突破了 $Ma=2$,成为当时世界上飞得最快的人。美国空军视之为奇耻大辱,下令必须在莱特兄弟首飞 50 年纪念日到来之前打破海军飞行速度的纪录。

F-86 飞机　　　　　　　　　　D-558Ⅱ天空火箭飞机(J34 发动机)

　　1953 年 12 月 12 日,耶格尔驾驶 X-1A 再次升空。在 22 800 m 的高空中,耶格尔达到了 $Ma=2.44$ 的速度,但与克罗斯菲尔德不同的是,耶格尔的速度记录是在平飞条件下创造的。然而,这次飞行还没有结束,尚未等他庆祝胜利,处于 24 000 m 高空的飞机突然发生意外,俯仰和偏航操纵都失灵了。在不到 1 min 的时间里,X-1A 就下降了 16 000 m。无形的死神几乎夺去了耶格尔的生命,但是最后他还是重新控制了飞机,并且安全地返回。之后,冲击 $Ma=3$ 的 X-2 验证机因为同样的原因坠毁,试飞员身亡。

　　1955 年 5 月,耶格尔成为第 417 战斗轰炸机中队(列装 F-86H)的指挥官,驻扎在西德(即德意志联邦共和国,这是第二次世界大战后由美国、英国和法国在纳粹德国占领区成立的一个国家。当时,苏联在自己占领区成立的另一个国家称为德意志民主共和国,简称“东德”。1991 年两国合并成为统一的国家,即现在的德国)。此后,他又成为第 1 战斗机中队(后来改组为第 306 中队)的指挥官,当时装备 F-100 超声速战斗机。1962 年,他又成为美国空军试飞员的教官,为 NASA 培养宇航员。不过他本人并没有资格成为宇航员,因为他只有高中学历。1963 年 12 月,他驾驶 M2-F1 升力验证机完成了五次验证飞行。

　　1975 年,耶格尔退役了。但在 1997 年,年逾 74 岁的耶格尔又回到蓝天。他驾驶一架 F-15D 再次突破了声速,飞行时由特技试飞员鲍勃·胡佛(Bob Hoover)驾驶 F-16 飞机伴飞。

　　2000 年,已经 77 岁的耶格尔重新回到空军,直到 2012 年结束服役。在他突破音障 65 周年的 2012 年 10 月 14 日,他乘坐一架从内利斯基地起飞的 F-15 飞机再次以 89 岁的高龄参与飞行。

　　类似于耶格尔突破音障的事此后重演了两次。1997 年 10 月 15 日,英国皇家空军飞行员安迪•格林（Andy Green）驾驶超声速汽车在地面上成功突破了声速，距离耶格尔的飞行刚好过去 50 年零 1 日。2012 年 10 月 14 日，在突破音障的 65 周年，菲力克斯•鲍姆加特纳（Felix Pomgarther）从 36 580 m 的高度跳伞，在空中成功突破声速，成为世界上第一位单纯依靠身体突破声速的人。

超声速汽车

菲力克斯•鲍姆加特纳高空跳伞

　　耶格尔有幸见证了从他开始的飞机速度竞赛。1961 年 4 月 12 日，苏联飞船"东方 1 号"将加加林送上了太空，围绕地球 1 h 48 min，不到一个月后，美国飞船"水星 3 号"也把谢泼德送上了太空，从而开始了一场新的飞行速度竞争。同年 6 月 23 日，鲍勃•怀特驾驶（Bob White）X-15 火箭飞机在大气层内首次突破 $Ma=5$，创下了最初的高超声速飞行记录。

　　耶格尔和超声速的缘分还没有结束，他在 1961 年又一次见证了超声速飞行——由一架民航客机创下的。这是一架道格拉斯 DC-8-43 商用飞机，客机编号 N9604Z，机组成员分别为机长威廉•比尔•马格鲁德、副机长保罗•帕滕、飞行工程师约瑟夫•托米奇、测试员理查德•H.爱德华兹。比尔平时的飞行中偶尔会触及 $Ma=0.8$，因此，他认为突破 $Ma=1$ 是可能的。

突破音障的 DC-8-43 飞机

当时这架 DC - 8 飞机已经服役三年了,如果他们可以挑战成功,无疑是道格拉斯公司的一次广告。为了超越声速,DC - 8 需要先爬升到 20 000 m 以上的高空然后俯冲加速,这样他们还会打破 DC - 8 的升限记录。耶格尔将驾驶 F - 104 超声速战斗机,见证这次 DC - 8 的升限和高速飞行试验。

1961 年 8 月 21 日,该 DC - 8 从爱德华兹基地起飞。比尔驾驶飞机爬升到了预定的高度,然后以 $0.5g$ 的重力加速度开始俯冲。比尔意识到 DC - 8 进入超声速时一定会失控,所以他决定不去用飞机的操纵面,让飞机在空气阻力下自行改出。最后在 10 000 m 上的高空中,DC - 8 在 $Ma=1.01$ 保持了 16 s。

很显然,此时的飞机失控了,飞机的操纵面被高速空气所控制。比尔冷静地压低机头慢慢减少俯冲,让安定面逐渐恢复,最后成功地控制住了飞机。

人类历史上第一次民航客机的超声速飞行就此完成了。

美国 XB - 70 轰炸机

苏联 T - 4 轰炸机

1964 年 9 月 21 日,美国 XB - 70 超声速轰炸机开始试飞,它具有极高的飞行速度 $Ma=3$。处于冷战时期的苏联人听到这个消息,不得不开始研制苏霍伊 T - 4 轰炸机和米格-25 战斗机,二者都具有 $Ma=3$ 的速度。后来,美国研制出 A - 12/SR - 71 高空侦察机,创下了 $Ma=3$、3 万米高度的"双 3"飞行记录,其中 $Ma=3.3$ 的速度至今仍然难有望其项背者……

耶格尔的极速人生于 2020 年 12 月 7 日结束了,但是人类对于速度的追求,从不会有止境。在我们看到荣光的同时,或许应该多思考一下这些无畏探索者背后的故事!

参 考 文 献

[1]　CONNORS J. The Engines of Pratt & Whitney:a Technical History:as Told by the Engineers Who Made the History [M]. Reston:AIAA,2009.

[2]　彼得.美国飞机燃气涡轮发动机发展史[M].张健,等译.北京:航空工业出版社,2016.

[3]　第一缕狼烟.贝尔 X - 1:致敬首次突破音障的橙色勇士及背后默默奉献的人们!

[EB/OL].(2021－12－07)[2022－02－21].https://baijiahao.baidu.com/s? id＝1718469915277339410＆wfr＝spider＆for＝pc.

[4] 肖元.从首次有动力飞行到超声速首飞:图解20世纪十次伟大飞行[EB/OL].(2020－11－18)[2022－02－21].https://www.thepaper.cn/newsDetail_forward_10042666.

[5] 弗兰克奇.航空发展史[EB/OL].(2021－06－20)[2022－02－21].https://zhuanlan.zhihu.com/p/382343582.

[6] FOREVER.第一个打破音障的人(Chuck Yeager)去世,享年97岁[EB/OL].(2020－12－08)[2022－02－21].https://zhuanlan.zhihu.com/p/334489145.

8 苏联航空发动机艰难起步的故事

　　航空发动机结构复杂、技术要求高、投入巨大,因此当今世界能够独立发展航空发动机的国家一般都是综合国力强大的国家。审视当今世界航空发动机强国,可以看到其航空发动机的最初发展路径大致可分为三条:一是自行研制,就是通过不断创新和进行技术研究,自行研究和解决制约航空发动机发展的技术问题,从而独立地制造发动机;二是仿制研制,就是将仿制和研制相结合,通过仿制增强自己研制发动机的能力和水平,最终实现独立研制和制造;三是纯粹仿制,就是通过引进国外航空发动机的技术专利和图纸,自己进行仿制。按照这样的分类标准,美国、英国应该是第一类,俄罗斯、法国、日本、中国应该属于第二类,以色列、伊朗、印度等国家属于第三类。在这些国家里,比较特殊的是俄罗斯。因为在大家的印象中,俄罗斯也是世界上最早开展航空发动机研制的国家,为什么其航空发动机的起步也是沿着仿制研制这样的道路发展起来的呢?

　　俄罗斯的航空发动机研究历史应追溯到十月革命以前的沙皇俄国(简称"沙俄")时期,这个时期为后来苏联航空发动机的发展奠定了重要的理论和技术基础。其主要成就是,20世纪之前,П. Д. 库明斯基设计了蒸汽轮机,И. И. 特列捷斯基和 Н. М. 索科付宁共同设计了喷气发动机模型;进入 20 世纪之后,В. М. 格里涅维茨基、Н. Р. 布里林、Е. К. 马津格奠定了内燃机理论和热工计算基础。但这些距真正的发动机还有一段距离。

　　尽管有人开始了活塞发动机的研究,但是所进行的研究只是初步的,尚未取得实质性的进展。这是因为,当时的沙俄工业界认为航空工业不会有任何商用前途,军方也不清楚如何在军事行动中使用航空器,再加上当时的沙俄尼古拉二世推行的改革削弱了军备,军队也没有强烈的意愿使用新技术。1910 年 12 月,时任沙俄空军军官飞行学校航空处处长的谢尔盖·阿里克谢耶维奇·乌里扬宁前往法国巴黎,并选择格诺姆发动机(Gnome)作为沙俄空军使用的发动机,但这种购买的法国发动机专利许可证条件极其苛刻,要求只限于在俄境内组装,而且沙俄军方必须采购所组装的发动机,且每台发动机的采购价的 2/3 归专利持有方所有。

　　第一次世界大战前的 1911 年 6 月,德奥多尔·费尔迪南多·卡雷普根据格诺姆发动机研制了俄罗斯历史上真正意义的第一台活塞式发动机卡雷普(Kalep)K-60,其功率为 60 马力,并申请了专利。此后,他又分别研制了 K-70(功率为 70 马力)、K-80(功率为 80 马力),这些发动机经过 50 h 长试后证明比国外发动机更有优势。正因为卡雷普是根据格诺姆发动机星型结构研制的 K-60,法国的格诺姆因此而将卡雷普告上法庭,最后因卡雷普发动机做了实质性的改进且改进均取得专利而败诉。

德奥多尔·费尔迪南多·卡雷普

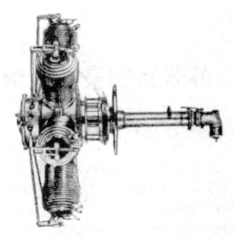

卡雷普 K-60 活塞式发动机

　　第一次世界大战期间,沙俄主要生产和使用的是仿制的国外航空发动机,数量也不是很多,如:用于沃伊津飞机的萨尔莫逊(Salmson)活塞式发动机,单台功率为 130 马力;用于莫拉那飞机的格诺姆-隆(Rhone)活塞式发动机,单台功率为 80 马力。随着战争态势的发展,军方不断扩大采购量,但当时沙俄本身航空工业的潜力有限,缺少强大的生产基地和配套能力(如火花塞、轴承、发电机、磁电机、弹簧等),而且制造发动机的原材料(高强度钢材、耐热铝材等)严重短缺,国内的钢材生产缺乏航空用冶金规范,各个原材料生产厂家的检测标准、尺寸标准也不同,国外订货的文件、货品常常因为各种错误、失误出现延误,更重要的是缺乏高素质的技术人员和熟练工人,从而影响生产。战争后期,军方试图购买法国 110 马力格诺姆-隆发动机的生产许可权,但法国却不愿意出售,并且还取消了萨尔莫逊发动机的生产许可证,仅同意由沙俄提供厂家而由法国指导生产,再卖给沙俄军方。整个第一次世界大战期间,沙俄国内共生产飞机 1 384 架、发动机 1 398 台。

萨尔莫逊发动机

80 马力格诺姆-隆发动机

十月革命以后,俄罗斯苏维埃联邦社会主义共和国(简称"苏俄")成立。法国人退出了发动机的生产,国内外配件、原材料供应中断,就连铸件工艺问题也成为制约国内航空发动机生产的一个因素,进行金相分析的显微镜更是无处寻找。1918年2月,弗拉基米尔·伊里奇·乌里扬诺夫(列宁)亲自接见航空界的领导和代表,协调解决制约航空发展的困难和问题,大力发展航空发动机产业。1918年5月,苏俄党和政府成立红色空军管理局和国民经济最高委员会航空工业管理总局,将航空工业企业国有化,并对航空工业产业进行整合,努力加强航空发动机的生产,以保卫红色政权,因为此时原沙皇俄国舰队司令亚历山大·高尔察克纠集沙俄军队的残部,在英国、法国等国的支持下,在鄂木斯克成立独立政府,对红色政权进行猛烈的进攻。直到1920年1月,最高执政官高尔察克以及他的内阁总理 B. 佩佩利亚耶夫被捕,独立政府才被消灭。

列宁(1870—1924)

在列宁的关怀下,1918年航空工业管理总局克服重重困难,依托相应的发动机制造厂,先后组建了十多个大型发动机试验设计局,原先在中央航空发动机研究院工作的许多专家,包括米库林、克里莫夫、多波雷宁、图曼斯基等都调到试验设计局担任总设计师,新型号发动机的研制工作都转到试验设计局,而中央航空发动机研究院主要为新机研制提供技术支持和审定。同时,协调动员各企业共生产了不超过100台发动机,着力要求工厂掌握1916年购买专利的200马力希斯巴诺-苏莎(Hispano-Suiza)8A发动机的生产,但又遇到铸造、原材料、运输、电力、油料等方面的困难,到1918年5月,一台希斯巴诺-苏莎8A发动机也没有生产出来。这时,曾在航空总局部门工作的米哈伊尔·巴普洛维奇·马卡鲁卡担任格诺姆-隆工厂的总工程师,其高超的技术能力、天才的组织才能、强悍的领导风格,以及与总局领导保持密切的联系,对苏俄迅速掌握新发动机技术起到了很大的作用。7月底,第一台希斯巴诺-苏莎8A发动机组装完毕,并开始试车。但这台发动机不仅有许多缺陷,工艺性也不高,马卡鲁卡建议集中精力全面掌握400马力自由型(Liberty)发动机技术,但航空工业管理总局对此却不感兴趣。于是,工厂只好一方面继续改进希斯巴诺-苏莎8A发动机,另一方面暗地里开展自由

希斯巴诺-苏莎8A发动机

型发动机的研制。

1922 年,随着国内战争的结束,列宁认识到航空工业需要大量资金,要求全面缩减海军的开支,集中用于发展航空工业。1922 年 2 月 30 日,由俄罗斯、乌克兰、白俄罗斯和外高加索联邦共同组建的苏维埃社会主义共和国联盟(简称"苏联")成立。

随着自由型发动机的研制,军方对这种机型越来越感兴趣。这是因为首先它是一大批美国优秀工程师集体智慧的结晶,其次发动机的组装不需要任何调整和改动,因此,马卡鲁卡所在的工厂仅用了两个半月的时间就实现了批量生产。该发动机的最大功率为 426 马力,主轴转速为 1 700 r/min,汽缸直径为 127 mm,汽缸压缩比为 5.4,活塞行程 177.8 mm,而发动机的质量只有 410 kg。8 月 22 日,空军总局正式订购 100 台自由型发动机。1923 年 12 月,自由型通过国家试验,但根据航空工业管理总局的指令,全套技术文件转到圣彼得堡的布尔什维克工厂,由这家工厂组织发动机的批量生产。

马卡鲁卡召集会议研究技术问题

1923—1924 年间,由于车床设备不足、主要原材料供应也有问题,整个生产交付的发动机数量很少。国家领导人要求扩大发动机的产量,继续合并发动机生产企业,并对年生产计划进行修改。1924 年 9 月 27 日,空军发布设计任务书,"发动机"(Motor)厂开始设计 M-100(后改为 M-11),总设计师是 А. Д. 什韦佐夫。由于主杆滚动轴承的问题,发动机的寿命只有 50 h,但它却是苏联第一台自己研制、采用国产材料的发动机。后来发动机转到扎波罗日的 9 号工厂进行批生产,并在该厂 А. С. 那热罗夫的领导下,解决了发动机所出现的问题。1932 年,改型的 M-11B 发动机寿命已经达到 200 h;1936 年,M-11Д 寿命达到 400 h。1952 年,该发动机停止生产,但外场使用到 1959 年才完全停止,总产量超过 10 000 台。

此后,以 M-11 发动机为基础,一大批发动机被研制出来。1926 年 6 月,由伊卡尔 (Ikar)生产的 M-5 发动机装备在 P-1 飞机上,实现了环绕全苏联飞行,共飞行 56 h,飞行距离 6 500 km。随后,又仿照柯蒂斯 I(Kertis I,单排,200 马力)、柯蒂斯 V(Kertis V,12 缸,450 马力)、柯蒂斯 W(Kertis W,18 缸,600~700 马力)设计了不同外形的系列发动机。在 1925 年航空工业管理总局开始组织的发动机设计竞赛中,设计了 M-13 发动机,其压缩比为6,总设计师为 H. P. 布里林,其12缸布局形式成为众多12缸发动机的典范。根据柯蒂斯 W 设计了 M-14(后来更名为 W18),根据柯蒂斯 V 设计了 V12。V12 是第一台携带了国产涡轮增压器的发动机。

M-11 发动机

P-1 飞机

1926 年,24 号工厂以美国普惠公司的黄蜂(Hornet)发动机为基础,设计了 M-15 发动机,并于 1930 年通过 50 h 国家试验。由于当时生产的发动机工艺水平低、可靠性也不高,共生产了 406 台,主要用于 K－5 和伊－5 飞机。与此同时,24 号工厂还得到了德国新型 12 缸 V 形 BMW Ⅵ 发动机,这引起苏联专家极大的兴趣,24 号工厂购买了该发动机的生产许可证。1930 年 8 月 15 日,首台批产型发动机通过试验,命名为 M－17,装备到伊－3 和伊－7 战斗机、P－5 和 P－6 侦察机、ТБ－3 轰炸机等飞机上开始服役。后来,陆续对该发动机进行改型,使得其功率和寿命大幅提高。

时任航空工业管理总局革命委员会副主席的 И.С.温什里希特于 1929 年 9 月 7 日专门分别给国民经济委员会主席古比雪夫、军事工业总局局长乌雷瓦耶夫和联合政治局领导人奥尔斯基写信,指出航空工业研制和生产速度处于极低的水平,其中发动机的研制时间需要 2～4 年甚至更长,几乎所有的新产品都带有这样和那样的设计和制造缺陷,并且还有几十上百种各类小问题,不仅严重落后于国外先进的技术水平,并且严重影响飞行安全。为此,他提出 10 条建议,其中与发动机相关的包括:一是应该将飞机和发动机的设计研制与批产分离,将研制生产集中于一些专门的厂家;二是全面加强发动机研究院的建设,在研究院组建专门的发动机研制生产厂;三是采取一切可行措施减少浪费和缩短发动机的研制周期;四是制定相应的规定,使新飞机和发动机在未完成改进工作且未全面通过技术和部队使用试验之前不能投入生产。

从苏联成立开始,发动机设计研制由研究所、院校和生产厂组成的专家组负责,设计完成之后再交有关工厂进行加工和试验。但是由于发动机结构复杂、试验验证周期长,再加上经验不足,以及设计、研制缺乏相应的工装设备,研制进度和质量受到严重的影响,其结果是研制的发动机多,但真正制造出来的却很少,而且即使制造出来也没有办法使用。例如,1925—1930 年,总共设计的发动机有 40 多种,而制造出来的仅有 15 种。

在这种情况下,苏联于 1930 年重组了中央航空发动机研究院,1932 年成立了苏联航空材料研究院。1934 年 12 月 7 日,全苏航空工业联合体改组为航空工业管理局。1936 年成立航空工艺与生产组织研究院。1936 年成立飞行试验研究院。然而,1928—1930 年期间国家开展的政治运动,使得一些主要的发动机设计师相继被捕,被投入各个工厂所在的"窝棚"监狱工作,有些遭到迫害,致使国家发动机的研制受到较大的影响。

1932 年开始,国家重新通过采购国外发动机进行仿制,以培养高水平的工程师从而满足空军装备的需要。例如,以希斯巴诺-苏莎 12Ybrs 为基础研制了 M－100(M－130、M－105、BK－107),以怀特 РД－820 为基础研制了－25(M－62、M－63、M－64 等),以格诺姆-隆(Gnone-Rhone)、米斯特拉尔-麦角(Mistral-Major)K－14 为基础研制了 M－85(M－86、M－87 等),并以此发展了由亚历山大·亚历山德罗维奇·米库林设计的 M－34 发动机,它也是可完全替代仿制的国外发动机的一种新机型。该发动机技术参数十分先进,净重 535 kg,额定功率达到 750 马力,起飞功率 850 马力。在 M－34 发动机研制成功之后的 10～12 年后,英国罗罗公司和美国得帕卡公司才在自己制造的发动机上采用了类似 M－34 发动机的布局形式。

苏联利用 M－34 发动机又陆续发展了带有减压器和增压器的改型 M－34PH 发动机,参加了在丹麦哥本哈根举办的第二届航空展和 1935 年米兰国际航空展,引起英国、丹麦等国的关注,它标志着苏联在航空工业的巨大成就。该发动机以及其改型后装备的飞机创造了多项苏联记录,如飞越北极达到美洲、新环苏飞行、北极科考、不间断飞行抵达美国、飞行高度达到 12 500 m 等。发动机最终以总设计师亚历山大·米库林的名字命名,更名为 AM - 34。

M - 34 发动机

亚历山大·亚历山德罗维奇·
米库林(1895—1985)

除了 AM - 34 发动机,1939 年之前,唯一不属于米库林类型发动机的是由伏龙芝厂前任总设计师 A. Д. 什韦佐夫设计的 M - 62 发动机。M - 62 带有新的汽缸端部和双速离心传动增压器,被用于伊 - 153 和伊 - 16 飞机,该型发动机及其后续改型总产量达到 12 000 台。但直到 1938 年,一台 M - 62 也没有生产出来,一方面是因为厂内的组织方式没有理顺,另一方面是因为 19 号工厂的工作延误,这些问题直到 1940 年才有所改观。

伊 - 16 飞机

在 AM - 34 之后,又陆续生产了 AM - 35 和 AM - 35A 发动机,许多部件做成了通用件,此后形成了许多分支,如强击机伊 - 2、伊 - 20 和米格 - 3 使用 AM - 38、AM - 42、AM - 43、AM - 44、AM - 45、AM - 46、AM - 47 等(总产量超过 40 000 台),另外还有用于战斗机和高速轰炸机的 AM - 37 和 AM - 39 发动机。在发展这些改型的发动机的过程中,出现了诸如零部件负荷增大、寿命不足、发动机质量增大、高辛烷值汽油供应,以及主要附件问题(如柱塞和阀门烧坏、电嘴故障、燃气分配传动齿轮损坏率过高等),有些问题还出现在发动机与飞机连接方式(影响发动机冷却)方面,以致1940年11月约瑟夫·维萨里奥诺维奇·斯大林出面开会协调解决这些问题。

伊-20飞机

AM-35发动机

截至1941年,全苏联共拥有28家飞机工厂、14家航空发动机工厂,有力地促进了苏联航空装备的快速发展,同时也为后来的卫国战争奠定了军事、人力和物质上的基础。

自1941年6月22日卫国战争开始到1943年间,苏联停掉了许多难度大、周期长的发动机研制项目,转而直接生产已经具备能力的发动机以支援前线,此间共生产飞机3 500架、发动机49 000台。生产的发动机包括AM-35A、AM-38、AM-42及其改进型,装备米格-3、雅克-1、拉格-3和伊-2等飞机。

米格-3飞机

雅克-1飞机

拉格-3飞机

千疮百孔的伊-2飞机

第二次世界大战胜利以后,世界航空发动机的研制生产重心已经转向涡轮喷气式发动机,而此时的苏联仍然具有大量的活塞发动机研制生产能力。尽管 A. M. 留里卡于 1937 年和 1938 年分别提出了离心式压气机和轴流式喷气发动机方案,并且其轴流式压气机方案的喷气式发动机于 1940 年在列宁格勒的基洛夫工厂完成制造,但因战争来临而没有进行飞行试验,使得留里卡并没有像英国的惠特尔和德国的奥海因那样被称为"涡轮喷气发动机之父"。

　　对于喷气发动机的研制工作,政府依然采用"两条腿走路"的方法,即通过仿制、试制国外现成的发动机与自行研制相结合的措施,以尽快掌握喷气发动机的技术,形成生产能力。为了尽快形成涡轮喷气发动机的研制能力,苏联政府不仅将位于德国贝恩堡的容克公司下属的一架发动机厂整体搬到国内,还将德国当时的大多数航空工程师带到苏联,帮助苏联研发新型飞机和发动机,从而使苏联全面、迅速摸清了德国 BMW – 003 发动机的技术奥秘,这对苏联早日跨入喷气时代起到了重要的促进作用。1945 年 12 月,苏共中央决定采取强有力的措施加强新型飞机、发动机和机载设备的研制。

　　1945 年,位于乌法的 26 号工厂,在 B. Я. 克里莫夫和 Н. Д. 库兹涅佐夫的领导下,仿制成功了德国 Jumo – 004 发动机,命名为 РД – 10,其最大推力为 1 016 kgf,在 1946—1953 年共生产 1 339 台;同样在 1945 年,位于喀山 R 16 号工厂的 C. Д. 克罗索夫,仿制成功了 BMW – 003A 发动机,命名为 РД – 20。这两型发动机在 1946 年 4 月下旬的同一天,分别装配在雅克 – 15 战斗机和米格 – 9 战斗机上,在图希诺机场完成飞行试验,这标志着苏联喷气式飞机研制成功。

Н. Д. 库兹涅佐夫(1902—1974)

　　通过购买专利,克里莫夫发动机设计局在英国罗罗公司的 19. 992 kN 推力尼恩 – Ⅰ(Nene – Ⅰ)和 15. 582 kN 推力的德温特 – Ⅴ(Derent – Ⅴ)离心式喷气发动机基础上,分别仿制出 РД – 45 和 РД – 500 发动机。РД – 45 发动机推力为 22. 246 kN,后来成为米格 – 15 和伊 – 28 的早期动力装置;РД – 500 发动机曾用于拉 – 15 和雅克 – 23 飞机。1947 年装有离心式压气机的 РД – 45F 发动机在米格 – 15 飞机上首飞。

雅克 – 15 飞机

1946 年,克里莫夫发动机设计局以 РД-45 发动机为基础研制了 BK-1 涡喷发动机,于 1949 年进行了国家试验,并于 1951 年研制成功加力式涡喷发动机 BK-1F,该发动机于 1952 年通过 250 h 国家鉴定试验考核,投入生产并广泛使用,使得苏联喷气发动机进程提前了好几年。

德温特-V 发动机

РД-45 发动机

最值得一提的是,A. M. 留里卡(阿尔希波·米哈依洛维奇·留里卡)设计了苏联真正意义上的第一台国产涡喷发动机 РД-1。

1937 年,当时在乌克兰哈尔科夫航空学院发动机系工作的留里卡就向同事们提出了喷气发动机的构想,并为此经常与时任系主任开展辩论。留里卡一次又一次用理论和计算表明其可行性,而且当时的气动力学家 Р. Ю. 普罗斯库拉也支持他,于是他申请了专利。根据他的设计,列宁格勒基洛夫设计局经过一年多的创造性工作,于 1940 年秋完成苏联航空史上第一台喷气发动机 S-18 的设计,后来被命名为 РД-1。留里卡坚持选择单轴轴流式压气机设计,这是因为轴流压气机的横截面可以做得很小,却能达到很高的增压比和效率。虽然他们知道发动机要有压气机、燃烧室、涡轮和尾喷口等,但是对每一部分具体采用什么结构、结构间匹配关系如何等等都一无所知,他们一点可供参考的资料也没有,全凭自己团队一点一点地摸索前进。正当 РД-1 发动机完成制造任务 70% 的时候,战争爆发了,当年 8 月份 РД-1 项目被迫完全停止。

阿尔希波·米哈依洛维奇·留里卡
(1908—1984)

直到 1942 年,斯大林签署紧急文件,要求查明苏联国内是否有可能研究喷气式高速飞机,留里卡等人才得以重新集中到中央航空发动机研究院开始发动机的研究工作。在将近两年的时间里,研究进展十分缓慢,主要原因是研究院的重点是离心式涡轮螺旋桨发动机和内燃机发动机计划,能够参与留里卡小组工作的人太少,而且轴流式压气机的叶片、燃烧室的研究要求都很高。

1943 年,苏联得到德国已经批产采用喷气发动机高速飞机的信息,苏德作战前线也出现了时速高达 800 km 的德国飞机,苏联政府决定全力推动高速喷气飞机的研制。这年年底,S-18 发动机成为研究院新成立的喷气飞机研究所的涡轮喷气发动机项目,开始得到空前的重视。1944 年底,第一台试制的 S-18 发动机组装完毕,但在试运转过程中,出现了喘振、叶片折断、熄火等严重问题。正在一筹莫展之际,从前线运回两台完整的德国制造的 Jumo 涡轮喷气发动机,留里卡马上对这两台发动机进行了研究,一台用于试车测取性能,另一台则被分解与 S-18 进行对比分析。由于 Jumo 涡轮喷气发动机结构先进、工艺出色、附件结构紧凑,而且经过了试验验证,而这时的 S-18 发动机才刚刚开始地面运转,苏联许多行业人士都反对继续研制,改而测仿 Jumo 发动机。

留里卡坚持认为尽管 S-18 现在出现了一些问题,但就其性能而言,还是要比 Juno 发动机好,而且更重要的是,这台发动机是依靠自己力量研制的,不应该过高地估计国外的技术,也不能用国外的技术抹杀自己的努力。争论的最后,高层决定由别的单位仿制 Juno 发动机,留里卡团队继续研制 S-18 发动机。

经过这场争论,留里卡利用这个难得的机会,带领团队更加努力,经过一年多艰苦的工作,排除了发动机研制过程中出现的所有故障。1945 年 9 月,第一台 S-18 发动机通过台架试车,留里卡因此荣获苏联劳动红旗勋章。位于莫斯科的 45 号工厂于 1947 年 2 月成功制造了这台被命名为 TP-1 的发动机,留里卡因此被授予列宁勋章。1947 年 5 月 28 日,TP-1 发动机装在双发苏-11 飞机上进行试飞,苏联英雄试飞员 Г. M. 施洋诺夫试飞结束后说:"我所驾驶的苏-11 飞机上的发动机,在推力、经济性和推重比上比德国类似的发动机都要优越。"

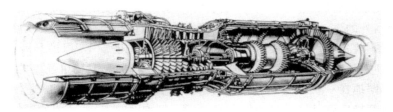

TP-1 发动机剖面图

苏-11 截击机

列宁勋章

1943 年成立的米库林发动机设计局于 1947 年研制成功的 АМТКРД－01 涡喷发动机,1948 年成功通过 25 h 国家试验,其推力达到 32.34 kN,用于轰炸机 EF－140,此后的 1949 年,在 АМТКРД－01 的基础上研制成功了 АМРД－02,其推力达 41.65 kN,寿命已经达到 50 h。20 世纪 50 年代初期,研制成功了当时世界上推力最大的发动机——AM－3 涡喷发动机,配装在图－16 轰炸机上,成为苏联战略航空的主力。

图－16 轰炸机

至此,苏联利用仿制和研制航空发动机的经验,彻底掌握了燃气涡轮发动机的设计制造技术,具备进一步独立开展离心式、轴流式发动机研究、开发的能力,这对于已经进入"冷战"的苏联与美国开展的军备竞赛具有重要的现实意义。

苏联航空发动机研制起步过程再一次表明,在航空发动机的发展方面没有捷径可走:第一,生产、仿制国外的发动机,同时结合自己的发展经验,取得先进航空发动机的设计、制造经验,以满足空军装备使用的需要;第二,努力消化国外先进技术,积极开展自主研制,以保证空军装备不断发展的需要;第三,必须重视技术创新,创新是发动机发展的根本和源泉;第四,必须坚持不懈地在一台已经证明了的成熟机型上(主要是指核心机)进行不断改进和验证新技术,并将其推广到其他类型的发动机上;第五,政府的主导、企业的责任和个人的努力密不可分,如果留里卡当初放弃坚持,恐怕他所构想的发动机将可能永远只是一个梦。

参 考 文 献

[1] 斯米尔诺夫.俄罗斯航空发动机制造史:上[M].向巧,宁喜钰,王良,等译.北京:航空工业出版社,2015.
[2] 斯米尔诺夫.俄罗斯航空发动机制造史:中[M].向巧,宁喜钰,王良,等译.北京:航空工业出版社,2015.
[3] 斯米尔诺夫.俄罗斯航空发动机制造史:下[M].向巧,宁喜钰,王良,等译.北京:航空工业出版社,2015.
[4] 张伟.航空发动机[M].北京:航空工业出版社,2008.
[5] 方昌德.航空发动机的发展历程[M].北京:航空工业出版社,2007.

9 法国将单转子发动机进行到底的故事

　　法国的航空工业建立时间较早,并且有着浓厚的法兰西特色。1916 年,法国人拉托(Rateau)最早将涡轮增压器运用于活塞式航空发动机,美国人还是在其基础上发展自己的涡轮增压器。1921 年,法国人马克西姆·纪尧姆获得了第一个喷气发动机专利。由于第二次世界大战期间被德国占领,法国的航空工业在战争期间没有得到什么发展的机会,最多只是充当纳粹德国的生产车间。直到战后,法国涡喷发动机才真正起步。但是法国人并未顺应世界发展的潮流,而是几十年执着地在单转子结构发动机上深耕细作,无论是"阿塔"涡喷发动机,还是 M53 涡扇发动机都坚持采用单转子结构,直到充分证明了单转子结构发动机的局限性为止。最终,这两型发动机累计生产了 5 000 多台,配装了法国达索公司的十几型飞机,不但担当法国空、海军的主力,而且曾服役于 30 多个国家或地区的空、海军,参加过不少战争,不少国家或地区至今仍然以它们为主力,就像其配装的"神秘""幻影"等飞机名字一样,成为航空发动机发展史中的传奇。

M53 发动机

　　法国战后发展的第一个燃气涡轮发动机系列——"阿塔"竟然完全出自一个由德国人组成的研制团队。"阿塔"之父赫尔曼·奥斯特里希(Hermann Oestrich)1903 年出生在德国。1928 年,他在位于哥廷根的德国航空研究院(Deutsche Versuchsantalt fur Luftfahrt)任工程师,航空方面的新技术吸引了他的注意,因而他很快就开始研究喷气推进原理。1935 年,他离开德国航空研究院到西门子公司(Siemens)从事涡轮压缩机研究工作。

　　后来,西门子公司里奥斯特里希工作的部门被勃兰登堡发动机工厂(Brandenburgische Motoren Werke)收购(那时工厂名称的缩写为 Bramo,而不是现在的 BMW)。但是该公司签了一项合同,研制一种推力约为 600 kgf 的涡喷发动机,却称为 BMW - 003,奥斯特里希为项目负责人。

BMW‐003 发动机为 6 级轴流压气机、带空心冷却叶片的单级涡轮和环形燃烧室结构。1941 年 2 月，BMW‐003 发动机在试车台上首次运转，起初发动机的推力只有 150 kgf。经过不断改进，到 1942 年时它的推力已经达到 550 kgf。不久开始批量生产，用于装备阿拉杜(Arado)Ar‐234 和亨克尔 He 162 "火蛇"(Salamander)两型飞机。到德国战败投降时，只生产了 750 台 BMW‐003 发动机。

BMW‐003 发动机

He 162 飞机

　　1945 年 4 月 12 日，美军占领了 BMW‐003 发动机秘密工厂所在的施塔斯福特。不久，美国普惠公司技术人员组成的 10 人工作组进驻，找到了奥斯特里希，从他那里拿走了全套技术资料。英国方面也很看重奥斯特里希，布里斯托尔发动机公司力邀奥斯特里希前往英国工作。但奥斯特里希心里却打着自己的算盘：与美国和英国相比，显然在涡喷发动机领域尚属空白的法国更能发挥作用，更能实现自己的奋斗目标。于是在秘密会见了法国调查研究局的代表后，奥斯特里希同意签署一项为期 5 年的协议(实际在 1946 年 4 月 25 日签署)，他将带领来自 BMW 的 120 人团队为法国斯奈克玛公司(SNECMA，即法国国营飞机发动机研究制造公司)研制一台推力为 2 000 kgf 的涡喷发动机。此时法军在自己的占领区也找到了一些 BMW‐003 发动机，迫切希望能建立起该发动机的生产设施。地点选在前多尼尔(Dornier)工厂，该厂位于康斯坦茨湖(Lake Constance)的里肯巴赫(Rickenbach)，离法国占领区内的林道(Lindau)不远。

　　起初，这个斯奈克玛的新单位没有名字，就简单地叫作里肯巴赫航空工作室(Atelier Aeronautique de Rickenbach)，很快便用了缩写 At. A. R 或 AtAR，最后自然而然地演变成 Atar——"阿塔"。奥斯特里希被任命为"阿塔"的技术主任，同时还被聘为总工程师，指导发动机的研究、制造和试验。"阿塔"的研究团队很快扩大到 200 多人。1945 年 10 月，研究团队完成了涡喷发动机的初步设计，将其命名为"阿塔 101"。当时谁又会想到，这个字首缩略语会成为一个独特的名字，并且延续了 70 多年的时间。

　　阿塔 101 的设计指标为推力 1 700 kgf，质量为 850 kg，它采用了增压比为 4 的 7 级轴流式压气机，燃烧室有 20 个火焰筒和混合喷嘴。由于法国缺乏高温合金叶片的制造技术，所以单级涡轮的涡轮叶片采用了空心冷却叶片。根据选用合金材料的不同，涡轮进口温度为 700～800℃，对空心叶片还必须进行巧妙的处理，因为它们所用的合金厚度只有 0.8

mm。尾喷管为截面可调结构。

　　1946 年 4 月,盟军司令部决定中止在德国领土内的一切军事活动,这意味着"阿塔"必须立即迁到法国。由于种种原因,最终"阿塔"并没有迁到斯奈克玛公司所在地,而是迁到它下属的一个子公司——瓦赞飞机公司(Societe des Aeroplanes Voisin)所在地,位于罗亚(Loire)河畔的德西兹(Decize)。这个拥有 6 000 名居民的小镇突然成为一大群从事秘密工作德国人的家园。

　　"阿塔"刚搬迁过来就开始了紧张的研制工作,很快上层做出决定——首批生产 6 台发动机。1946 年 4 月,阿塔 101 发动机的图纸被送往法国斯奈克玛的凯勒曼(Kellermann)工厂。5 月,斯奈克玛完成了首批零部件的制造,但压气机和涡轮的制造却遇到了麻烦,直到 1947 年中才完成。第一台发动机的编号为阿塔 101V1,其后是 V2~V6。1948 年 3 月 12 日,阿塔 101V1 发动机开始在维拉罗什的试车台上试车,4 月发动机推力就达到了设计指标。5 月 16 日,奥斯特里希成为法国公民。10 月,阿塔 101V1 发动机开始在 B-26G"掠夺者"飞机上进行飞行试验。

阿塔 101 发动机

　　在大约一年半的时间里,他们对 6 台阿塔 101 原型机逐台按部就班地进行了试验,积累了 800 多小时的飞行时间,其中单单阿塔 101V1 发动机就飞行了 350 h。优异的试验结果使得包括法国政府部门、斯奈克玛公司和"阿塔"研究团队在内的各方都十分满意。随后,启动了一个制造 10 台的小批量生产计划,命名为阿塔 101A。它采用了许多原型机阶段发展的新技术,如采用筒环形结构火焰筒的燃烧室和电起动机。

　　1950 年 5 月 9 日,法国当局决定将奥斯特里希领导的"阿塔"并入斯奈克玛公司,这意味着废除了原来的协议。为此,斯奈克玛公司成立了一个部门,解雇了原先团队中的大约 60 名成员。

　　在 1951 年的头几周,一台阿塔 101A 发动机在萨克勒试验中心顺利完成了 150 h 的持久试车,证明它可以马上进入下一个阶段的研制。

　　随后的数月时间里,经过对阿塔 101 进行小幅改进,增加了静子叶片数量,使其成为阿塔 101B。一开始时它的推力为 2 400 kgf(但在试验中成功地达到了 2 800 kgf),而其质量只有 900 kg。1951 年 3 月,阿塔 101B 的推力达到 2 600 kgf 并定型,斯奈克玛获得了首个批量订单。这是一份50台发动机的订单，准备用于达索公司的奥兰根（Ouragan）和"神秘"Ⅱ战斗机。

至此，法国才真正拥有了一种可靠的军用涡喷发动机，其推力可以满足本国战斗机研制的需要。

达索公司订购了140台压气机和燃烧室经过改进的阿塔101C，其推力达到2 800 kgf，用来装备"神秘"Ⅱ战斗机。随后又订购了370台阿塔101D。它采用了新型高温合金涡轮，同时增大了涡轮尺寸，使涡轮前温度提高到1 000℃，推力则提高到3 000 kgf。此后，达索公司不断要求更大推力的发动机，以满足空军的作战要求。

"神秘"Ⅱ战斗机

1951年春，法国开始研制推力达到3 800 kgf带加力的阿塔101F发动机，并在"神秘"Ⅱ战斗机上进行了试验，后来装在"超神秘"ⅣB2战斗机上，被称为SMB2。它的性能与英国罗罗公司的埃汶发动机相当，表明斯奈克玛已经达到与英国的主要发动机制造商相当的技术水平。

"超神秘"飞机

1952年法国开始了新发动机的研制工作，其目标是不仅要提高推力，而且要减轻质量。阿塔101E型增加了压气机零级静子导流叶片，将增压比提高到4.8，使其推力从初始定型时的3 500 kgf提高到3 700 kgf，而且投入了大批量生产，累计生产了600台用于装备"秃鹰"和首架"军旗"飞机。由安德烈·蒂尔卡(Andre Turcat)驾驶的装备了一台阿塔 101E 的北方航空工业公司的 Nord 2500"猎犬"涡轮/冲压组合动力飞机于 1958 年打破了几项世界纪录。

下一个登场的是推力为 4 400 kgf 的阿塔 101G 发动机,它不仅证明了先前型号研发过程中所创造的坚实技术基础,而且在与罗罗公司的埃汶发动机竞争批量生产型 SMB2 飞机的发动机选型中胜出,进一步加强了该发动机系列在法国军方的地位。SMB2 是第一种能够实现水平超声速飞行的"神秘"飞机。

阿塔发动机成为法国政府支持的唯一一种军用发动机,从而使拨给发动机的财政资金保持稳定。到 1957 年,工厂已经具备了每月生产 17 台阿塔发动机的能力。

随着喷气推进技术的发展,阿塔 101 系列推力渐显不足。1954 年,斯奈克玛开始在阿塔 101 的基础上研制一种更先进的发动机。该发动机总体结构与阿塔 101 相似,但压气机从原来的 7 级增加到 9 级,采用了尺寸稍小的 2 级涡轮和合金钢压气机转子,对各种部件都做了大量改进。1957 年,新型号发动机分别被命名为不带加力的阿塔 8 和带加力的阿塔 9。将新的命名系统看成是技术上的分割是不对的,因为这是斯奈克玛在充分掌握技术上小步渐进理念方面取得的成功。因此,继续生产的各型阿塔发动机的每个相邻型号在技术上都有新的进步。

最初完成的阿塔 08B-3 增压比提高到了 5.5,推力达到了令人鼓舞的 4 400 kgf。接着斯奈克玛为阿塔 08 设计了全新的加力燃烧装置,成为阿塔 09。在 1957 年 1 月的试车中,阿塔 09 加力推力达到了惊人的 5 600 kgf,并很快提高到了 6 000 kgf。将阿塔 9B 装备到达索公司的"幻影"Ⅲ飞机上后,这种飞机很快展示出它的使用潜力,同时这也标志着一个收获季节的开始,因为无论是在法国近邻的瑞士还是遥远的澳大利亚,法国都取得了不少的出口订单。此时,斯奈克玛的确已经开始走向世界。

阿塔 9B 发动机

20 世纪 50 年代末,法国决定发展自己的核威慑,重点放在有人驾驶战略武器系统计划(Strategic Weapons Systems Program,SWSP)上。在比较了几个竞争方案后,1957 年 4 月选择了由达索公司提出的可携带 1 t 军用载荷的方案,即装备两台发动机的"幻影"Ⅳ战略轰炸机。

飞机设计的首要问题仍然是如何选择发动机。第一个建议构型要求的发动机推力大于阿塔9,因此只有从外国供应商那里采购。通过对布里斯托尔·西德利(Bristol Siddeley)、奥伦达(Orenda)、普惠和罗罗等四个公司的方案进行比较,斯奈克玛选择了与普惠公司合作。1959年12月28日,斯奈克玛公司与普惠公司签订了一个军用型的J75发动机和民用型JT-4D发动机的生产许可证协议。为了确保当时设想的长期合作关系稳定,普惠公司的母公司联合飞机技术公司(United Aircraft)取得了斯奈克玛公司10.9%的股份。

  但是经过对飞机和发动机的性能优化,"幻影"Ⅳ最终构型要求发动机的最大推力为6 000 kgf,这样采用法国的动力装置就足够了,也就是一种双阿塔发动机的构型。此推力范围只能使用阿塔9,但不是原先打算用于"幻影"Ⅲ生产型的6 000 kgf推力的阿塔9B,而是新改型的阿塔9K。阿塔9K采用前几级的跨声速压气机,这种压气机在那时还被认为是试验性的。阿塔9K的编号加了一个非常职业的幽默暗示,因为"K"指"袋鼠"(Kangaroo),这与那时正在讨论的一项澳大利亚的"幻影"Ⅲ合同有关。

  1959年6月17日,"幻影"Ⅳ原型机首飞成功。这种优秀的双发喷气飞机在第14次飞行时最高飞行速度就达到了$Ma=1.9$,后来轻而易举地达到$Ma=2$。1959年9月,"幻影"Ⅳ01号飞机在一条1 000 km的环形飞行路线上以1 822 km/h的速度打破了当时世界最高飞行速度的纪录。

"幻影"Ⅳ战斗机

  1959年12月,斯奈克玛又推出阿塔09C,其喷口调节机构由2片改为18片。阿塔09C采用了微型涡轮发动机作为发动机的起动机,直接为发动机提供压缩空气,这样发动机可以不必等到压气机达到足够转速时即可完成起动。此后的阿塔09D喷管和加力燃烧室都使用钛合金材料,能让飞机保持$Ma=2$的高速飞行。

  在阿塔发动机出现的第15周年到来之际,阿塔系列发动机正处于鼎盛时期,前景美好,而且保持着持续的批量生产。除了随着"幻影"飞机继续成功地出口以外,阿塔系列发动机在法国空军中也发挥着中坚作用。1960年9月30日,赫尔曼·奥斯特里希在一片祝贺和赞扬声中离开了斯奈克玛公司。公司的首席执行官亨利·德布吕埃尔(Henri Desbrueres)对他的贡献给予了高度的评价,米歇尔·加尼耶(Michel Garnier)接替了他,法国的航空发动机设计真正进入独立自主发展时代。

1966年,斯奈克玛启动了7 200 kgf推力的阿塔9K-50发动机项目,开始了阿塔发动机的最后一搏。他们对压气机和涡轮进行了修改设计,新研制了叶片,特别是涡轮叶片重新采用了空心涡轮叶片,对许多其他部件也做了相应改进。除了在推力方面的飞跃外,阿塔9K-50在巡航速度的燃油消耗率降低了7%,从使用角度讲这是一个相当大的进步。阿塔9K-50也是法国独立自主研制的第一台7 t级推力的军用航空发动机。

阿塔9K-50发动机

　　阿塔9K-50被采用三角翼布局的"幻影"F1飞机所选用。发动机于1968年完成了飞行试验,终于赶上了1969年首飞的"幻影"F1飞机的研制进度,这是阿塔发动机取得的最后的巨大成功!"幻影"F1各型号飞机累计生产了700多架,直到1994年才交付了1 100台阿塔9K-50中的最后一台。

"幻影"G战斗机

　　该发动机还被可变后掠翼的"幻影"G双发飞机所选用,但是这个过于雄心勃勃的项目不久就因费用超支而被撤销。然而,这个"G"却通过打破一项欧洲纪录而轰动一时:在15 000 m的高度飞行速度达到$Ma=2.34$。

　　1968年,配装阿塔9K-50的"幻影"5,经过激烈的竞争战胜了美国诺斯罗普公司的F-5飞机,赢得比利时空军的106架飞机合同。

阿塔 9K-50 并不标志阿塔系列发动机的工业生产寿命结束。在它之后还有阿塔 8K-50，这是第一种也是最后一种不带加力燃烧室的型号，通过专门的设计改进后用于装备"超军旗"飞机。

阿塔 8K-50 项目于 1973 年启动，5 年后投入使用。在海军航空兵的使用中，阿塔 8K-50 显示了骄人的本领，可以直接把阿塔系列和 M88 系列联系起来。

从 1945 年的阿塔 101，到 1969 年的阿塔 9K-50，法国人花了 25 年时间，从 1 t 级推力一直发展到 7 t 级推力。7 t 级推力喷气发动机被视为一个国家涡轮喷气发动机技术的标志和重要里程碑。因为有了阿塔系列发动机，"幻影"Ⅲ/Ⅳ/Ⅴ/F-1、"军旗"、"超军旗"等飞机才真正是 100% 的法国货。

M88 发动机

"幻影"Ⅲ战斗机

"阿塔改进"值得世界进一步关注，因为从 1994 年开始，这个编号下所进行的工作具有象征性意义：在该公司建立并启动其首台喷气发动机之后整整 50 年，它的后代仍然是新研究工作的主题。这不仅是指项目的持续时间，而且也为渐进式的技术发展提供了一个真实的研究案例。

自从 1959 年普惠公司拥有斯奈克玛公司的股份之后，两家公司就开始了比较密切的合作。斯奈克玛公司期待着通过与普惠公司的合作项目，掌握涡扇发动机设计技术。普惠公司则委托斯奈克玛公司维修在欧洲使用的 JT3/4 涡扇发动机，斯奈克玛公司与普惠公司的合作是在普惠公司原有 JTF10 发动机的基础上，通过改进研制 TF104/106 涡扇发动机，并成为法国垂直/短距起降研究机——"幻影"Ⅲ/Ⅳ/Ⅴ飞机的升力发动机，后来发展出 TF306，用在了"幻影"G 飞机上。尽管这两型飞机都进行了试飞，却没能实现量产，法国与普惠公司合作开发高端军用涡扇发动机的进程就此中断。但斯奈克玛在与普惠公司的合作中获益匪浅，普惠公司的 JTF10A 在 1961 年被选为 F-111 飞机的动力装置，它成为世界上第一种军用加力涡扇发动机——TF30。

1967 年开始，法国发展第二个燃气涡轮发动机系列——M53 涡扇发动机。其设计目标是：发展一种适合高速（$Ma=2.5$）飞行的发动机，要求包括推力大、质量轻、可靠性高、低空超声速巡航的耗油率低、结构简单、维修费用低。值得注意的是，也是在这一年，法国退出了与英国等国合作的"狂风"变后掠翼战斗机项目。"狂风"方案的分歧让法国多少感觉到,在动力核心技术掌握在英国人手里的前提下,自己很难在设计上有更多的话语权。

"狂风"战斗机

M53 最初被称作"超级阿塔",法国希望以此作为国产两倍声速战斗机的发动机。利用与普惠公司合作研制 TF104/106 涡扇发动机时掌握的设计技术,斯奈克玛在阿塔 9C/9K 的基础上仅用了 3 年时间就造出了 M53 涡扇发动机。

1970 年,首批 20 台样机开始测试;10 月,M53 就达到了设计转速,最大推力达到了 5 190 kgf;1971 年 9 月,M53 加力推力达到了 8 500 kgf;1973 年 7 月,M53 发动机被装在一架"快帆"右侧的发动机短舱接受飞行测试;1974 年 12 月,M53 发动机又被装上"幻影"F1 - M53 进行高马赫数飞行试验——当时该机正在同 F - 16 角逐北约战斗机招标合同,首次飞行时就实现了超声速,马赫数达到了 1.2,在以后的试飞中马赫数甚至超过 2;1976 年 8 月,完成军方所规定的定型试验;1978 年 3 月,在"幻影"2000 上首飞,1978 年末在"超幻影"4000 上首飞。截至 2001 年底,世界各地服役的 M53 发动机共有 617 台,累计飞行时间超过 93 万飞行小时。

"幻影"2000 战斗机

20 世纪 50 年代,以普惠公司 J57 和 GE 公司 J79 为代表,分别利用双转子结构和可调静子叶片技术解决了增压比达 12 以上压气机的设计难题,使发动机性能得以大幅度提升。而斯奈克玛的发动机设计水平已经与美、英、苏拉开了一代的差距,M53 发动机被设计为世界主力战机上服役的唯一一款单转子涡扇发动机,这其实也是无奈之举。

由于 M53 发动机采用单转子结构,风扇叶尖速度限制了压气机的转速,因为也没有采用可调静子叶片技术,所以压气机增压比仅达到 9.8,这是同尺寸军用涡扇发动机中低得可怜的数据,因此 M53 涡扇发动机的推力和油耗只比涡喷发动机略好,M53 - P2 中间状态油耗率高达 0.9,而同类军用涡扇发动机通常为 0.68~0.76。M53 - P2 的进口直径与同时代普惠公司的 F100 和 GE 公司的 F110 发动机相似,但其中间状态推力仅为 6 500 kgf,加力状态推力为 9 700 kgf,不到 F100 和 F110 发动机的 80%。

M53 发动机的设计理念可以追溯到阿塔 9C/9K。M53 单转子设计只有三个支点,虽然性能差一些,但由于结构异常简单,比当年的 TF306 更加简单、可靠。由于采用了模块化设计,零部件通用性非常好。它没有可调静子叶片,活动零部件数量也较少,与同时代的双轴涡扇发动机相比,M53 皮实耐用,完全不需要悉心关照,特别适合技术水平低的国家。而且其可靠性较好,操控性也不错,在使用中性能没什么限制——这在作战中尤为重要。"幻影" 2000 能成为一款世界上著名战斗机并成功销售到多个国家,M53 发动机功不可没。

法国用了 30 多年时间发展了涡喷和涡扇两个系列的发动机,发动机推力从 1 t 量级提升到 9 t 量级,走完了单转子结构发动机的全过程。虽然总体设计水平没有显著提升,但是发展了不少先进技术,深刻体会到了单转子结构发动机的优缺点。此后各国再没有上马单转子发动机项目了。

参 考 文 献

[1] 张伟. 航空发动机[M]. 北京:航空工业出版社,2008.

[2] 方昌德. 航空发动机的发展历程[M]. 北京:航空工业出版社,2007.

[3] CONNORS J. The Engines of Pratt & Whitney:a Technical History:as Told by the Engineers Who Made the History[M]. Reston:AIAA,2009.

[4] 彼得. 美国飞机燃气涡轮发动机发展史[M]. 张健,等译. 北京:航空工业出版社,2016.

第二篇

航空发动机的发展

1 "笑傲江湖"的涡扇发动机的故事

    自从第二次世界大战出现涡轮喷气发动机(简称"涡喷发动机")之后,在 20 世纪五六十年代,涡喷发动机得到了充分的发展,其技术已经十分成熟。例如,发动机增压比从惠特尔研制之初的 3～4 发展到 14,相应的涡轮前燃气温度已经达到 1 000℃。如果按照提高增压比和涡轮前燃气温度这样的技术路线一直走下去,涡喷发动机可能还会走得更远。然而,仅仅几年的工夫,涡轮风扇发动机(简称"涡扇发动机")就横空出世。这期间又发生了什么故事呢? 为什么涡扇发动机后来成为现代航空发动机当仁不让的主角了呢? 本故事就来回答这些问题。

涡喷发动机

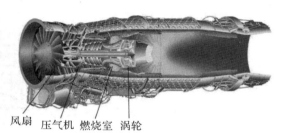

风扇　压气机　燃烧室　涡轮

涡扇发动机

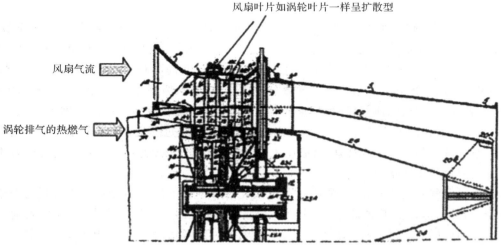

风扇气流

涡轮排气的热燃气

风扇叶片如涡轮叶片一样呈扩散型

推力增压器

惠特尔后置风扇发动机概念图

早在 1930 年,弗兰克·惠特尔在英国申请离心式涡轮喷气发动机专利的时候,就提到了一种利用涡轮喷气发动机的排气输出驱动风扇-涡轮组合件的方法。该方法将使发动机流过更大流量的空气,通过使它向后加速,从而产生更大的推力,并可以减少燃油消耗。他把这个增加的装置称为推力增强器(Thrust Augmenter),也被称为"后置风扇"(Aft Fan)。惠特尔于 1942 年将这个想法告知了美国 GE 公司,当然一起告知的还包括人们都知道的离心式涡轮喷气发动机的图纸。

在惠特尔看来,使用后置风扇是增加离心涡喷发动机推力最简单的方法,它通过最小的发动机改变,即可实现推力的增加。这是因为最终影响推力的主要因素有两个,一个是流过发动机的空气流量,另一个是流出发动机尾喷管的排气速度。只要提高流过发动机的空气流量,发动机推力就会提高,或者说通过涡轮膨胀所产生的功率抽取外界的空气并压缩这些空气,使其压力大于大气压力,就可以将其转换为额外的喷气推力。这个概念与燃气涡轮发动机驱动螺旋桨非常相似,螺旋桨(此时的风扇)就是通过加速流过其表面的空气速度使得飞机向前运动的。另外,使用后置风扇也可以降低燃油消耗率。

惠特尔的确具有超越后置风扇装置的创造性想象力,他还构思了现代涡轮风扇发动机的概念,其中包括多级涡轮驱动的风扇和核心压气机。

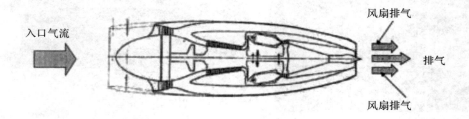

惠特尔的现代风扇发动机概念

为了描述涡扇发动机,人们专门创造了两个概念:一个是"旁路发动机"(Bypass Engine),用来描述从压气机后分一部分空气在燃烧室和涡轮周围流动(外涵气流),再从自己单独的喷口或与涡轮所排的燃气(内涵气流)一起从共同的喷口排出;另一个是"涡扇"(Turbofan),用来描述从风扇排出的气流分成两股,一股从旁路流过(外涵气流)发动机,另一股(内涵气流)则流入压气机、燃烧室和涡轮,最后再从喷管流出。在此基础上,形成了涵道比(Bypass Ratio)的概念。例如,涵道比为 0.6 意味着绕过燃烧室和涡轮的空气流量为流经它们空气流量的 60%;类似地,涵道比 1.4 意味着绕过燃烧室和涡轮的空气流量为流经它们空气流量的 1.4 倍(140%)。

与涡轮喷气发动机相比,在核心发动机参数相同的条件下,内涵道的工作情形与涡喷动机完全相同,但是由于增加了一个外涵道,整个发动机的空气流量增大,从而使发动机推力增大。与此同时,外涵道流动的空气由于有风扇对其做功,且其增压比比较低,空气的流速比较慢,温度也较低,因此,流出发动机的空气速度比较低;而内涵道排出的是高温、高压燃气,流出发动机的燃气速度就比较高。无论两者是否混合,都在发动机出口降低燃气的能量损失和气动噪声。因此，涡扇发动机的推力更大、经济性更好、排气噪声更小。

后来，人们通过大量的计算发现，当涡扇发动机的风扇空气流量与核心机的空气流量相等（涵道比为1∶1）时，发动机地面起飞推力将增大40％左右，而高空巡航状态的燃油消耗量将下降15％左右。这说明，增加涡扇发动机涵道比可以增加发动机推力，降低燃油消耗。

不难发现，涵道比越大，流经外涵道的空气流量越大，涡扇发动机的优势也就越明显。但也带来了另一个问题，即随着外涵道空气流量的增大，发动机迎风面积增大，发动机迎风阻力也增大。因此，大涵道比发动机适用于对经济性敏感的亚声速民航客机和运输机，小涵道比发动机适用于对推力特性敏感的超声速战斗机。

大涵道比风扇发动机

小涵道比风扇发动机

涡扇的概念简单，最早想通这个道理的是德国人。德国戴姆勒-奔驰公司于第二次世界大战期间（1943年4月）研制了世界上第一台风扇发动机DB670（或109-007），当时在实验台上达到840 kgf的推力。由于缺乏相关技术，再加上处于战争期间，该发动机的研发一直处于停滞状态。

第二次世界大战结束以后，世界政治格局发生了变化，这样一种有着比涡喷发动机更优越的新型发动机理所当然地得到了西方国家的重视。西方各国都投入了极大热情、人力、物力进行涡扇发动机研究，但走在最前面的还是英国，罗罗公司的康维涡轮风扇发动机是世界上第一台投入航线使用的发动机。

罗罗公司从1948年就开始研制康维涡扇发动机。1953年，康维进行了第一次地面试车。大约又经过了6年的时间，解决了研制过程中遇到的许多技术问题，到1959年3月，康维MK-508才最终定型。在康维发动机研制过程中，大量继承了埃汶发动机的成熟技术，采用了一些通过预研得到的成果，如气冷空心涡轮叶片和气膜冷却火焰筒，高压压气机使用了钛合金。发动机总共进行了3次大的改型和改进，共有十几个型别，其中康维2、康维3、康维5、康维8型均未投产。

真正投入使用的机会出现在1956年。当时英国的"胜利者"轰炸机需要更大推力的发动机，但安装空间有限，于是罗罗公司设计了康维11型军用发动机，其涵道比为0.3，于1961年服役，起飞推力达到7 830 kgf。康维10型发动机是康维11的民用型，推力降低了400 kgf，油耗也有所降低，但可靠性有所提高。在康维10型基础上，罗罗公司又推出了改进型康维 12 型、康维 42 型、康维 43 型。

总的来看,康维发动机的总增压比在 15 左右、涵道比在 0.3~0.6、空气流量在 166~170 kg/s,发动机总质量在 2 000 kg 左右。康维系列发动机主要作为"胜利者"轰炸机、麦道 DC-8、波音 B-707 和 VC-10 等飞机的动力装置。作为第一款投入使用的涡扇发动机,这样的成绩是一个不错的开始。

康维涡扇发动机

康维取得这样的成绩,美国人自然也看在眼里。普惠公司从 1955 年开始,一直在持续跟踪涡扇发动机的研制信息,到了 1956 年中期,便与英国方面接洽,索取相关资料。然而,即使双方是铁杆盟友,英国人对美国人也是戒心满满。但这并没有难倒美国人,仅凭英国人的只言片语,美国人就知道了应该怎么做、做些什么。美国人虽说在涡扇发动机研发上比英国人晚了一些,但是其技术起点非常高,并没有走英国人从头研制的老路。

英国皇家空军 VC-10 飞机

普惠公司利用自己在涡喷发动机研发过程中所积累的丰富技术经验,采用非常成熟的 J57 发动机作为新涡扇发动机的内涵核心发动机,新涡扇发动机的风扇则采用已被撤销型号的 J-91 核动力喷气发动机的长叶片。

　　J57 是普惠公司从 1947 年就开始设计的一种涡喷发动机,1949 年完成设计,1953 年正式投产,它是世界上第一台采用双转子结构的喷气发动机。J57 在投产阶段共生产了 21 226 台,也是世界上产量最多的三种涡喷发动机之一,先后装备了 F-100、F-101、F-102、B-52 等多个飞机机种。

　　1960 年 7 月,普惠公司的 JT-3D 涡扇发动机诞生了,其最终定型时间只比罗罗的康维晚了一年多,但在性能上却比康维高出一大截。JT-3D 也采用了双转子前风扇的设计,地面台架最大推力 8 165 kgf,高空巡航推力 2 038 kgf,最大推力燃油消耗率 0.535 kg/(h·kgf),推重比 4.22,涵道比 1.37,压气机总增压比 13.55,风扇总增压比 1.74(以上数据为 JT-3D-3B 型发动机的数据),发动机的噪声水平约降低了 10 dB。JT-3D 发动机应用很广,包括波音 B-707、DC-8 等飞机,装在 B-707 飞机上的起飞滑跑距离缩短 29.4%,最大航程增加 27.6%,爬升率提高 110%,最大巡航速度增加 8.2%。在军用方面,JT-3D 也大显身手,B-52H、C-141A、E-3A 用的都是 JT-3D 发动机的军用型 TF-33(装在 KC-135 飞机上)。

J57 发动机

JT-3D 涡扇发动机

TF-33 涡扇发动机

KC-135 飞机

　　在此期间还有一段趣闻。在 JT-3D 发动机刚刚研制成功之际,泛美航空公司找到普惠公司,询问该公司是否有兴趣帮助泛美航空公司对其 DC-8 机队的发动机进行升级。然而,普惠公司此前已经向美国航空公司表态,为他们在波音公司订购的 B-707 提供 JT-3D 发动机。如果此时普惠公司没有能用的涡扇发动机,美国航空公司将不得不订购 GE 公司的涡扇发动机。同时为两家公司提供发动机,这对普惠公司来说的确是比较大的挑战。最终,普惠公司圆满地解决了这个问题,具体方法就是将新研制的 JT‑3D 涡扇发动机提供给波音公司的 B‑707 飞机,而利用公司现存的 JT‑3 发动机对泛美航空公司的 DC‑8 飞机装机的发动机进行升级,然后将升级拆下来的 JT‑3C 发动机改造为陆基燃气轮机,再出售给能源公司。这样一来,普惠公司不但在工业应用领域赚到了钱,而且还将其他竞争对手拒之门外。

从 J57 涡喷发动机到研制出 JT‑3D 涡扇发动机,普惠公司仅用了大约 4 年的时间。相比之下,英国历时约 10 年,普惠公司研发发动机的能力由此可见一斑。然而,就在 JT‑3D 发动机研制成功之后,美国国内上演了一场所谓的"旁路狂热"(Bypass Mania)的军用大推力涡扇发动机研制大战,这是另一个故事所讲的内容。

1957 年,美国 GE 公司的第一代涡扇发动机 CJ805‑23 定型。CJ805‑23 的地面台架最大推力为 7 169 kgf,推重比为 4.15,涵道比为 1.5,压气机增压比为 13,风扇增压比为 1.6,最大推力耗油 0.558 kg/(h·kgf)。与普惠公司一样,GE 公司也是在自己原有的涡喷发动机基础之上研发自己的涡扇发动机,被用作新涡扇发动机的核心发动机是 J79。J79 发动机于 1952 年开始设计,于 1956 年投产,共生产了 16 500 多台,它与 J57 一样也是有史以来产量最高的三种涡喷发动机之一,但与 J57 的双转子结构不同的是,J79 是单转子结构,并且 J79 发动机首次采用压气机可调静子叶片和可调尾喷管,它也是首次可用于两倍声速飞行的喷气发动机。

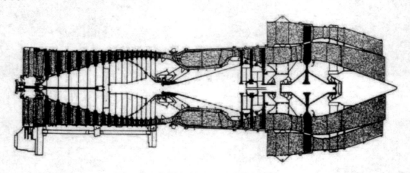

CJ805‑23 涡扇发动机

GE 公司的 CJ805‑23 涡扇发动机虽然也是一台涡扇发动机,但比较另类,因为它是唯一一台采用后风扇设计的涡扇发动机。20 世纪五六十年代,人们在设计第一代涡扇发动机的时候遇到了较大的困难。首先是大直径的风扇与相对小直径低压压气机的匹配问题,风扇叶片叶尖部分的线速度超过了声速,这个问题不好解决,原因是当时尚无经验可供借鉴,只能一次又一次地通过试验来发现和解决问题;其次是在压气机之前多了几级风扇,使得压气机的工作受到风扇的影响,这时发动机的稳定裕度不好确定;最后是较长的风扇叶片由低压涡轮直接带动,风扇叶片在高转速时出现振动大的问题。

GE 公司的后风扇设计完全避开了这三个最主要的困难。CJ805‑23 的后风扇实际上就像是将一个叶片分为上、下两段,叶片的下半段是涡轮叶片,而上半段是风扇叶片。这样的一个叶片就像涡轴发动机的自由涡轮一样被放在核心发动机的后部,叶片与核心发动机的转子没有任何机械联系,这样人们就可以随心所欲地设计风扇转速,同时后置的叶片也不会对压气机产生不良影响。

但在回避问题的同时也引发了新的问题。首先是风扇叶片的受热不均问题,CJ805-23的后风扇叶片的下半段工作时的最高温度达到了560℃,而上半段的风扇部分最低温度只有38℃;其次,后置风扇叶片难以加工,机械性能和使用性能难以保证,这给它的后续使用带来安全隐患;最后,后置风扇设计发动机的飞行阻力大于前置风扇。

尽管普惠公司和GE公司都推出了各自的涡扇发动机,但CJ805-23只是一台验证型发动机。从技术上来讲,普惠公司使用成熟J52发动机的JT-3D更受青睐。

当康维、JT-3D、CJ805-23这些涡扇发动机定型并陆续开始服役的时候,人们也在不断地反思涡扇发动机的研制过程。如果一台涡扇发动机像康维那样从零开始试制,则最少需要10年左右的时间才能定型投产,而如果像JT-3D或CJ805-23那样利用现有的一台技术成熟的涡喷发动机作为内涵发动机来研制涡扇发动机,则无论在时间还是资金、人力、物力上都会很有优势。美国政府从1950年起开始执行"先进涡轮燃气发生器计划",其目的就是研制一台技术成熟的核心发动机,再在这个核心发动机的基础上进行改进,配装螺旋桨、减速器、风扇、压气机、尾喷管等,就可以组装成不同类型的航空涡轮发动机,如涡扇、涡喷、涡轴、涡桨等。"先进涡轮燃气发生器计划"实际上是一个有相当前瞻意味的预研工程。

现在来看,这个计划的方向无疑是正确的,因为只有解决了制约发动机发展的瓶颈问题,先进航空发动机才有可能成为现实。在这个计划之下,普惠公司与GE公司都很快地推出了各自研发的燃气核心机。普惠公司的核心发动机被称作STF-200,GE公司的核心发动机为GE-1,如今普惠公司和GE公司各自推出的航空发动机根源都是来自于STF-200与GE-1这两个"老祖宗",GE-1被称为GE公司历史上最了不起但从未装机使用的发动机。

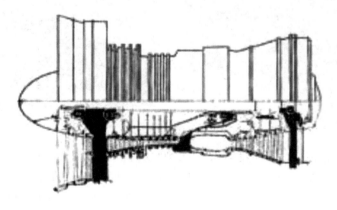

STF-200涡扇发动机

GE公司在GE-1的基础上,于1965年推出了划时代的TF-39高涵道比涡扇发动机,其涵道比为8,油耗比同时代涡扇发动机低25%,被用在银河号运输机上。1968年,以

TF-39 为基础推出的 CF-6 涡扇发动机更是红遍天下,用于驱动道格拉斯 DC-10,以后还用于 A300、A310、A330、波音 747、波音 767、麦道 MD-11 等,使得 GE 公司成功地打入主流民航发动机市场,从此与普惠公司和罗罗公司三足鼎立。GE 公司还从 CF-6 发展出 LM2500 系列燃气轮机,这是世界上最成功、应用最为广泛的舰用燃气轮机。GE-1 另外一个成就就是催生了 F101 和 F404 发动机。F101 是 GE 公司的第一台加力涡扇发动机,后来发展成为 F110 发动机,硬是抢占了普惠公司 F-16 飞机发动机市场和 F-15 飞机发动机市场的半壁江山;而由 F404 催生出的 F414 为中等推力涡扇发动机,成为美海军 F-18E/F 和 EA-18G 的动力。正因为 F101 发动机如此优秀,在 1974 年,F101 的核心发动机与法国斯奈克马公司的风扇结合,推出历史上最成功的民用涡扇发动机 CFM56。截至目前,CFM56 和其后来的 LEAP 发动机已经生产超过了 33 500 台。

TF-39 涡扇发动机

CF-6 涡扇发动机

F101 涡扇发动机

CFM56-5B 涡扇发动机

当然,GE 公司也没有放弃小推力涡扇发动机这块市场。20 世纪 80 年代其推出的 CF-34 发动机助推庞巴迪 CRJ 系列支线客机,彻底使风靡一时的涡桨发动机边缘化。CF-34 也是我国 ARJ-21 的动力。进入 20 世纪 90 年代后,为适应双发宽体客机波音 777 的需要,GE90 大涵道比发动机隆重亮相,这是 GE 公司 25 年来第一台全新设计且没有军用发动机渊源的大推力涡扇发动机,创造了众多推力、油耗和可靠性记录,发动机采用质量轻、刚度高、耐冲击、耐疲劳复合材料和大弯度设计的超大直径宽弦风扇叶片,直径高达 3.1 m。目前,该公司的 GE9X 和 GEnx 是 GE90 的深度改进型,前者用于波音 777X,后者用于波音 787。

至此,GE公司成为三家航空发动机公司中唯一的一家"全频谱"涡扇发动机供应商,实现了推力从小到大(CF-34、LEAP、GEnx)的全范围覆盖,并且在三涵道、变循环发动机(YF120)研究方面居世界领先地位。

CF34-涡扇发动机

GE90 涡扇发动机

在 GE 公司研制的涡扇发动机高歌猛进的同时,普惠公司也在涡扇发动机上奋力耕耘。JT-3D 涡扇发动机的成功使得普惠公司受到极大的鼓舞,于是他们利用 J52 涡喷发动机成熟的技术发展更高性能的发动机,这便是 JT-8D 涡扇发动机。由于该发动机为衍生发展,普惠公司的设计团队节省了大量的研发时间。J52 发动机是普惠公司为美海军研制的一种中等推力不带加力的双转子发动机,截至 1972 年,该系列发动机研制试验时间超过 41 000 h,生产型累计飞行超过 250 万飞行小时,寿命已经达到 1 500 h。JT-8D 有 2 级风扇、4 级低压压气机和 7 级高压压气机,由 3 级涡轮驱动,空气流量为 315～331 lb/s,总压比约为 18,主要用于麦道 DC-9 及其改型、波音 727、波音 737 和 MD-82 等飞机。JT-8D 发动机从设计开始,因为易于维护,被称为"航空公司人的发动机"(the Airline Man's Engine)。另外,该发动机的空中停车率为 0.02,这意味着飞行中发动机空中停车的概率大约为 17 年一次! 考虑到发动机中运动部件的数量,这是一个非常了不起的数字。

JT-8D 涡扇发动机

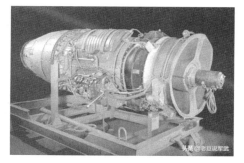

J52 涡喷发动机

相比于第一代涡扇发动机(JT-3D 和 TF-30),STF-200 发动机在设计上有相当大的不同。其涵道比更大,机械结构更简单(仅有三个轴承支承结构,每个转子只有两个轴承支承)。此外,JT-3D 发动机的机械总级数为 19 级(总压比为 12∶1),而 STF-200 的机械总

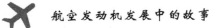

级数为17级（总压比为20∶1）。其另一个特点是风扇叶片广泛使用大展弦比叶型，这有助于减小发动机的尺寸。

以STF-200为基础研制的JT-9D被称为第二代商用发动机。其涵道比为5，它的两个转子只有四个轴承——每个转子有一个推力轴承和一个滚棒轴承。JT-9D不同于早期的JT-3D和JT-8D涡扇发动机的是，JT-9D是一种没有以前军用经验的新发动机，相比之下，JT-3D使用的高压转子源于J57和JT-8D的高压转子，具有海军J52涡轮喷气发动机的经验。另外，该发动机具有良好的维护性设计，如淘汰了风扇进口的可调静子叶片，同时就消除了进口导叶防冰、除冰的问题；发动机旋转件单元体结构均经过预先平衡，这样发动机拆装时就不需要重新平衡；更具特点的是发动机开始采用维修性设计，在一些核心结构位置开有孔探检查孔，使发动机的在翼机上检查更加方便。除了改善性能和安装质量，普惠公司还与航空公司和飞机制造商合作，使发动机各部分都具有很好的可达性。

在JT-9D发动机的基础上，普惠公司陆续研制成功PW2000系列、PW4000系列、PW6000系列发动机。其中，PW2000系列中的PW2027是世界上第一台采用全权限数字控制器（FADEC）的商用发动机，它采用控制的扩散叶型，高压涡轮叶片采用单晶结构，这意味着涡轮可承受更高的温度，可以输出更大的功率。1982年12月推出的PW4000系列发动机已经共享技术、硬件和工具，可靠性、维修性空前提高，发动机空中停车率统计值为0.013/1 000 h。换句话说，空中停车这样的事情每77 000 h才会发生一次，一架商用飞机按每年累计飞行大约3 000～4 000 h计算，大约20年才能遇到一次空中停车！

JT-9D 涡扇发动机

PW2000 系列涡扇发动机

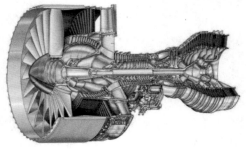

PW4000 系列涡扇发动机

PW6000系列是由普惠公司、德国摩天宇航空发动机公司(MTU)和日本三菱重工公司(MHI)联合投资的项目,该系列发动机最显著的特点是配置设计,以减少维护和获取成本。经验表明,大约60％的维护成本与高温部件(高压压气机、燃烧室、高压涡轮和低压涡轮)密切相关,因此该系列发动机的叶轮机械级数量在相同总压比条件下显著地减少了。其另一个特点是风扇叶片上没有凸肩(Part-span Shrouds),从而提高了风扇的效率。

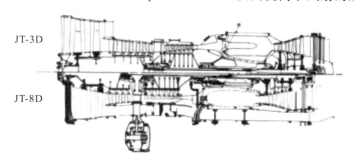

JT-3D与JT-8D涡扇发动机结构的比较

利用JT-9D的技术,1983年3月,由美国普惠公司、英国罗罗公司、日本航空发动机公司和德国摩天宇航空发动机公司在瑞士发起成立了国际航空发动机公司(International Air Engine,IAE),共同推出了V2500发动机,其中,由普惠公司负责燃烧室和高压涡轮,罗罗公司负责高压压气机,日本航空发动机公司负责风扇和低压压气机,MTU负责低压涡轮。截至2020年底,V2500发动机累计产量达7 600多台。

V2500涡扇发动机

在小涵道比发动机方面,普惠公司利用其在商用发动机方面的成功技术引领风骚,在JTF-200发动机基础上研制成功F100发动机。经过数年与GE公司的发动机大战,1986年,普惠公司获得美空军YF119-PW-100发动机原型发动机合同,F119成为美国F-22飞机的动力装置。该发动机采用对转转子、单级低压涡轮驱动的三级风扇,高压转子由六级压气机和单级涡轮组成,总压比达到 32,实现了不加力超声速巡航。后来,又在 F119 发动机的基础上,研制成功 F135 发动机,其成为美国 F-35 飞机的动力装置。F135 使用了 F119 的核心机,配合高效的 6 级高压压气机、1 级高压涡轮和高效的风扇,采用全权数字式发动机控制系统(FADEC)。为了提高发动机的可靠性和可保障性,F135 大量采用外场可替换部件(LRC),其零部件数量比 F119 减少了大约 40%。F-35 飞机装机的 F135-PW-600 型发动机加上升力风扇和向下弯折的三维旋转喷管,成为一代大推力军用涡扇发动机的经典。

F100 涡扇发动机

F119 涡扇发动机

F135-PW-600 涡扇发动机

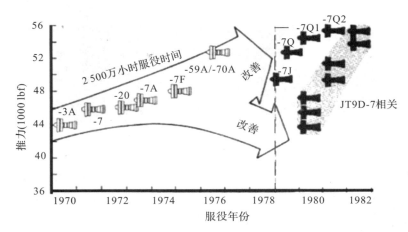

JT-9D 系列涡扇发动机时间线

普惠公司利用其成熟的技术和经验,结合强大的创新能力,使其研制的涡扇发动机在商用和军用领域占据了无可比拟的霸主地位。

　　现在来看 GE 公司和普惠公司在涡扇发动机领域所取得的成就,一是美国政府主导的各种发展计划,包括 1987 年推出的"综合高性能涡轮发动机技术发展计划"(IHPTET),2000 年开始实施的"超高效发动机技术计划"(UEET)、"宇航推进与动力计划"(AP&P)和"通用经济可承受先进涡轮发动机计划"(VAATE),这些计划对美国航空发动机产业发展起到了重要的推动作用;二是动员全国的力量,包括空军、国家航空航天局、国防部高新科技预研局、陆军和海军、GE 公司和普惠公司,以及霍普金斯、加州理工学院、麻省理工学院等著名高校共同参与,并开放其他国家在美国的专利部署和申请,以获取最新的技术信息;三是大力推动型号系列化和技术创新,在成熟的核心发动机上不断深入地进行改进、改型。

　　说到这里,我们再看看美国推动"涡扇发动机狂热"时航空发动机三巨头之一的英国罗罗公司在干些什么。其实,罗罗公司也没有在康维发动机研制成功之后停滞不前,而是不断挖掘康维的潜力,并将其应用到后来研制的飞马发动机和斯贝发动机上。

飞马涡扇发动机

装飞马涡扇发动机的 Do31 运输机

　　飞马发动机的研制始于 1957 年,1960 年定型试飞,其突出特点是采用了排气喷管可旋转的推力转向方案,可使飞机实现垂直起降/短距起落、悬停等,还采用了两个转子反向旋转的双转子结构,消除了陀螺力矩,改善了悬停和过渡飞行时的稳定性。最先研制的斯贝 RB163 发动机单台推力不到 50 kN,但油耗很低,并率先在英国飞机公司的 BAC1-11 双发支线客机上投入运营,以后也用在"三叉戟"和荷兰 F28 支线客机上;其军用型——斯贝 MK101 用在英国布莱克本"海盗"舰载机和 A-7"海盗"Ⅱ舰载机上,增大推力的 MK202 用于英国海空军的 F-4K/M"鬼怪"战斗机上,使得飞机的推力更大、航程更远。最令人称道的是该发动机的安全记录,截至 20 世纪 90 年代末,斯贝发动机累计飞行小时超过 5 000 万,大修时间间隔达到 10 000 h,极大地降低了维护成本。在斯贝发动机的基础上,1972 年罗罗公司与法国透博梅卡公司联合研制成功阿杜尔涡扇发动机,用于"美洲虎"攻击机上。该发动机采用宽叶弦的钛合金风扇叶片和单元体设计,强调了低空性能和高空超声速性能,具有巡航经济性好的特点。

同样在 1972 年,英国研制成功 RB211 大涵道比涡扇发动机,该发动机为三转子结构,主要用于波音 747、波音 757 和洛克希德 L-1011 等飞机上,这也是世界上最早投入使用的三转子涡扇发动机。三转子结构有利于满足飞机机动对发动机快速响应的要求,也有利于降低耗油率,还使发动机具有较大的喘振裕度和进气道气流畸变容限。

斯贝 512 涡扇发动机

RB211 涡扇发动机

1985 年,罗罗公司联合德国发动机涡轮联合公司、意大利菲亚特公司和西班牙涡轮发动机工业公司研制了 EJ200 发动机。1991 年 10 月,原型机首次运转,2002 年开始服役。该发动机特别强调高的可靠性、耐久性和维修性以及低的寿命期费用,采用损伤容限和高效宽弦叶片、三维有黏性设计,整体叶盘风扇和压气机、单晶涡轮叶片、粉末冶金涡轮盘、刷式密封和全权限电子控制系统,主要用于欧洲 EF2000 战机、改装后的"狂风"战斗机等。1994 年,罗罗公司联合德国、意大利等合作研制成功高推重比三转子加力涡轮风扇发动机 RB199。在 RB211 基础上,1995 年研制成功遄达 700 高涵道比涡扇发动机,并陆续推出遄达 800。这是罗罗公司推力最大、性能最好的发动机,它采用单元体结构,无进口导流叶片,采用复合材料整流锥、超塑成形无凸台空心钛合金叶片、气动雾化喷嘴、定向凝固高压涡轮叶片、三维复合流动倾斜设计导向叶片。目前,罗罗公司正在耗巨资研发超扇发动机,计划 2025 年投入使用。该发动机采用碳纤维/钛合金风扇叶片和复合材料机罩、无反推设计,其在遄达 700 型发动机的基础上燃油消耗降低 25%,进一步呈现节油、减排、降噪的航空理念。

EJ200 涡扇发动机

RB199 涡扇发动机

遄达 900 涡扇发动机

遄达 XWB 涡扇发动机

至此,罗罗公司的涡扇发动机不仅在军用领域,也在商用领域占据了一席之地,这不仅得益于整个国家从工业革命以来所形成的强大工业基础和罗罗公司雄厚的技术研发能力,更在于罗罗公司连续不断地推动技术创新。这些都给其研制的发动机注入了鲜明的时代特色。另外,由于航空发动机具有技术复杂、研发周期长、研发费用高、风险大的特点,罗罗公司在研发发动机过程中多次与其他国家的公司合作开展研究,共同分担研发经费和风险,这无疑是降低研发风险的上策。

纵观当今世界三个航空发动机研发巨头(其中两个还在同一个国家),发现它们对于涡扇发动机采用截然不同的研发思路。美国是采用政府主导、机构参与、企业推动的举措,以聚焦未来发展的航空发动机研制计划为抓手,使发动机在竞争中发展、在发展中竞争、在竞争中创新,从而占据了发动机发展的制高点;反观英国罗罗公司,基本上是采用企业推动、机构参与、协作共赢的举措,以聚焦未来技术和应用为抓手,在发展中创新、在创新中合作、在合作中共赢,从而发展优秀的发动机。也许这种百花齐放的研发思路,才是涡喷发动机很快被淘汰、涡扇发动机笑在后面的原因吧。

参 考 文 献

[1] 张伟.航空发动机[M].北京:航空工业出版社,2008.
[2] 方昌德.航空发动机的发展历程[M].北京:航空工业出版社,2007.
[3] 彼得.美国飞机燃气涡轮发动机发展史[M].张健,等译.北京:航空工业出版社,2016.
[4] CONNORS J. The Engines of Pratt & Whitney:a Technical History:as Told by the Engineers Who Made the History[M]. Reston:AIAA,2009.
[5] 陈光.从普惠 JT3C 到 GETF - 39:高涵道比涡扇发动机发展历程[EB/OL]. (2021 - 02 - 04)[2022 - 05 - 21]. https://www. sohu. com/a/157614367_332162.
[6] 淡秋.漫谈涡扇发动机涵道比[EB/OL]. (2021 - 06 - 20)[2022 - 05 - 21]. https:// www. iqixiu. cn/forum. php? mod=viewthread&tid=89582.
[7] 昵称 865028. 涡扇! 涡扇! [EB/OL]. (2012 - 08 - 06)[2022 - 05 - 21]. http:// www. 360doc. com/content/12/0806/00/865028_228561055. shtml.
[8] 陈晨.谈谈民航飞机庞大的发动机[EB/OL]. (2015 - 04 - 21)[2022 - 05 - 21]. https://m. zol. com. cn/article/5124265. html.
[9] 时雨. RM - 8 的诞生　瑞典的美系血统发动机简谈[J]. 海陆空天惯性世界,2010,10 (2):57 - 63.

2 为了航空发动机"无所不用其极"的故事

    航空发动机是飞机的动力装置,由于其结构复杂、设计研制涉及工业门类多,因此,通常显示了一个国家的综合国力。如果没有强大的航空发动机研发能力,就不可能有强大的、具有威慑力的航空,也难以在国际政治博弈中赢得话语权。因此,航空,特别是航空发动机一直以来是军事强国率先发展、极力避免相关技术流失或泄露的重点,并且是在对外政治、经济和军事活动中争取可能的机会获取他国人才、技术和能力的重点。

    纵观各航空大国的航空发动机发展,发现研发航空发动机必须要处理好以下几个方面的关系:一是测仿与研制的关系,二是继承与创新的关系,三是创新与预研的关系,四是预研与验证的关系。另外,由于航空发动机本身就是一个风险很高的技术行业,很可能在研发还没有开始的时候,就需要大量的投资开展基础设施建设和培养造就专业队伍,还有可能在已经投入大量的资金和条件进行建设的情况下,结果却事与愿违。即使是各航空发动机研发强国,过去、现在和未来都在采取正当/不正当的手段,获取其他国家航空尤其是发动机或相关行业人才、技术和能力。为了发展自己的航空发动机,各国"无所不用其极"。

    下面的故事均根据媒体公开报道或网络公开的素材整理而成。

美国的故事

故事1 招募特殊专业人才

    第二次世界大战还没有结束时,美国开始了一个名为"回形针"(Paperclip)的计划。该计划在美国战略情报局(Office of Strategic Services,即后来的中央情报局)统一领导下制定,并专门设立了一个名为联合情报调查局(Joint Intelligence Objectives Agency,JIOA)的机构统一协调整个计划。

    该计划的核心是在"轴心国"(第二次世界大战期间由纳粹德国、意大利、日本,以及其占领国法国、丹麦、挪威、比利时等国组成)招募各科技领域重要的学者、工程师和其他专家,并强制将这些人及其家人疏散到美国境内工作。

    虽然美国总统哈里·S.杜鲁门(Harry S. Truman)的正式命令规定招募计划于1945年8月开始,但是美国实际发出的"招募令"早在1945年初就已经在德国、意大利等国开始执行了。

    "招募令"向德国、意大利等国的工程技术专家发布了从德国图林根州和萨克森州到美国的"疏散"途径和方式。相关具体内容细节如下:"根据盟军军事指挥部的命令,请尊下连同家人带上随身行李于13:00(1945年6月22日)前抵达比勒菲尔德(位于德国莱茵-威斯特法伦州)城市广场。此行请务必不要携带多余的衣物、物品,只需随身携带重要的物品,如尊下的身份证明文件、珠宝和现金等。请务必告知来人(指送'招募令'的人)尊下的出行方式和时间,以及同行家人人数。"

杜鲁门签署的文件中专门声明禁止招募原德国党卫军成员,但美国情报部门的领导和军方领导却不这样想,即使把这些人留给英国(美国的忠实盟友)也是不可忍受的,更不用说留给苏联。他们使用特殊方法绕开总统的命令,致使大量这样的人进入了美国。

其实,在第二次世界大战还没有结束的时候,美国国家宇航局就向时任总统富兰克林·德拉诺·罗斯福(Frankin Delano Roosevelt)提交了一份名为"科学——无止境的边疆"("Science:the Endless Frontier")的报告。这份报告里详细分析了美国和德国在科技方面的差距,其中德国的诺贝尔奖获得者人数竟然是美国人数的3倍,如果美国要在未来科技发展中取得领先地位,最可行的办法就是利用这些国家处于战争状态的时机去笼络人才。

"抢"人才的另一个重要原因是1939年美国总统罗斯福接受了已经在美国定居的阿尔伯特·爱因斯坦、尼尔斯·亨利克·戴维·玻尔等著名科学家的建议,开始了原子弹的研发工作。但是,当时德国的科学实力和研究能力并不比美国逊色,完全有可能在美国之前抢先造出原子弹,这样美国的战略计划可能就会破产。一个有效的办法就是把德国的科学家"抢"到美国来,即使这些人不能为美国所用,但也不能为纳粹德国所用。

阿尔伯特·爱因斯坦(1879—1955)

尼尔斯·亨利克·戴维·玻尔(1885—1962)

负责这个任务的是一个名为阿尔索斯的专门谍报组织,这个组织的队长是鲍里斯·帕西(Boris Pasi)上校,其成员全部来自美国陆军和海军情报系统。当时他们的行动极为保密,只有陆军部长亨利·刘易斯·史汀生、参谋总长乔治·卡特莱特·马歇尔知道他们的存在。阿尔索斯的主要任务包括三项:一是抓捕纳粹德国核物理学家;二是夺取德国人手中的金属铀和铀矿石;三是破坏德国可能用于制造原子弹的一切工业设施。

阿尔索斯谍报组织的首要问题是要摸清楚德国有哪些著名的科学家。但当时刚开始的时候,他们最关心的是核物理学方面的科学家。他们首先咨询了来自德国的爱因斯坦和来自波兰的恩利克·费米等科学家知道的、可能的德国科学家名字,然后又立即赶到英国伦敦,翻阅了大量的学术期刊,制作了一份可能参与德国制造原子弹计划的50多名科学家名单。

1944 年 6 月，美第 5 集团军攻陷意大利罗马时，阿尔索斯谍报队随之赶到那里，开始询问意大利科学家。他们从这些意大利科学家口中得知，战争已使意大利的科学研究与发展工作基本上停顿，一些科学家被安排到部队里服役。接着，谍报队详细检查了这些科学家与德国科学家之间大量的私人信件。这些信息均显示，德国不可能在短时间研制出核弹。

著名科学家伊蕾娜·约里奥·居里

1944 年 8 月 18 日，另一批阿尔索斯队员进入法国，此行的目的是找到法国著名核物理学家伊蕾娜·约里奥·居里（Irène Joliot-Curie）。25 日，他们找到了居里的实验室，并找到了居里本人。居里从来人的言谈举止中已经知道了他们的来意，并用自己珍藏的香槟酒招待了这些美国人。其间，居里说曾有不少德国科学家到巴黎访问过她，并使用她实验室中欧洲唯一的回旋加速器做过试验。德国人曾向他保证，他们不会用这台加速器从事军事方面的研究。居里说她自己也曾在夜里专门查看过德国人的试验工作，她个人确信，德国离成功制造一颗原子弹为期尚远。但居里说到的这个信息反倒引起了这些美国队员极大的顾虑，德国科学家如此频繁地使用居里实验室的加速器，肯定是在实施某一项研究计划，因为在本国战事如此紧张的情况下，如果所从事工作与军事计划不相关，德国政府怎么可能容许他们的科学家经常出国呢。

正因如此，阿尔索斯谍报队需要尽快地找到这些德国科学家，以及他们从事研究的设施设备所在地点。

尽管每个队员手中都有一份标明了这些德国科学家详细住址和工作地点的名单，但由于盟军（即同盟国军队）连续不断的轰炸，许多德国科学家已经不知所踪。因此，尽快查清纳粹德国把这些科学家藏在哪儿，以及他们正在干什么，成为阿尔索斯谍报组织所面临的最大问题。不久，他们接到一份从英国情报局转来的、来自瑞士的一位科学家报告的情报，称纳粹德国已将一些著名的科学家隐匿在黑辛根镇一带，正在从事一项秘密项目的研究，其中就包括最著名的核物理学家沃纳·卡尔·海森堡(Werner Karl Heisenberg)博士。

核物理学家沃纳·卡尔·海森堡

这个黑辛根镇就是德国原子能研究机构的所在地。根据雅尔塔会议时苏、美、英三国首脑达成的协议,德国将被分为三个占领区,后来又决定成立法国占领区,而黑辛根正处于法国占领区,而且法国军队也正在紧急赶往这个地区。于是,阿尔索斯谍报队马上制定了一个"背叛"法国盟友的行动计划,即抢先抵达黑辛根,在找到名单上人的同时,将这里所有试验设备和资料全部销毁。

1945年3月,美军攻入德国本土后,阿尔索斯谍报队随一部分美军随即紧急进入黑辛根镇的海德堡附近,占领了当地的一些实验室,并俘获了纳粹德国原子能研究方面的主要科学家奥拓·哈恩(Otto Hahn)。哈恩等人很快被送到海德堡。然而,海森堡还没有找到,这是阿尔索斯谍报队最担心的事,因为他们害怕苏联人抢在他们之前把这些科学家弄到手。当阿尔索斯队员来到黑辛根时,得知海森堡在两周前已经离开了,回到位于乌尔菲尔德镇的家里。5月2日,阿尔索斯队员秘密进入乌尔费尔德镇,天快要黑的时候,一名队员发现了海森堡的住宅。他们冲进去一看,海森堡正在屋里。为了保险起见,阿尔索斯队员命令海森堡留在家中,以免发生意外。第二天,谍报队连同一个营的美军赶到海森堡的住宅带走了这位科学家。至此,阿尔索斯谍报队成功地将二十几位德国核物理学家——"捕获"。

但被"捕获"后的海森堡并没有随美国人到美国工作,而是被关押在英国。经过一系列严格、审慎的调查之后,他被释放又回到了德国。1946年,海森堡与同事一起重建哥廷根大学物理研究所,并担任所长,主要从事物理学和天文物理学方面的研究。1957年的时候,他还和其他德国科学家联合反对西德军队使用核武器。

然而,阿尔索斯的使命并没有结束,第二次世界大战结束时,他们获取了一份纳粹德国政府之前制作的一份当时德国国内各行业顶级技术专家的名单,这个名单中的许多人正是杜鲁门总统发出"招募令"中的那份名单中的人。

截至1947年初,根据保守估计,美国在"轴心国"成功"招募"到1 800名学者和技术专家,加上他们的家人共约 3 700 人来到美国,其中包括佩内明德科学实验中心主任、炮兵中将瓦尔特·多恩伯格和其忠实助手克拉夫特·艾力克,卡尔·弗里德里希,尼尔斯·波尔,埃利希·舒曼,库尔特·迪伯,瓦尔特·博特,埃博拉汉姆·艾索,沃福刚·君特,埃利希·贝克等。

阿尔索斯则在德国投降后继续工作了一段时间,其主要任务是尽可能地销毁可能落入苏联手中的设备和资料。1945 年 10 月,阿尔索斯完成其历史使命,正式解散。

另外,相关资料显示,美国在 1990 年 10 月的东、西德统一和 1991 年 12 月的苏联解体之际,从这些国家挖走了大批的专业技术人才。仅苏联解体后的 3 年时间里,美国至少从苏联挖走了 2.95 万名专家。

故事 2　劫取苏联发动机技术

在 1957 年 10 月 4 日苏联发射了第一颗人造卫星之后,美国迅速于 1958 年成立了国防部高级研究计划局(Defense Advanced Research Projects Agency,DARPA)。其基本任务是专注于"科技引领未来",开拓新的国防科技领域,为解决中、远期国家安全问题提供高技术储备,研究分析具有潜在军事价值、风险大的新技术和高技术在军事上应用的可能性,并对国防部长批准的跨军种重大项目进行技术管理和指导。

苏联解体以后,美国以最快的速度劫取了苏联的许多技术成果,广为人知的是窃取 NK-33 火箭发动机以及雅克-141 战斗机技术。

NK-33 火箭发动机

RD-180 火箭发动机

NK-33 火箭发动机是苏联为登月计划开发的发动机。1969 年 7 月美国在与苏联的太空竞赛中胜利之后,苏联方面声称从未与美国进行过此类竞赛,下令摧毁国内所有相关的登月计划设施和设备,其中就包括 NK-33 火箭发动机。由于不愿意看到自己辛勤劳动的成果就这样被断送,并且还寄希望于未来重新开启该项目,参与该项目的一些科学家便将 NK-33 发动机私藏在一个不起眼的仓库中。这些 NK-33 发动机随后就被美国一家公司得到了。

但是,美国对 NK-33 发动机的"逆向工程"进展并不顺利,他们测仿了该发动机所有的零部件,所仿制出来的发动机性能仍然与 NK-33 发动机相差甚远。1997 年,美国利用苏联解体、俄罗斯发动机制造企业发展步履维艰的契机,由普惠公司出面与俄罗斯动力机械科研生产联合体成立合资企业,以生产向美国交付的 RD－180 火箭发动机,但据估计这种发动机的性能比 NK－33 还差两个档次。

雅克－141 战斗机由苏联雅科夫列夫设计局在 1975 年开始设计,直到 1987 年才进行原型机试飞,由于苏联解体后军费大量缩减,1995 年以后项目彻底停止。该飞机采用升力发动机和转向喷口发动机相结合的发动机布局方案,机上安装一台图曼斯基设计局研制的 R－79 推力矢量升力/巡航涡扇发动机,最大加力推力约 152 kN(15 500kgf),不加力推力约 88.2 kN(8 994 kgf);在靠近飞机重心处两个尾撑之间装圆形可转向喷口,使用寿命为 1 500 个循环。飞机进行短距起飞、喷口向下偏转 65°时,打开至全加力状态,飞机滑跑 5 m 即可离地;喷口最大向下偏转 95°时,飞机垂直起落时具有一定的减速作用,此时产生的升力推力约为发动机巡航推力的 80%。该发动机压气机引气供给翼尖和喷口时,其最大推力降到 137.2 kN。飞机座舱后部机身串列安装 2 台图曼斯基设计局研制的 RD－41 升力发动机,单台推力 41.68 kN(4 250 kgf),为飞机垂直/短距起飞时提供矢量推力,以保持飞机的平稳,升力发动机与垂直面的安装角为 15°,推力偏转范围为±12.5°。飞机上装有发动机数字式电子调节系统。

雅克－141 右侧图　　　　　　　　　雅克－141 左侧图

在波音公司和洛克希德·马丁公司参与的美军下一代隐身战斗机竞争中,洛克希德·马丁公司走了一条捷径,这就是从俄罗斯获取雅克－141 战斗机技术,因为此时的雅克－141 已经完成 200 h 的原型机试飞,飞机研发成本大大降低的同时,竞争获胜的概率大幅增加。

1992 年,洛克希德·马丁公司与雅科夫列夫设计局签订合作协议。根据协议,洛克希德·马丁公司向雅科夫列夫设计局提供 3.5 亿 ～4 亿美元的研究资金,而雅科夫列夫设计局则向洛克希德·马丁公司提供雅克－141 战斗机动力系统构型的设计资料。1997 年,双方合作关系正式结束。短短三年之后的 2000 年,洛克希德·马丁公司的"联合攻击战斗机"项目中推出了 X－35 验证机。最后,美国及其盟友便有了能够垂直起降的 F－35B 战斗机。

事实证明,洛克希德·马丁公司完成了一道无比正确的选择题。在与波音公司展开的 F/A－18 大黄蜂战斗机与 F－22、F－35 战斗机合同大战中,赢得了包括空军、海军和海军陆战队的 F－22 和 F－35 合同,不仅使美军获得了足以保持全球领先的战机,而且还获得了足以傲视对手的技术。

F-22 战斗机

F-35 战斗机

苏联的故事

故事 1　迁移纳粹德国人才和设备

面对美国的抢人行动,苏联也推出了自己计划——奥萨瓦根(Osoaviakhim)行动。与美国"回形针"计划不同的是,苏联的计划中既抢人也抢制造设备。

第二次世界大战期间,苏联在斯大林的领导下取得了卫国战争的胜利。当苏联缴获第一批德国喷气式航空装备后,国家领导人很清楚地认识到苏联与其他主要国家之间的严重差距,其中德国 Me-262 战斗机的 Jumo-004B 喷气式发动机给人留下了非常深刻的印象,另一款装在 Ar-234C 轰炸机和 He 262 战斗机上德国批生产的 BMW-003 喷气式发动机具有更完善的结构、更佳的性能。

航空工业委员会的领导详细布置了研究缴获喷气式飞机的任务。根据专家的意见,苏联在制造各种调节器和自动装置方面,以及燃气涡轮发动机许多复杂部附件制造方面非常落后。于是,发动机设计师和工程师接连被派到德国,他们到苏联占领区对从事喷气发动机的企业进行调研,找寻那些研究喷气发动机的专家。

同时,为了有效协调在德国、罗马尼亚、奥地利、匈牙利和捷克斯洛伐克的苏联占领区的调研行动,1945 年 3 月,苏联国防委员会设立了以格奥尔吉·马克西米安诺维奇·马林科夫为主席的特别委员会,专门制定了一个名为奥萨瓦根的计划,其任务就是将德国航空企业中有价值的人员和设备转移至苏联境内。

1945 年 3—4 月,在苏联占领区共调研了大约 600 家从事航空相关的企业和工厂,在其中许多企业发现了涡轮喷气发动机的相关文件、设备、配套件和成品件,根据国家领导人的命令,编制了需要拆卸的机床和设备目录,然后将它们运往苏联。这些企业包括容克(Junker)(共涉及 57 家工厂,下同)、阿拉多(Arado)(38 家)、亨克尔(Heinkel)(18 家)、福克-沃尔夫(Focke-Wulf)(7 家)、西贝尔(Siebel)(6 家)、道尼尔(Dornier)(5 家)、宝马(BMW)(11 家)、戴姆勒-奔驰(Daimler-Benz)(4 家)、AEG(5 家)、西门子(Siemens)(7 家)、蔡司(Ziess)和阿斯卡尼亚(Ascania)(2 家)。最终,1946 年夏,共有 123 000 台机床及其他工业设备被运到苏联,其中有 66 000 台机床被运到苏联航空工业部下属各工厂。

除此之外,许多德国最新的航空作战装备也被运到苏联。到 1945 年底,共有 10 架 Me - 163 战斗机(其中 8 架是双座战斗机)、6 架 Me - 162 战斗机、3 架 Me - 262 战斗机、2 架 Ar - 234 轰炸机(其中一架是双发)、39 台 Jumo - 004 涡轮喷气发动机、3 台 BMW - 003 涡喷发动机、2 台 He S 8A 试验型喷气发动机、几台 Walter109 - 509 液体喷气发动机、BMW 公司的试验型液体喷气发动机(3390C、3395)及散落的液体喷气发动机和加速器一起被运到苏联。同时,苏联领导人命令所有的航空工厂和设计局全部转移到苏联境内进行。

苏联航空工业部部长米哈伊尔·瓦西里耶维奇·赫鲁尼切夫于 1946 年 4 月 19 日签署第 228cc 命令。根据该命令,所有在德国境内开展的工作应在 1946 年 10 月前结束,然后将 3 500 名德国专家(根据 Д. А. 索伯列夫和 Д. Б. 哈扎诺夫在《我国航空史上的德国印迹》中的数据,一共有 6 000～7 000 名德国专家及其家人迁移到苏联)分派到苏联航空工业的各企业工作。

1946 年 10 月 22 日,为了将相关设备全部运往苏联并防止发生其他意外,搬迁行动绕过苏联占领区的政府当局,直接动用了 92 列火车运送这些德国科学家和相关设备。

故事 2　巧取英国喷气发动机技术

第二次世界大战以后,英国利用自行研制的发动机很快就取得了航空发展的先机,从而对地缘政治产生了显著的影响。此时,苏联也在德国容克 Jumo - 004 和 BMW 003 喷气式发动机的基础上,研发了苏联第一款国产喷气发动机 TP - 1,并自行研发了 РД - 01/02 涡轮喷气发动机。但是,限于当时苏联的喷气发动机技术,研制出来的发动机技术水平和可靠性距英国研制的发动机还有不小的差距。要想弥补这种差距,就必须了解差距到底在哪里,最好的办法就是引进英国的发动机看看。

当时英国罗罗公司的尼恩(Nene)和德温特(Dent)Ⅴ两种喷气发动机都很先进,一方面推力比较大、质量较轻,另一方面工作可靠性也比较高,这两种发动机是苏联所急需的。为此,苏联情报部门给出的建议是,要么直接购买,要么秘密窃取,而飞机设计大师亚历山大·谢尔盖耶维奇·雅科夫列夫给出的建议则是直接购买。

1946 年 5 月,当苏联方面开始尝试与英国方面接触,试探着向英国提出购买发动机的时候,没有想到英国人正在为战后重建资金而发愁,对于送上门的资金当然会来之不拒,多多益善,当时的英国工党政府竟然很爽快地答应了苏联的采购请求。

于是,苏联驻伦敦贸易办事处联系到罗罗公司,罗罗就购买两型喷气发动机生产许可证事宜进行了详细的磋商。其结果是双方都很满意,只要苏联按照双方协商的价格付钱,就可以得到尼恩发动机和德温特发动机。

其实,英国人有英国人的想法。像德温特和尼恩这样的喷气发动机,按照发动机技术的发展速度,不出几年就是一堆废铁,倒不如用它换点钱。另外,更重要的是,英国正要完成一种新型发动机的研发,从技术上来讲它更先进。再加上英国尽管与苏联之间有很多不同,必要的时候拉拢一下还是可以的。例如在第二次世界大战还没有结束的 1944 年夏天,英国就赠送给苏联从纳粹德国缴获的一枚 V - 1 导弹残骸和一台脉冲喷气发动机。

苏联方面对这样的协商结果喜出望外,立即提出购买 10 台德温特和 10 台尼恩喷气发动机,并许诺随后将购买数百台甚至上千台尼恩发动机。就这样,苏联一共支付了 36 万英镑,分两批得到了 55 台宝贵的尼恩发动机。就在得到尼恩发动机不久的 1947 年,苏联方面仿制出了自己的 РД - 45 发动机,从而成就了苏联的第一代喷气式战斗机——米格-15。

当然,苏联有了自己研制的发动机,就不会再提向英国购买发动机或者购买生产专利的事情了。因此,从英国购买的 55 台发动机,平均每台发动机竟然只花了 6 546 英镑,这笔交易真是太划算啦!

德国研制的 V - 1 导弹

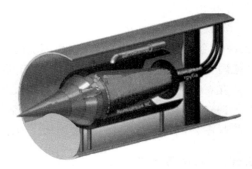

德国研制的脉冲喷气发动机

法国的故事

故事　窃取苏联图-104 飞机发动机技术

在世界地理格局中,法国是一个小国,总面积只有 54 万 km²,仅仅比我国四川省略大一点;但在世界政治格局中,法国绝对是一个重量级选手,不仅是联合国常任理事国,而且又是一个"特立独行者";在世界军事格局中,法国拥有核武器,和西方盟国之间既有合作又有它的行事特点;在世界艺术和文化格局中,其独特的经济、文化和艺术特色,都在发挥着不同寻常的独特影响力。

1956 年 4 月,苏共中央总书记尼基塔·谢尔盖耶维奇·赫鲁晓夫应邀访问英国,随同赫鲁晓夫访问的还有一架苏制图-104 客机。它甚至还飞过了白金汉宫,连英国伊丽莎白女王也到阳台欣赏这架"苏联奇迹"。这架巨大的飞机顿时吸引住世界的目光,对西方国家航空从业者造成极大的震撼。

图-104 飞机

该型飞机于 1955 年 6 月 17 日首飞,1955 年 10 月开始批产,因此,它是苏联当时高精尖科技的结晶。由于美国航空工业水平都比较高,他们对这款飞机和发动机(AM－3－500 涡轮喷气发动机)并没有产生特别的兴趣,只是好奇为什么它在极端低温情况下都能顺利飞行。但法国就不一样了,相对于当时的苏、美来说,法国的航空技术还差得比较多。此前,法国曾谋划获取一台苏联的发动机进行研究,但因难度太大而一直没有机会。

第 50 界巴黎航展的布尔歇国际机场

当时,法国是西方国家中唯一与苏联保持直航的国家。从苏联莫斯科和东欧飞来的各架航班都在巴黎布尔歇国际机场降落。苏联人在布尔歇机场租用了一个仓库,用来储存飞机的零部件,这为法国人窃取图－104 飞机的先进技术提供了一个绝佳的场所。法国对外谍报局(现法国对外安全总局)第 7 处大名鼎鼎的超级间谍勒鲁瓦总体负责这起偷窃图－104 客机技术的任务。

这件事的难度太大了! 近 3 t 重的发动机一般都安装在飞机上,怎么可能有机会搞到手?

不过,这样的机会还真的送上门来了! 1963 年,一架图－104 客机的 AM－3－500 发动机在法国布尔歇机场出现了故障。“热情”的法国人立即提出,表示可以安排最好的技工为苏联客机提供维修帮助,但遭到了苏联人的断然拒绝。

AM－3－500 发动机

苏联方面专门安排了一架运输机运来一台全新的 AM－3－500 发动机,并带上了苏联的技工,全部更换工作由自己的技工完成。法国特工们并没有沮丧,而是不断在寻找其他机会,这样的机会也很快再次来临。这次苏联人不知怎么考虑的,竟然没有把换下来的故障发动机随运输机运走,而是用发动机周转箱封存在机场仓库内,准备在巴黎找个运输公司送到火车站,再通过铁路运回苏联。

勒鲁瓦火速成立了一个名为"国际货运公司"的运输公司,当然这个公司的一切手续都是正常的,也不会出现任何破绽。在苏联人参与的运输竞标会上,这个公司给出极低的竞标报价,再加上打入苏联民航公司的法国间谍也帮着说话,于是,勒鲁瓦的运输公司成功赢得了苏联人的运输合同。

随后,第 7 处的特工们在马路上对"劫持"货物行动进行了多次演练,几乎做到了分秒不差。

为确保万无一失,在苏联发动机正式启运之前,第 7 处又在沿途安排了许多法国特工,就连行车路线沿线的警察都全部换成了特工,也提前进行了多次预演。

尽管一切运输安排都很顺利,但苏联人还是没有一丝大意。这天傍晚从发动机周转箱吊装到卡车上开始,整个活动都在苏联特工的严密监视之中。从装有发动机的卡车驶离仓库开始,两名苏联特工驾驶的汽车一直跟在卡车后边,寸步不离。

这种情况早在勒鲁瓦意料之中,他命令卡车司机遇到绿灯时慢慢行进,在路口黄灯闪烁即将变为红灯时猛踩油门冲过路口,后面跟随的苏联特工也立即闯红灯想准备跟上,不料左侧有一辆旧卡车冲了过来,径直撞上了苏联特工的汽车。

旧卡车的司机实际也是第 7 处的特工,他立刻下车对苏联特工高声咆哮。苏联特工自然不愿搭理这名小卡车司机,还想继续开车追赶前面的卡车,但旧卡车司机站在苏联特工汽车的前面,不让苏联特工的车过去。接着,双方开始激烈地扭打,这时伪装成路人的法国特工纷纷前来围观,一度造成交通瘫痪。很快就有交通警察,当然也是特工装扮的,赶来将这两名克格勃带回了警察局。

再说勒鲁瓦这边,指挥装载发动机的货车全速开往位于特里贡空军基地里的一座仓库,在那里近 30 名航空专家和工程师已经等候多时了。

他们将发动机吊装到工作台上,然后由工程师进行发动机外观检查。每做一个动作的时候,都有两名摄影师进行拍照,还有两名制图员在现场画图。

工程师们进行紧张的研究工作,发动机上的零件被一个一个地拆下来,然后被一个一个地拍了照片,之后再一个一个地画出来。

次日凌晨 4 点前,工程师终于完成了这台发动机核心零部件的全部拍照和测绘,期间还获取了部分重要零件材料的粉末样本,之后再将发动机重新组装好,并重新吊装到卡车上。最后,法国特工还没有忘记在发动机周转箱上贴上伪造的封条。工程师和专家对周转箱外部和可能出现的疏漏处进行了详细的检查,确认无误后卡车直接驶往火车站。

被带到警察局的两名苏联特工直到早晨 6 点钟才得以脱身,他们交完罚金后火速赶到了火车站。在对卡车上的发动机周转箱进行仔细、认真地检查后,没有发现发动机周转箱有丝毫动过的痕迹,这才放心地将发动机送上了火车。

不久,第 7 处收到了国防部的嘉奖信。国防部专家认为这次窃取到的技术足以让法国发动机技术进步十年。

　　精明的苏联人后来还是发现了他们发动机技术被盗的事情,但那时那个"国际运输公司",连同苏联民航公司的那个人自然都一起消失了。

参 考 文 献

[1]　彼得.美国飞机燃气涡轮发动机发展史[M].张健,等译.北京:航空工业出版社,2016.

[2]　斯米尔诺夫.俄罗斯航空发动机制造史:中[M].向巧,宁喜钰,王良,等译.北京:航空工业出版社,2015.

[3]　斯米尔诺夫.俄罗斯航空发动机制造史:下[M].向巧,宁喜钰,王良,等译.北京:航空工业出版社,2015.

[4]　张伟.航空发动机[M].北京:航空工业出版社,2008.

[5]　方昌德.航空发动机的发展历程[M].北京:航空工业出版社,2007.

[6]　CONNORS J. The Engines of Pratt & Whitney:a Technical History:as Told by the Engineers Who Made the History[M]. Reston:AIAA,2009.

[7]　彭友梅.苏联/俄罗斯/乌克兰航空发动机的发展[M].北京:航空工业出版社,2015.

[8]　方再言.苏联两项竣工技术被美窃取,雅克-141 技术直接催生 F-35[EB/OL]. (2018-03-20)[2022-02-23]. http://mil. news. sina. com. cn/jssd/2018-03-20/doc-ifyskeuc7514336. shtml.

3 大推力军用涡扇发动机"大战"的故事

众所周知,美国有两家航空发动机产业巨头:一个是久负盛名的普惠公司,另一个是行业巨星 GE 公司。一个国家同时存在两家航空发动机巨头,无论在商用和军用领域的市场,其结果必然是激烈的竞争。竞争的高潮部分便是 20 世纪七八十年代发生在美国的军用航空发动机"大战",而挑起这场竞争的是双方军用领域的大用户——美国军方。"战争"的结果却是这三方参与者中并没有失败者!这是怎么回事呢?

普惠公司图标

GE 公司图标

这场"大战"始于美国空军在 1960 年 6 月 14 日发布的 SOR 183 建议书。该建议书对飞行器提出了四个方面的要求:良好的起飞性能、在 $Ma=0.92\sim1.2$ 具有超声速突防能力、高空达到 $Ma=2.5$ 的能力,以及无须空中加油就能横穿大西洋或太平洋的能力。空军提出的要求与海军要将服役多年的 F-4H"鬼怪"战斗/轰炸机更新为新的空中防御战斗机(FADF)的想法不谋而合。海军对战斗机需求的不同之处在于 FADF 计划需要"一架结构简单但技术领先的战斗机/拦截机,而且要满足舰载和长航程要求"。另外,FADF 飞机将携带一部大型远程雷达,可携带大量空对空和空对地导弹,并且还要求具有 $Ma=0.9$ 的飞行能力。

但令空军和海军同时心灰意冷的是,当时五角大楼新任国防部长罗伯特·马克纳马拉(Robert Macnamara)却不这么看。他决定研制一种新型战斗机来同时满足空军和海军两个军种的所有要求,他将新型战斗机定义为满足 SOR 183 需求的战斗/对地打击战斗机,而且空军的要求优先于海军,战斗机将严格满足空军的技术规范和性能标准。这项被命名为 TFX 的计划,注定让空军和海军都不满意。

因为美国空军和海军从一开始共同实施了 TFX 计划,并研制了 F-111 型战斗机,这本身就存在问题。因为尽管空军和海军都需要先进的战斗机,空军需要的是实施 F‐X(1968年后正式编号 F‐15)战斗机计划,海军需要的是实施 VFX 战斗机研制计划,而且美国空军和海军都认为其研制计划对于自身作战能力的提升尤为重要。美国空军决定支持麦克唐纳‐道格拉斯公司(即"麦道公司")研制的 F‐15"鹰"式战斗机,海军则决定购买 F‐14"雄猫"战斗机。国防部默许了空军和海军各自购买的方式,但唯一要求是两型飞机的发动机应使用同一类型的核心发动机,即所谓的"一核两型"。从 1967 年 12 月开始,空军和海军共同实施先进战术发动机(ATE)计划。于是,空军和海军在实施初始发动机研制计划(IEDP)时就考虑进行发动机设计的角逐。

借助航空推进实验室在实施先进涡轮发动机燃气发生器(ATEGG)研制计划的作用,军方选择空军作为先进战术发动机(ATE)研制计划的主管部门。在 ATEGG 研究计划中,GE 公司、普惠公司和通用汽车公司艾莉森分公司各自都在研究如何将先进的发动机部件集成到一台核心机上,以便发动机更高效地工作。

1968 年 4 月 8 日,初始工程发展征求意见书(RFP)分别下发通用汽车公司艾莉森分公司、GE 公司和普惠公司。同年 8 月底,国防部选择将研制合同授予 GE 公司和普惠公司,并与两家公司分别签订了一项为期 18 个月的验证机研制合同,要求双方各自生产两台(海、空各一台)技术验证机,其中一台将在位于图拉霍马(Tullahoma)的空军阿诺德工程开发实验室(AEDC)进行测试。

为此,普惠公司研制了 JTF‐22 验证机参与竞争,而 GE 公司则以 GE1/10 参与竞争。最终的竞争结果是实力雄厚的普惠公司击败了竞争对手,于 1970 年 2 月 17 日正式赢得了总价高达 4.482 亿美元的大合同。空军选定该公司为 F‐15 战斗机研制发动机,同时其也为海军研制 F401 发动机。

尽管击败了对手,但此时的普惠公司并没有丝毫放松。由于空军迫切需要 F‐15 战斗机服役,以应对美国在越南战争中遇到的苏联米格‐25 及其他新型战机的威胁,所以他们必须在短时间里提供一台满足性能的发动机。根据研制合同,F‐15 飞机必须在 1972 年 2 月完成飞行前规定的试验,并在 1973 年 2 月前通过定型考核试验。这样,从普惠公司赢得合同之日起,仅有三年的研制时间,而通常研制这样的发动机至少需要 5～8 年的时间。因此,这样赶进度研制的 F100 注定是一台不成熟的发动机。

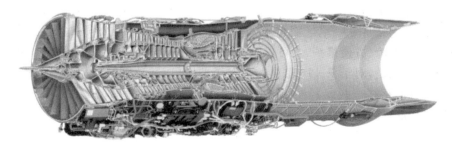

普惠公司 F100‐PW‐100 发动机

F100 发动机的研制工作始于 1968 年 9 月。普惠公司结合多年的设计经验,在先进燃气发生器（ATEGG）JTF－16 的基础上发展了一台 JTF－200 验证机，并于 1969 年 11 月通过了台架试车验证。在赢得研制合同之后，普惠公司于 1970 年 3 月开始全尺寸（FSD）研制工作，并于同年 12 月通过了首次台架试车。尽管在研制和试验中遇到了各种各样的问题，F100 发动机还是在 1972 年 2 月进行了首次飞行试验，1973 年 2 月通过了定型考核试验。同年 7 月 27 日上午 8:21，首架装配 YF100 发动机的 F－15A 原型飞机在爱德华兹空军基地首飞蓝天，这表明发动机研制取得重大阶段性成功。

F100 发动机是一台非常有创新意义的发动机，采用了大量的新材料和新技术，如大量采用钛合金以减轻质量，大量采用高温镍基合金以提高涡轮前温度。发动机包括 3 级风扇、10 级高压压气机（前 3 级静子可调）、环形燃烧室、定向凝固涡轮叶片的 2 级高压涡轮和 2 级低压涡轮，其增压比为 24.8，空气流量为 228 lb/s，中间推力达到 14 670 lbf，最大推力为 23 830 lbf。

然而，作为"一核两型"的代表，F401 在研制之初就面临着极大的风险。1970 年 11 月，海军由于 F－14 的预算遭大幅消减，将原来 179 台订单一下子减少到 69 台。如此大幅度的削减预算使普惠公司原本十分紧张的预算雪上加霜。

1971 年海军将订单再次削减到 58 台，如此一来，单台发动机的价格必然会突破原先的定价。对此，普惠公司向空军表示，为了确保推重比目标的实现，研制过程中采用了大量的先进技术，还需要进行大量的试验工作，研制成本必定会居高不下，并且相应的维护成本肯定也会大幅增加，空军对此说法却未置可否。

1971 年 6 月，普惠公司突然宣布，1973 财年 F100 发动机的费用将大幅上涨，整个研制费用将比预计高出 6 300 万美元。对于超出的预算，普惠公司解释道，这是由海军型号遇到了技术问题、增加了试验项目、出现了通货膨胀，以及公司收益下滑等多种因素所造成的。根据双方所签订的"费用加奖励"合同，若费用超过合同规定，则超支部分合同双方按90∶10 的比例进行分摊，即普惠承担超额的 10%，其余的 90% 由空、海军共同分担。

在这种情况下，海军于 1971 年 6 月 22 日决定取消余下的 58 台 F401 发动机合同，不过海军型号的研制仍然继续，直到 1975 年终止。同年 8 月，空军与普惠公司重新签订了一份额外合同，追加 1.2 亿美元。新合同规定，对于飞行试验和生产定型的发动机按"固定价格加奖励"的办法，空军和普惠公司按 75∶25 分摊。这是一个令普惠公司欣喜的好消息。

更加令普惠公司振奋的是，1975 年，美国空军为减轻后勤压力，为后来的 F－16 战斗机也选用了 F100，这又将是一笔巨额合同。空军的打算是，由普惠公司一家包揽发动机合同既可以统一后勤保障、方便维护，又可以扩大发动机的采购量、分摊研发成本，从而降低采购成本。可现实情况是，对于 F－16 这样的单发轻型飞机，发动机的可靠性更为重要，而此时的 F100 发动机尚存在一些可靠性问题，当时根本找不到同样类型发动机的替代方案。因此，空军此举非常冒险。

1972 年 2 月至 1974 年 11 月，F100 发动机总共装机 4 批 87 台，累计飞行 5 750 h（2 700 个起落），平均每月飞行 130 次。试飞过程中发动机出现不少技术问题和故障，主要是慢车加速时压气机喘振、加力点火时出现压力脉动导致的风扇失速、全加力时产生的振荡燃烧等。事实上，这些问题在发动机试制和试验中已经发现，如 1 级风扇叶片颤振、风扇静子组件挠度过大、钛合金着火,以及加力燃烧室蜂鸣等。因此,普惠公司的设计师们进行了大量的试验和改进,基本上解决了这些问题,但这时的研制费用已经从 1970 年的 1.174 5 亿美元猛增到 1975 年的 10 亿美元,而且 F100 发动机在完全完成研制和试验验证之前已经投入生产。可以想象,投入使用的发动机将会出现更多的问题。因此,F100 发动机剩余的研制工作不得不通过部件改进计划(CIP)来完成。部件改进计划是由美国政府投资支持的现役发动机改进计划,目的是改进已经投入使用的发动机部件。

F-15 战斗机配装两台 F100 发动机,可为飞机提供强劲的动力,使飞机具有高的机动性、良好的加速性能和爬升能力,这在一定程度上扩大了战斗机的飞行包线,增加了飞机的作战战术,但新机动能力的提升要求发动机性能也有足够的提升,从而带来发动机的压气机喘振问题。由喘振引起的发动机空中停车问题是非常危险的,尤其对采用了单发的 F-16 战斗机,重新起动发动机将导致飞机有一段时间处于无动力状态,这是一种非常危险的情况,处置不当会导致飞机坠毁。当压气机持续出现不可恢复的喘振时,飞行员必须通过手动重新起动发动机,而且这些喘振更多地发生在加力燃烧室工作过程(占整个时间的 76%)中。1974—1977 年间,共出现 223 次喘振故障。

1974 年 2 月 2 日,YF-16(装一台 F100-PW-100 发动机)首飞

空军很快意识到此种问题的严重性,也认为 F100 发动机需要改进。同时一方面限制飞行员在易出现喘振的那部分包线内进行飞行;另一方面也要求飞机机械师对发动机进行微调(稍稍降低发动机性能),通过降低发动机使用负荷以增加发动机的安全裕度。增加维护人员的工作负担自然也会影响到发动机的口碑。飞行员们对此十分不满,因为这相当于针对发动机进行飞行,而不是结合飞行任务在飞行。

空军方面与普惠公司再次进行谈判,要求普惠公司交付比最初技术规范更好的发动机,而普惠公司则认为他们已经按照最初技术规范交付了发动机,如果要想交付更高要求的发动机,需要空军投入更多的资金,因为这样的问题不仅出现在正在制造和装配的发动机中,也同样出现在已经投入外场使用的发动机中。

喘振问题最终是通过三项措施来解决的,其中两项都与加力燃烧室相关:一是在发动机上安装监控装置,通过传感器感受到引发喘振压力波的波峰;二是监控装置自动将加力燃烧室的供油量减小到所需的最小值,同时尽可能地开大尾喷口,以减小加力燃烧室的压力波;三是针对 F - 16 飞机装机的 F100 发动机,改进进气道结构和将分流环前移,以降低由风扇外涵道进入主流道而引起压力扰动的可能性。

提高性能的 F100 发动机遇到的第二个主要问题是涡轮故障,表现为涡轮叶片断裂。因为发生断裂的叶片其转速高达 12 960 r/min,它们就像是一把把致命的飞刀,经常将发动机乃至 F - 15 的后机身都打得破烂不堪,而且这种损伤往往是永久性的,由此产生的发动机报废也是一个非常令美国空军头疼的问题。然而,这种故障与压气机的喘振直接相关,因为压气机喘振时,空气流量降低会使涡轮进口温度上升,导致涡轮叶片温度分布不均匀,使叶片局部温度过高、应力过大,从而导致叶片局部变脆而断裂打坏发动机。这些断裂的涡轮叶片虽然大多数能被机匣所包容,但还是会有一些叶片飞出去,如果碰巧击穿了燃油箱,其结果将是灾难性的。解决这个问题的方法,一是在发动机上安装新的热电偶,以便对过热进行预警;二是对发动机机匣采用更高强度的加强筋,防止叶片击穿机匣而飞出;三是发展柔性孔探仪,以方便机械师对发动机进行地面检查。

F100 发动机遇到的第三个主要问题是以前发动机所没有遇到过的技术问题,即零部件的寿命问题。因为每种发动机都是按照一定的热循环(即起动、加速到加力起飞、按任务工作,再到停车)次数进行设计的,随着发动机推力的增大,飞机战术范围也发生变化,战斗机飞行员操纵发动机时发动机要承受比设计更多、更苛刻的热循环,造成发动机零件承受过大的疲劳应力,使得发动机零件损伤比预期加快,进而出现维修性、可靠性和保障性问题。如一台设计寿命为 2 000 h 的发动机,其工作循环次数为 1 765 次,而 F100 发动机则需要 10 360 次循环。事实上,一位莱特·帕特森基地参与 F100 发动机研制的空军工程师就发现了这个问题,他注意到已经处于试验中的发动机缺少任何大纲规范要求的结构寿命目标要求或衡量疲劳的标准,且模拟实际使用对发动机试验验证非常重要,而且他发现已经投入使用的 TF - 30 和 TF - 41 发动机也存在与应力疲劳相关的问题,遗憾的是这位工程师未能说服他的上级管理层改变这种问题。这个问题有时候甚至严重到一个零件只飞了短短的几十小时就要被迫更换,这极大地增加了 F100 发动机的使用成本,使得 F - 15 战斗机的日常使用开支长期处于超预算情况,由此带来的维修时间成本也高得惊人,对 F - 15 战斗机的出勤率有着极大的影响。

普惠公司 TF30 发动机

对于这些问题,F100 发动机的制造方——普惠公司表现得非常消极,往往以"飞行员粗暴操作和不良习惯"为理由搪塞应对,而美国空军则坚称军方的训练完全是根据越南战争的教训大幅度改进和优化而来的,一些看上去粗暴的操作实际上是非常必要的。一位美国空军的官员也对此直言不讳道:"我们花了这么多钱让你们制造这台发动机,是要让你们保障我们能干什么,而不是让你们来教训我们这个不能干,那个不能干!"但普惠公司对此却置之不理,坚持认为错误在美国空军一方,所以双方在此问题上你来我往,相互指责,一时间僵持不下。另外,普惠公司在售后维修工作上的一些做法也令美国空军十分气恼,例如,针对发动机叶片的断裂问题,普惠公司解决的办法仅仅是在发动机外部盖了一层坚固的外衬,防止断裂的叶片飞出对飞机结构造成破坏,但是这样一来不仅增加了发动机的重量,也影响了发动机的技术性能,还导致美国空军维修人员不能按照以前检修发动机的办法从外部直接观察发动机,而必须将发动机整机拆下进行检查,大大增加了工作量。

没有人能预料到 F100 发动机设计目标与实际发动机之间存在这么大的差距!据统计,从 F100 正式投入使用到 1979 年 4 月,空军共使用 1 100 余台发动机,累计工作时间超过 25 万飞行小时,综合故障万时率为 2.688(即每一万使用小时有 2.698 台发动机出现故障),造成 1979 年缺少 90～100 台发动机,而普惠公司零部件供应不足更使得 F-15 不能处于完好状态,导致大量飞机停飞,这是空军所无法忍受的。最终,忍无可忍的美国空军将此事告到了美国国会,希望利用国会的力量逼迫普惠公司就范,但国会里一些与普惠公司有密切往来的议员针对空军的指责,连连以倾向性明显的问题刁难空军,普惠公司也亲自披挂上阵,派出专业的技术人员,仗着专业知识和美国空军打起了嘴仗,一时间国会里毫无解决问题的气氛。

这样的糟糕局面让美国空军意识到,与普惠公司这样消耗下去无益于问题的解决,还会更加助长普惠公司垄断地位心理,并开始意识到在航空动力领域创造一个良性竞争环境的必要性。于是在国会积极推动"战斗机候补动力"的竞标项目,并得到了同样备受 F401 发动机(F100 发动机舰载版型号)困扰的美国海军的支持与加入。

与此同时,GE 公司则通过"战斗机候补动力"项目看到了商机。因为他们一方面在之前的"一核两型"项目竞标中失利,另一方面在为美国空军下一代战略轰炸机 B-1A 提供编号为 F101 的大推力涡扇发动机时,由于 B-1A 项目的下马,F101 失去了装机对象。但是GE 公司高层并没有放弃 F101。因为一旦 F101 无果而终,GE 公司将可能永远退出战斗机用大推力涡扇发动机的制造领域,因此 GE 公司高层顶住了内部的压力,自筹 6.21 亿美元继续完善 F101 项目。期间美国空军也给予了该项目少量的资助,但就是这样少量的资助却给予了 GE 公司极大的信心,他们主要进行了加速发动机技术成熟度的验证、延长零部件的使用寿命和降低生产、维护费用等方面的工作。1976 年,GE 公司的 F101X 验证机试车成功,该验证机的大多数技术指标与 F100 相似,已经是一台完全标准的第三代大推力涡扇发动机了。

F101 发动机的研制标志着 GE 公司在发动机研制理念方面的小转变,即将技术的重点放在提高简单性、可靠性和维修性方面。他们研究了普惠公司的 F100 发动机研制计划,认为该发动机在当时的技术条件下跨越的技术台阶太多,于是采用空军合同下研制的 GE9 验证机作为新发动机研制计划的基准发动机,并计划与诺斯罗普公司合作,将其装配到 YF‑17 轻型战斗机上。

美国空军看到 F101X 发动机成功后,立刻与 GE 公司签订了一份近 8 000 万美元的有限研制合同,用于生产三台发动机原型机,其编号为 F101DFE(衍生型发动机)。而这时眼见到 F101DFE 进展神速,普惠公司开始坐立不安起来,一改先前的傲慢态度,开始向美国空军频频示好,表示如果美国空军取消"战斗机候补动力"项目,普惠公司将以优惠的价格向美国空军提供发动机及其配件服务,并保证将解决所有美国空军提出的发动机问题,完全否认了自己之前的所有托词。美国空军却对此很不"感冒",因为如果美国空军此时真的取消竞争,不仅会将 F101DFE 这样一个前景光明的项目葬送,还会使普惠公司重新回到先前那种推诿扯皮的状态。

此时 GE 公司的 F101DFE 发动机也不负重望,在接下来的众多测试中都表现出了极其优良的技术指标和能力,明显优于问题百出的 F100。美国空军以一份 1.822 亿美元的合同资助 GE 公司完成了按照美军 1969 年颁布的"发动机完整性大纲"所要求的发动机测试科目。1979 年 2 月美国空军和海军共同签署"美国空军和海军合作验证预研之飞机发动机的谅解备忘录",其中约定将国会 4 100 万美元的投资按空军 3 300 万美元、海军 800 万美元进行分配,维持 F101 发动机作为 F100 发动机的替代发动机进行研制的想法。这也意味着美国空军利用 F101 发动机来促使普惠公司对 F100 发动机所出现问题做出更好的回应。

直到这个时候,普惠公司才认识到问题的严重性,下决心解决困扰 F100 多年的可靠性问题,而且不惜以一定的性能指标为代价。于是,普惠公司一方面继续接受部件改进计划(CIP)的投资来改进 F100 和 TF‑30 发动机(分别配装 F‑15 和 F‑14);另一方面利用发动机型号衍生计划(EMDP)的投资(美空军该项计划资金的 10%)来研制更成熟的技术。具体措施包括:重新设计延长寿命的核心机、换装单晶材料制造涡轮叶片、采用用于战斗机发动机的全权限数字发动机控制系统(FADEC)、改进加力燃烧室和燃油泵等。这些措施大幅度提高了发动机的可靠性和寿命。

1979 年 2 月,根据美空军发动机衍生型号计划(美空军该项计划资金的 90%)与 GE 公司签订了一个周期为 30 个月"固定价格"的有限合同,总金额为 7 970 万美元,用于研制 F101DFE,并要求在 F‑16、F‑14 飞机上进行验证。其主要验证目标,一是验证飞机/发动机的匹配能力、性能和作战适用性,二是通过加速任务试车确定发动机的耐久性,三是根据验证的能力,提出生产型发动机的型号规范。

由于已经具有了一台经过严苛试验的 F101 核心机,并且还通过了 F101X 证明其改进方案是可行的,因此 1979 年年底 F101DFE 首次台架试车,之后的两年里对发动机进行了广泛的试验和 1 000 多小时的地面试车,全面达到了预期目标。1980 年 12 月 19 日,首架装配 F101DFE 发动机的 F‑16A 试飞成功,共飞行 58 次、75 h,完成了所有的试飞科目,这表明发动机无需重大改进即可装在 F‑16 飞机使用。1981 年和 1982 年里,F101DFE 发动机也在 F‑14B 飞机上进行了试飞,共飞行 44 次、70h。有意思的是,该试验用飞机正是当年测试 F401 发动机的那架 157986 号飞机。但是,海军在 1982 年取消了换发项目,F‑14 的"心脏移植手术"再次被迫推迟。

与此同时，在美国国会中，代表 GE 公司和普惠公司的两方议员也在展开争论、拉票和妥协，都在努力争取自己的优势。空军方面显然乐见这样的辩论，但普惠公司多次成功地促使国会召开听证会，要求空军说明 GE 公司替代发动机投资的合理性，力图阻止 F101DFE 项目的推进。然而空军指出，GE 公司的衍生发动机计划研制的发动机，其可靠性和维修性确实比 F100 好，并且其推力也确实比 F100 发动机大（F101 发动机推力为 28 000 lbf，而 F100 发动机推力为 24 400 lbf），并且在 1981 财年的预算中，空军将继续为衍生发动机计划寻求额外的 2 500 万美元的投资。

1981 年，在罗纳德·里根（Ronald Reagan）就任美国总统之后，重新启动了 B-1 轰炸机计划，空军宣布将采用 GE/斯奈克玛商用发动机为 KC-135 加油机更换发动机，GE 公司得到了为 100 架轰炸机提供发动机的合同，每架飞机装配 4 台发动机，再加上备用发动机，共需提供 469 台 F101 发动机，其核心机与 CFM56 相同，所以生产费用一下降低了 25%，当初反对意见中最重要的一项——后勤保障问题也迎刃而解。

YF-16（装一台 F101 发动机）正在脱发

1982 年对 F101DFE 来说是一个特殊的年份，GE 公司拿到了一份追加合同，继续对 F101DFE 进行试验，并确定了 F-14、F-15 和 F-16 飞机上的最终构型。这年年底，空军给予了这台发动机正式编号：F110-GE-100。

GE 公司 F101-GE-100 发动机

此后的两年里,F110 发动机研制工作进展顺利。1984 年 2 月,空军与 GE 公司签订了生产合同,把下一年 160 台采购订单的 75% 交给 GE 公司,用于采购 F110 发动机装配 F-16 飞机;将其余的 25% 发动机采购订单交给普惠公司,用于采购 F100 发动机,以装配 F-15 飞机。

随后 F110-GE-100 定型并交付使用。经过大量试验,新生产的 F100-PW-200 发动机也在 1986 年投入使用,虽然推重比有一定降低,但是依靠保持不变的全加力推力和高可靠性,F100 发动机也终于走向了成熟,成为了表现优良的著名发动机。

装 F101DFE 发动机的 F-14B 飞机正在试飞

1989 年 3 月,空军宣布 GE 公司与普惠公司竞争中的最后订单分配结果,GE 公司共获得 39 台 F110-GE-100 发动机订单(约 36%),而普惠公司共获得 70 台 F100-PW-200 发动机订单(约 64%)。至此,美国历史上第一次航空发动机"大战"告一段落。

随着美国空军这份订单结果的发布,新的为期 5 年的提高性能发动机(IPE)竞争开始,这也标志着美国第二次航空发动机"大战"拉开了序幕。

提高性能发动机计划的第一份订单包括 GE 公司为空军提供 54 台 F110-GE-129 发动机,以配装 F-16 飞机,而普惠公司提供 68 台 F100-PW-229 发动机,以配装 F-15E 飞机,分别占比 44% 和 56%。

F110-GE-129 发动机是 F110-GE-100 发动机的推力增大型,该发动机于 1988 年 12 月完成高空鉴定试验,于 1989 年 6 月完成耐久性试验,于 1989 年底完成空军所有定型考核试验。GE 公司向空军交付了首批 6 台生产型发动机,用于飞行试验。该发动机配装 F-16 飞机的飞行试验于 1989 年 2 月完成,配装 F-15 飞机的飞行试验于 1989 年 10 月完成,1990 年 1 月 9 日,美国空军选择 F110-GE-129 发动机作为 1991 财年购买的 75% F-16C 战斗机的发动机。

F100-PW-100/200 与 F110-GE-100 发动机技术参数对比

参数名称	F100-PW-100	F100-PW-200	F110-GE-100
加力/军用推力/daN[①]	10 590/6 520	10 570/6 490	12 268

续表

参数名称	F100－PW－100	F100－PW－200	F110－GE－100
加力油耗/[kg·(daN·h)$^{-1}$]	2.31	2.21	2.02
加力核心机/风扇转速/(r·min^{-1})	12 960/	12 960/	14 780/8 214
总压比	24.9	24.9	31.2
低压转子压比	3.12	3.12	3.31
高压转子压比	8.02	8.02	9.38
涵道比	0.63	0.6	0.87
推重比	7.8	7.7	7.1
空气流量/(kg·s^{-1})	101.1	103.4	122.4
质量/kg	1386	1467	1769
提前换发率/1 000 飞行小时	7.3	3.6~4.4	3.0~4.0
平均每小时成本/美元	585	315	268
维修工时/飞行小时	8.5	2.8	3.3
热端部件寿命/TACs[2]	1 800	4 000	4 000
性能衰退（推力损失）	1%/400TACs	<2%/400TACs	<2%/400TACs
研制费用/百万美元	700	227	380

注：①1 daN=10 N。

　②TACs—总累计循环数（又称为空军战术循环），一般 1TAC=0.5EEH（发动机飞行小时数）。

在空军 F－16 和 F－15 飞机发动机性能竞争取得较大突破的同时，美国海军对其 F－14A 战斗机上使用的 TF－30－P－414A 发动机的性能表现很失望。因为美国海军 1986 财年需要采购 18 架 F－14A 战斗机，1987 财年还需要采购 18 架以上的 F－14A，而且 29 架以上正在服役的 F－14A 飞机需要对发动机进行更新，这还不包括未来 300 架 F－14A 战斗机发动机更大的更新计划，空军采购更多的 F110 发动机对海军来说是个好消息，因为这样他们就可以直接将空军投资研制的发动机使用到海军飞机上。相比于 TF－30－P－41A 发动机，F110 发动机的军用推力和作战推力大 30%，燃油消耗也更少，这意味着若 F－14 战斗机采用 F110 发动机作为动力，这些改进将直接转化为更远的航程和更高的耐久性，也意味着在一台发动机失效的情况下另外一台发动机也有足够的推力，还意味着 F－14 飞机可以在不需要开加力的情况下在航母上起飞。

于是，GE 公司 F101 发动机的海军型 F404 发动机诞生了，它是 1975 年为应用于 F/A－18 战斗机而设计的，其设计强调简单性和可靠性。该发动机采用 3 机风扇和 7 级压气机，增压比为 25，空气流量为 142 lb/s，涵道比为 0.34，采用气膜冷却的单级高压涡轮。首次飞行在 1978 年 11 月 18 日进行。

尽管 GE 公司赢得了海军 F404 发动机设计合同，但普惠公司于 1984 年 10 月成为 F404 - GE - 400 发动机的第二来源。1985 年，美国海军提名普惠公司作为有经验制造 F404 发动机的唯一的一个美国制造商。截至 1989 年，普惠公司共制造了 125 台 F404 发动机。

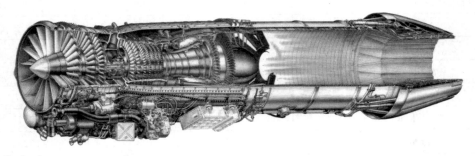

GE 公司 F404 - GE - 402 发动机

美国航空发动机"大战"是用户与制造商博弈的结果，这样的结果纵观世界工业制造史是不多见的。普惠公司和 GE 公司通过竞争都使出浑身解数提供优质产品，让发动机各项性能指标都超出 F100 原型机的 1 倍多！而整个发动机产品、备件以及服务费用仅为原来的 50%。"大战"刚开始时，舆论普遍认为发动机"大战"是空军督促普惠公司端正自己的态度、改进产品的手段，没有人会料到 GE 公司在此项目中大放异彩、华丽逆袭，并一举获得美国空军军用发动机 75% 的订单数量，成为军用航发领域的绝对霸主。美国空军通过"大战"得出一条秘籍，这就是所有重大项目的实施和产品的采购，都必须引入竞争机制，并持续不断维持良好的竞争环境，最大程度上保障和维护国家、军方的利益。

在这两次航空发动机大战中，普惠公司和 GE 公司最终应该说是以平局而结束，虽然各自都没有赢得全部的市场份额，但他们都没有失去宝贵的战斗机市场，并且各自都在稳定地发展他们各有特色的发动机，这正是美国军方所乐于看到的。空军得到了理想的高性能、高可靠性的发动机，而海军除了得到了他们理想的发动机，还得到了 F-18 这个完全独立的战斗机发展项目。

实践证明，F100 和 F110 系列发动机已被公认为第三代军用涡扇发动机中的经典发动机，并成功地衍生出两个庞大的发动机家族，时至今日，它们仍是许多战斗机的动力装置。更重要的是，通过两次发动机"大战"，大幅提高了美国航空发动机的综合技术水平、促使发动机研制理念发生革命性的转变，这种转变在今天仍发挥着重要的作用。

参 考 文 献

[1]   彼得.美国飞机燃气涡轮发动机发展史[M].张健,等译.北京:航空工业出版社,2016.
[2]   斯米尔诺夫.俄罗斯航空发动机制造史:中[M].向巧,宁喜钰,王良,等译.北京:航空工业出版社,2015.

［3］　斯米尔诺夫.俄罗斯航空发动机制造史：下［M］.向巧，宁喜钰，王良，等译.北京：航空工业出版社，2015.

［4］　张伟.航空发动机［M］.北京：航空工业出版社，2008.

［5］　方昌德.航空发动机的发展历程［M］.北京：航空工业出版社，2007.

［6］　Jack Connors. The Engines of Pratt & Whitney：a Technical History：as Told by the Engineers Who Made the History［M］. Reston：AIAA，2009.

［7］　彭友梅.苏联/俄罗斯/乌克兰航空发动机的发展［M］.北京：航空工业出版社，2015.

［8］　乔善勋.航空大败局-普惠：大意失荆州"发动机战争"［EB/OL］.（2016 - 10 - 06）［2022 - 01 - 30］. https://blog. sina. com. cn/s/blog_60a99a9f0102wato. html.

4 商用发动机王者 CFM56 发动机的故事

　　航空发动机百年历史中,CFM56 系列涡扇发动机是最成功的商用发动机,其生产商 CFMI 公司也是最成功的跨国技术合作公司。无论是 CFM 发动机还是 CFMI 公司都是传奇,它们已经成为若干国际知名大学,特别是美国各大著名工商管理学院教学中的经典案例。

CFM56 - 2 发动机

　　20 世纪六七十年代,商用航空得到了空前高速的发展。在北美和欧洲,中短程航线基本上被美国道格拉斯飞机公司的 DC - 9、波音 737 和英国宇航的 BAC1 - 11 飞机所垄断,而普惠公司的 JT - 3D、JT - 8D 和罗罗公司的斯贝 MK512 等第一代涡轮风扇发动机则垄断了发动机市场。美国 GE 公司和法国斯奈克玛公司都对巨大的发动机市场垂涎欲滴,分别于 60 年代末分别制定了自己的新一代 10 t 级涡扇发动机发展计划,其代号分别为 GE13 和 M56,两者的性能参数相近。但是现实情况是,GE 公司拥有技术而缺乏相应的研发资金,斯奈克玛公司方面则是有资金但苦于没有技术。

　　20 世纪 60 年代末期,GE 公司开始为 B - 1 远程战略轰炸机研究开发 F101 发动机,为该核心发动机配不同的风扇、低压转子和短舱构型,就可得到不同推力、不同用途且能适应不同飞机装机需要的发动机,但是美国政府和公司董事会都不愿意对此进行投资。反之,法国政府则提出了研究开发 10 t 推力级涡轮风扇发动机的设想,也愿意扶持斯奈克玛公司从单纯的军用发动机扩展到商用发动机领域。然而,斯奈克玛公司从未单独研制生产过商用发动机,缺少与航空公司用户打交道的经验,对商用发动机适航取证更是一窍不通,即使其军用发动机的技术水平也比普惠、GE 和罗罗等航空发动机三巨头至少落后一代。斯奈克玛公司与三家公司或其中一家公司成立合资公司应该是解决问题的最好出路。

在航空发动机三巨头中，罗罗公司首先被排除，因为英、法两国在很多问题上都互不相让，彼此都不甘心向对方低头。同时，长期以来，罗罗公司一方面凭借自己在航空发动机的优势排挤斯奈克玛，另一方面也想尽办法兼并斯奈克玛，这让法国政府甚是恼火。此外，英国人在之前双方合作的 A300 项目中的撂挑子行为给法国人留下了不好的印象。再者，罗罗公司因其商用 RB211 发动机的可靠性问题屡遭诟病。

斯奈克玛与普惠公司合作的希望也不大。当时普惠公司在商用航空发动机市场已经占据了高达 80％的绝对统治地位，感觉斯奈克玛公司希望在商用飞机发动机研究开发及市场销售方面合作的想法是"异想天开"，并断然拒绝，没有给斯奈克玛公司留下任何可以回旋的余地。

斯奈克玛公司别无选择，只能找 GE 公司。因为 GE 公司虽"贵"为航空发动机工业三巨头之一，但当时在大推力军用涡扇发动机大战中勉强与普惠打成平手，而尽管在商用发动机领域也有一席之地，但业务量并不是很大，利润也比较微薄。因此，在斯奈克玛公司来找 GE 公司的时候，正是 GE 公司对其商用前途感到迷茫，而且研发资金也不怎么乐观的时候。

1970 年 3 月，在美国波士顿丽兹卡尔顿酒店豪华宴会厅，斯奈克玛公司与 GE 公司举办的高层酒会就是一次很好的交流想法的机会。开场白之后，斯奈克玛代表团向 GE 公司三位高层人士提出了一项建议：让我们联合生产一种全新产品——一种 10 t 级推力的新型涡轮风扇发动机，这种新发动机将在蓬勃发展的商用航空领域展现全新的竞争力。

斯奈克玛公司方面的提议，着实让 GE 公司吃了一惊。其实，这并不奇怪，首先，斯奈克玛公司在商用发动机的研究方面尚无任何建树，其研发能力令人值得怀疑；其次，尽管其军用发动机独树一帜，但投入使用的总时数与 GE 公司的发动机根本无法匹敌，商用发动机所要求的发动机高可靠性法国更是尚无可靠的数据支持；第三，既然不处于同一个层次，那么其提出要求与自己"共同开发""共享成果"的想法实在让人匪夷所思。因此，他们谨慎地将话题转移至其他议题。

斯奈克玛公司对此并没有死心，新上任的公司总裁哈沃德展开了一系列高层公关。他极力说服法国总统乔治·让·蓬皮杜（Georges Jean Pompidou），请求他尽全力支持斯奈克玛公司，力争促成其与 GE 公司的合作项目。

1970 年 4 月，蓬皮杜总统给美国总统尼克松写了一封亲笔信，明确表明法国政府希望将斯奈克玛公司所提议的、与 GE 公司联合开发航空发动机的项目作为法、美两国间国家级战略合作项目。

尼克松总统将 GE 公司总裁诺依曼召进白宫了解情况。尼克松首先向诺依曼强调了美国与法国保持并发展联盟关系的重要性，之后要求 GE 公司以国家利益为重，将这项合作当成一项"政治任务"来落实。

诺依曼带着总统的授意回到公司召开了董事会。经过几轮辩论，董事们最后终于想出了一条堪称是万全之策的方案。其核心内容是 GE 公司愿意拿出正在研究的 F101 发动机核心发动机与斯奈克玛公司进行合作，由斯奈克玛公司根据该发动机的整体性能要求研究开发匹配其他部件，包括风扇、低压压气机、低压涡轮、附件机匣等。因为 F101 发动机是美国国防部全额投资的,且接近完成,这样既不用多少投资资金,也不需要再付出多少努力。更重要的是,这样就可以回避许多问题,同时还能完成总统所交代的任务,可谓是一举多得。

听完诺依曼关于方案的汇报,尼克松意识到,这朵到手的"玫瑰花"实际上就是一个"刺猬球"。很明显,如果他同意这个方案,他就必须首先想办法摆平国防部。

会见诺依曼之后,尼克松与当时担任总统顾问的拉姆斯菲尔德进行了秘密商讨与筹划。最后两人一致认为,一方面,加强美、法之间的盟友关系对于美国非常重要,这种盟友关系应该通过相应的项目来巩固;另一方面,国防部在这项合作中不能设置障碍和关卡。

经过双方公司的多轮磋商,1971 年 9 月,斯奈克玛公司与 GE 公司签订了初步合作协议,决定联合开发 CFM56 发动机,即 GE 公司商用涡轮风扇发动机序列"CF"(Commercial Fan)与斯奈克玛公司的"M56"(Moteur 56)两种型号的合并。同年 11 月,双方按 50:50 的份额组建了 CFMI 公司,由这家新成立的公司负责 CFM56 发动机项目的研制、试验、组织管理和产品销售。

就在 GE 公司和斯奈克玛公司推进 CFM56 发动机项目时,美国空军和国防部都站了出来,坚决反对 GE 公司使用 F101 核心发动机与法国斯奈克玛公司合作。美国空军认为F101 核心发动机是由军方投资为 B-1 战略轰炸机研制的,现在 GE 公司要用它与法国人合作研制 CFM56 发动机,实际上是将美国空军的技术秘密放手交给别人,涉嫌泄露军事技术秘密;而美国国防部则认为,这项合作有可能导致美国最先进的军用发动机技术通过法国泄露给苏联。1972 年 1 月,美国国防部拒绝了 GE 公司关于该发动机项目与法国斯奈克玛公司合作研制发动机的申请。

在合作申请被拒绝后,GE 公司并不甘心,一方面通过尼克松总统的科学顾问威斯要求政府重新审查;另一方面向美国政府有关负责人表示,GE 公司与斯奈克玛公司关于CFM56 发动机的合作项目并不是只是法方获利,它将为美国开辟巨大的出口市场和创造数千个工作岗位,并且还说每销售一台 CFM56 会给美国带来 2 万美元的授权使用费,F101 核心发动机本来在军用和商用上都是通用的,可为美国节省 1.8 亿美元的经费。于是,经过多重努力,美国政府有关部门表示不再阻拦合作申请了。

1972 年 7 月,美国国防部再次出面反对 GE 公司使用 F101 的核心发动机来与法国合作。因为根据 GE 公司的报告,F101 核心发动机将被运到巴黎附近的斯奈克玛公司维拉罗什(Villaroche)研发中心,在那里两家公司的工程师们将装配和试验第一台全尺寸 CFM56发动机。如此一来,F101 核心发动机技术确定无疑将会被法国"窃取"。

对此,尼克松总统的科学顾问威斯提出了一个折中的建议,如果将发动机的总装和首次试验从法国巴黎转移到美国俄亥俄州的辛辛那提,双方的工程师在美国政府的监管下协同工作,那么 F101 核心发动机技术泄密的风险就自然消除了。几周后,GE 公司按照威斯的建议向美国政府重新提交了一份新的申请,提出为了保证美国的利益不受任何损害并消除一切可能的、潜在的泄密隐患,CFM56 发动机合作项目将由 GE 公司全面负责,包括与斯奈克玛公司的技术界面定义、斯奈克玛公司对核心发动机的知情范围和权限等。在这份新的申请中还增加了一个细节,即 GE 公司同意为 F101 核心发动机向美国政府支付 8 000 万美元的特许税。

1973 年 5 月,美国总统尼克松和法国总统蓬皮杜在冰岛举行首脑高峰会。两人按照会议日程将商讨重要的国际事务,包括美国从越南撤军,美、法之间的航空关税,以及许多其他国际政治议题。斯奈克玛公司通过法国运输部向总统办公室递交了一份关于允许 CFM56 发动机技术数据出口的请示报告,而 GE 公司也向白宫递交了类似的报告。于是,CFM56 发动机合作项目也被列入两国总统的会谈日程表上。尼克松与蓬皮杜在一片热情友好的气氛中代表两国政府签署了在 CFM56 发动机项目上展开全面对等合作的意向书,并联合宣布了双方合作开发 CFM56 发动机的决定。

GE 公司和斯奈克玛公司于 1974 年 9 月 28 日正式签订了合作协议,成立了双方各占 50% 份额的合资企业—— CFMI 公司,总部设在美国辛辛那提 GE 公司总部,并确定了公司运行的规则细则,具体包括:①产品分工。GE 公司负责核心发动机(即高压压气机、燃烧室和高压涡轮)和发动机控制系统,斯奈克玛公司负责低压单元部分(包括风扇、低压压气机、低压涡轮)和附件传动装置;两家公司分别负责各自所承担部分的设计、研究、开发、制造、试验、考核、装配和售后服务;发动机整机装配和试车分别在两家公司进行,在此过程中产生的成本和费用由双方各自承担。②市场划分。GE 公司主要负责北美洲、南美洲、大洋洲、东南亚,以及中国、新加坡、南非等地区和国家;斯奈克玛公司则负责欧洲、中东、俄罗斯,以及非洲和亚洲大部分国家和地区。③利益分配。CFMI 公司负责全球销售 CFM56 系列发动机,并负责发动机在保修期内的售后服务,所获得的销售收入由双方按 50∶50 的比例平等分配;等等。法国政府则在第 6 个国家航空航天计划中明确规定,将对 CFM56 发动机项目给予充分的资金支持。

实际上早在 1971 年 9 月双方初步签订合作协议之后,11 月就开始了整机设计。1972 年 2 月,完成了整机设计,转入研制阶段。1974 年 6 月,第一台 CFM56 发动机在美国总装完成,并在 GE 公司的试车台上首次运行;同年 12 月,第二台发动机在法国总装完成,在斯奈克玛的试车台上运行,试车都取得了圆满成功。作为项目的原始型号,该型发动机被命名为 CFM56-2。

1977 年 2 月,CFM56-2 发动机装在 DC-8 飞机上进行了首次飞行试验。1979 年 3 月,CFM56-2 发动机又装在波音 707 上进行了飞行试验。随后,在麦道公司的 YC-15 和法国宇航公司的"快帆"(Caravelle)等飞机进行了飞行试验,试飞均取得了令人满意的结果。1979 年 11 月 9 日,CFM56-2 发动机获得美、法两国的适航认证。CFM56 发动机从 1971 年开始研制,到开始取证为止,扣除一年半的中间停滞时间,耗时 7 年,总共花费 10 亿美元。

虽说 CFM56 发动机通过了各种必要的试验验证,也完成了适航所需的工作,但尚未接到明确的用户订单。各个习惯使用普惠发动机的航空公司客户对 CFM56-2 发动机的卓越性能无动于衷,而波音和麦道两大飞机制造公司都忙于生产各种类型的新飞机,也不会过多考虑到底装哪一种发动机的问题。

面对这种尴尬的局面,GE 公司董事会多次要求暂缓推动 CFM56 发动机项目,但 GE 公司负责飞机发动机业务的副总裁杰克·派克(Jack Parker)和诺依曼都很乐观,因为他们已经看到,1973 年开始爆发的国际原油危机不断推高燃油价格,这对航空公司构成很大的运行压力。另外,随着人们环保意识越来越强,大家对发动机排气噪声和污染物的要求也越来越高,这些都是 CFM56 发动机的优势所在。也就是说 CFM56 不久必定就会迎来客户,而且是大量的客户。

就在 CFM56 项目难以为继的 1979 年 4 月,美国联合航空公司一次性订购了 150 台 CFM56 - 2 发动机为其 DC - 8 飞机换发,这件事终于挽救了 CFMI 公司。事实上,DC - 8 飞机原来装机的是普惠公司的 JT - 3D 涡扇发动机。由于燃油价格飞涨,飞机的运营成本大幅度上升,使用大推力、低耗油率的 CFM56 - 2 发动机替换原来的 JT - 3D,不仅可以使飞机性能大幅度提高,而且从经济上也很划算。同时,DC - 8 飞机的起飞噪声大幅度降低,能够满足 FAA 规定的第三阶段噪声水平要求,且飞机的航程也将大幅度增加。

1979 年 11 月,斯奈克玛公司总裁哈沃德游说法国空军,建议用 CFM56 - 2 发动机为法国空军的波音 KC - 135FR 加油机换发,这样可以增大法国战略轰炸机"幻影"Ⅳ的活动范围。法国政府批准了哈沃德的建议,拨专款给法国空军用于 KC - 135FR 加油机换发。其实,哈沃德的主意已经打到美国空军头上,因为他们使用的也正是由波音 707 飞机改装而来的 KC - 135 加油机。

1980 年 6 月,看到法国空军使用 CFM56 - 2 发动机换发后的 KC - 135FR 性能显著提高,美国空军决定对其所有的预警机和加油机也进行换发。为此,美国空军为换发项目专门成立了专家组,对 CFM56 - 2 和 JT - 8D 两型发动机换发展开公开竞标,要求所选择的发动机必须满足综合成本最低的要求。

DC - 8 飞机

KC - 135 加油机

1980 年 9 月,竞标结果揭晓,美国空军决定为其装备的绝大多数 KC - 135 飞机换装 CFM56 - 2 发动机,剩余十几架 KC - 135 飞机将使用库存的几十台普惠公司的 TF - 339 发动机。1982 年 1 月,美国国防部正式命名 CFM56 - 2 发动机为 F108 发动机。1984 年 7 月,F108 发动机首次装在 KC - 135R 空中加油机投入使用。1986 年 7 月,换发后的 E - 3 预警机投入使用。1987 年 2 月,换发后的 KE - 3 空中加油机投入使用。1989 年 8 月,换发后的 E - 6A 预警机投入使用。

CFM56 - 2/F108 发动机成功换装 DC - 8 客机和 KC - 135 加油机并投入使用以后,CFMI 公司上下信心倍增。经过分析论证,他们认为,波音 737 这个 150 座级中短程机型朝气蓬勃、前途无量,决定主动出击,以 CFM56 发动机的优异性能将老对手普惠公司的 JT -

8D 发动机从波音 737 上挑落马下。实际上,经过几个型号的换发,波音公司也开始对 CFM56 发动机另眼看待。

B‑737 飞机

1980 年 12 月,CFMI 公司与波音公司开始密切接触。双方很快于 1981 年 3 月签订了一项关于发动机研究开发的合同。合同约定,波音公司与 CFMI 公司携手推出一型专门以 CFM56 发动机为动力的波音 737 飞机,即波音 737‑300/CFM56‑3。

1982 年 4 月,首台 CFM56‑3 发动机投入试车试验;1983 年 1 月,CFM56‑3 装在波音 707 飞机上首飞;1984 年 1 月,CFM56‑3 取得适航认证;1984 年 12 月,波音 737‑300/CFM56‑3 投入使用;1988 年 9 月,波音 737‑400/CFM56‑3 投入使用;1990 年 3 月,波音 737‑500/CFM56‑3 投入使用。

波音 737max8 飞机

在波音 737‑300/CFM56‑3 项目正式启动时,波音公司和 CFMI 公司曾经估计,该型飞机的市场需求量有可能会达到 400 架。然而,事实却让整个航空界难以置信:波音公司共销售了 2 000 多架波音 737‑300/400/500 飞机,CFM56‑3 发动机也交付了近 5 000 台,双双创下了单型号飞机和发动机的销售纪录,这也使波音 737 系列飞机联手 CFM56‑3 发动机共同步入辉煌。

正是波音公司与 CFMI 公司在波音 737 飞机上成功的合作,使得波音公司在后续的波音 737 飞机换装新的 CFMI 公司发动机时感觉得心应手。[2015 年 12 月 8 日开始出厂的波音 737MAX8 飞机(装 CFMI 公司的 LEAP 1B 发动机)很快就用事实证明这句话言过其实。在刚到 2020 年不满 5 个月的时间里,两架波音 737MAX8 客机相继莫名坠毁,346 个鲜活的生命随风而逝,其中还有 8 位远在异国他乡的中国同胞。]

经此一役,CFMI 公司夺取了普惠公司占据的大部分商用发动机市场,夺得了世界商用发动机制造商俱乐部的头牌交椅,而斯奈克玛公司也成功地杀进了商用发动机领域,成为名副其实的世界"老四"。

1982 年 2 月,空中客车公司的 A300/310 宽体客机获得适航认证,打破了美国垄断客机市场的局面后,决定开始研制与波音 737 系列和麦道 MD－80 系列进行竞争的 A320 系列飞机,这也是一型 150 座级、单通道、双发中短程客机,同时是第一款使用数字电传操纵飞行控制系统的商用飞机,也是第一型放宽静稳定度设计的民航客机。

1983 年 9 月,普惠公司、罗罗公司两大航空发动机巨头,联合日本航空发动机财团(JAEC,由石川岛播磨重工、川崎重工和三菱重工组成)、德国摩天宇(MTU)公司和意大利菲亚特公司成立了国际航空发动机(International Aero Engines,IAE)公司,专门针对 A320 系列飞机研究开发 10～14 t 级的 V2500 发动机。在合资公司中,普惠公司占 30% 的股份,负责燃烧室、高压涡轮和涡轮机匣的研制;罗罗公司占 30% 的股份,负责高压压气机的研制;日本航空发动机财团占 20% 的股份,负责风扇和低压压气机的研制;德国 MTU 公司占 12% 的股份,负责低压涡轮的研制;意大利菲亚特公司占 8% 的股份,负责附件传动齿轮箱的研制。

V2500 发动机

该发动机的研制分工与 CFM56 颇为相似,也是发动机巨头负责核心发动机,其他公司负责外围部件。1985 年 12 月,第一台 V2500 发动机开始地面运转。经过反复改进和试验验证,1988 年 4 月 24 日,发动机取得美国联邦航空局颁发的型号适航证,7 月开始安装在空中客车公司 A320 上试飞。1989 年 5 月,该发动机正式投入商用使用。

1984 年 9 月,CFMI 公司积极应战,与空客公司签订了 CFM56－5 发动机的采购合同,并开始研制 CFM56－5A 型发动机。该发动机为 11.5 t 级,其推力比 CFM56－3 型更大、耗油率更低,并首次使用第二代双通道 FADEC 取代传统的机械液压控制系统。1987 年 2 月 22 日,以 CFM56－5A 发动机为动力的 A320 飞机成功首飞。1988 年 2 月,A320 飞机和 CFM56－5A 发动机获得 FAA 和欧洲民航管理局(JAA)联合颁发的适航证。1988 年 3 月,其开始投入商业运营。

空客公司也很乐于提供分别安装 CFM56 和 V2500 两个版本的 A320 飞机供航空公司选择,让用户根据各自的选择准则和讨价还价结果选定自己中意的发动机,由此引发了商用航空发动机"大战"。

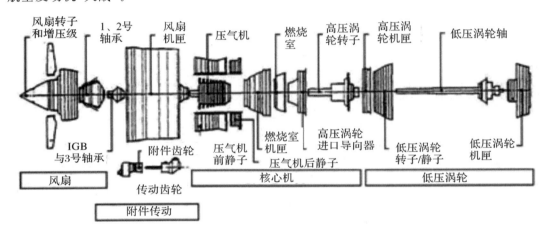

CFM56 发动机的单元体

此次"大战"的主角显然分别已是 V2500 与 CFM56－3 的新型号,两种发动机性能基本相当,投入使用时间也相近,那接下来的"战争"将靠什么呢?

一是拼价格。V2500 在价格上的确没有太大的优势,这是因为 V2500 发动机尚处于生产和交付的初期,制造成本居高不下,所以销售价格明显比 CFM56 发动机高,并且那些已经采购 CFM56 发动机的 A320 飞机用户,都不愿意在同一飞机机型上使用不同的、费用更高的 V2500 发动机。

二是拼发动机可靠性和售后服务。CFM56 在使用可靠性和售后服务上完胜 V2500,因为 CFMI 公司的设计理念明显比 IAE 公司的先进,虽然两型发动机都采用了单元体设计,但 V2500 发动机有 25 个维修单元,而 CFM56 发动机却只有 17 个。另外,虽然 CFM56 发动机又细分为几十个型号,但各型号之间零部件的通用性和互换性很好,各型发动机均具有相同或类似的技术支持系统,包括航线维护程序及车间维护程序、发动机备件、通用和专用工具、发动机数据手册和修理程序。再者,CFM56 发动机有更好的使用可靠性,其承诺的空中停车率(IFSR)低于 0.002,返厂维修率(SVR)低于 0.015,航班签派率(DR)高于 0.98,都明显优于 V2500 - A5。更让 IAE 难以理解是,CFMI 承诺如果发动机出现空中停车,一年之内的第一次空中停车赔 10 万美元,第二次赔 25 万美元,第三次以后每次赔 50 万美元!而 V2500 表示 10 年内停车只能赔 5 万美元,而且只能是一次!

三是展开强大的公关活动。在这一点上,V2500 具有自然的优势,因为 IAE 公司是五个国家组成的合资公司,因此在这些国家自然都有相应的影响力。例如,德国汉莎航空公司一直是 GE 公司的忠实用户,双方的合作也很愉快,然而在为其订购的 A321 飞机选择发动机时,尽管 CFMI 公司给出的发动机无论是报价还是服务,或是发动机技术支持都具有明显的优势,但是汉莎航空还是订购了 V2500 发动机。因而 CFM 公司认为,这是 MTU 公司和德国政府在,打"亲情牌"、玩"双重标准"。但在国际政治、经济和技术活动中,谁都知道这种事是一种再正常不过的事情。

根据 *COMMERCIAL ENGINES 2019*,截至 2019 年 5 月,CFMI、GE、IAE、罗罗、普惠分别占全球商用航空发动机存量市场(按数量)的 44%、23%、12%、12%、7%。从实际的订货数量来看,仅在空客飞机上,CFM56 对 V2500 的成绩接近 2∶1。从 2020 年底的市场份额来看,CFMI 公司凭借其 LEAP 系列发动机优异的燃油经济性,牢牢把握住窄体飞机(在役飞机总数约为宽体飞机总数的 4 倍以上)70% 以上的市场份额,成为波音及空客交付数量和订单数量最多的供应商。因此,CFM56 发动机称得上是商用发动机市场的王者。

目前全球主流商用飞机装机航空发动机情况

机型		装机发动机数	首选发动机及厂商	备选发动机及厂商
窄体飞机	A319 neo /A320 neo /A321neo	2	LEAP,CFMI	PW1100,P&W
	737Max 系列	2	LEAP,CFMI	—
	C919	2	LEAP,CFMI	CJ1000(中国商发)
宽体客机	A350	2	TrentXWB,RR	
	777 - 8X/9X	2	GE9X,GE	—
	787Dreamliner	2	GE9X,GE	Trent1000,RR

CFM56 - 5B 发动机

C919 飞机使用的 LEAP 1C 发动机

这场商用航空发动机"大战"如同美国曾经并一直出现的大推力军用涡扇发动机"大战"一样,既没有出现一方战败退出市场的局面,也没有出现一家独大的情况,结果竟然都是多赢。这样的结果是用户、航空发动机的制造商以及各国政府所乐见的。

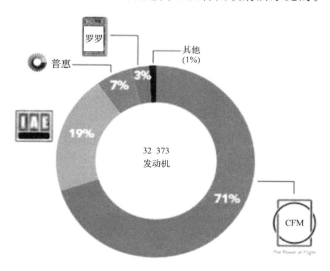

2020 底年全球窄体商用飞机发动机份额情况

2021 年 7 月,IAE 公司宣布其生产的 V2500 发动机的运营时间超过了 2.5 亿飞行小时。显然这对于一型航空发动机而言是一个传奇,然而早在两年前的 2019 年 6 月,CFMI 公司在巴黎航展期间就宣布:CFM56 系列发动机已实现 10 亿(其中包括波音 737 等飞机运行时间大于 A320 系列的时间)发动机飞行小时里程碑,从而成为全球史上首型达到这一记录的大涵道比商用涡扇发动机,这是任何一家航空发动机厂商都从未取得过的壮举。

参考文献

[1]　彼得.美国飞机燃气涡轮发动机发展史[M].张健,等译.北京:航空工业出版社,2016.
[2]　斯米尔诺夫.俄罗斯航空发动机制造史:中[M].向巧,宁喜钰,王良,等译.北京:航空工业出版社,2015.
[3]　斯米尔诺夫.俄罗斯航空发动机制造史:下[M].向巧,宁喜钰,王良,等译.北京:航空工业出版社,2015.
[4]　张伟.航空发动机[M].北京:航空工业出版社,2008.
[5]　方昌德.航空发动机的发展历程[M].北京:航空工业出版社,2007.
[6]　CONNORS J. The Engines of Pratt & Whitney:a Technical History:as Told by the Engineers Who Made the History[M]. Reston:AIAA,2009.
[7]　彭友梅.苏联/俄罗斯/乌克兰航空发动机的发展.北京:航空工业出版社,2015.

[8]　火心 2000. 高卢雄机之心：上［EB/OL］.（2021 - 05 - 17）［2022 - 01 - 31］. http：//www. scicat. cn/news/junshi/20210517/5154534. html.

[9]　火心 2000. 高卢雄机之心：下［EB/OL］.（2021 - 04 - 17）［2022 - 01 - 31］. http：//www. scicat. cn/news/junshi/20210417/5154534. html.

[10]　程捷. LEAP CFM56 的完美继任者［J］. 中国民航报，2019(1)：4 - 5.

[11]　陈光. 世界最成功商用发动机——CFM56 - 2 发展概况和总体结构［EB/OL］.（2017 - 11 - 22)［2022 - 01 - 31］. https：//www. sohu. com/a/205979325_332162.

[12]　陈光. 世界最成功商用发动机——CFM56 发展概况 ［EB/OL］.（2017 - 11 - 17）［2022 - 01 - 31］. https：//www. sohu. com/a/205018425_332162.

[13]　航空之家 AH. 尼克松出面才解决问题，CFM56 发动机项目背后鲜为人知的故事［EB/OL］.（2020 - 11 - 06）［2022 - 01 - 31］. https：//baijiahao. baidu. com/s？id＝1682603133182239412＆wfr＝spider＆for＝pc.

[13]　余平. 航空发动机行业深度报告：中：航空发动机产业链分析 ［EB/OL］.（2020 - 06 - 29)［2022 - 01 - 31］. https：//baijiahao. baidu. com/s？id＝1732043444427449447＆wfr＝spider＆for＝pc.

5 发动机"飞来横祸"的故事

很多人都看过美国影片《萨利机长》,这部影片是根据 2009 年全美航空公司 1549 号航班创造的"哈德逊河奇迹"真实故事改编的。影片上映后好评如潮,被称为史诗级空难题材大片,给观众上了一堂非常生动的关于航空发动机撞鸟危害的科普课。

客机撞鸟

战斗机撞鸟

2009 年 1 月 15 日 15 时 26 分,由副驾驶杰弗里·斯基尔斯(Jeffrey Skiles)驾驶 A320 客机(飞机注册编号 N106US)执飞全美航空公司的 1549 号航班,从纽约拉瓜迪亚机场 4 号跑道起飞,原定经停夏洛特飞往西雅图。飞机起飞 2 min 后到达 1 100 m 的高度,一群黑鸟在机长切斯利·萨利·萨伦伯格(Chesley Sullenberger)的视野中一闪而过,随之"轰轰—"几声巨响从两侧发动机处传来。副驾驶斯基尔斯发现两台 CFM56 发动机转速迅速下降并熄火停车,他立即向机长汇报飞机失去动力。萨伦伯格意识到可能是发动机撞鸟了,他迅速启动辅助动力装置,并接过了飞机的操纵权。他让副驾驶斯基尔斯执行双发停车检查程序,多次试图启动发动机,结果全部失败了。与此同时,萨伦伯格紧急联络机场空管,报告飞机正在失去动力。机场空管迅速反应,建议立即转向返回机场,或者不改航向飞往新泽西州机场。萨伦伯格则认为,飞机马上就要完全失去动力,根本不可能长距离飞行,必须立即设法在哈德逊河上迫降!因为一旦飞机彻底失控,将会坠入高楼林立的纽约市区,再次造成一场"9·11"式的灾难。这个决定把空管吓呆了,一时间竟然不知道如何回答。

在极短时间内,萨伦伯格就做好了迫降的一切准备工作。为了防止乘客过于惊慌而失控,直到大约 300 m 高度时,他才向乘客通知将要迫降,并让他们做好准备。

萨伦伯格以惊人的技巧驾驶着飞机,以接近失速的 232 km/h 最低速度撞向河面。在接近河面的瞬间,飞机尾部首先触水,因为这里没有乘客。随后,飞机腹部接触水面滑行了一段时间以后,完全入水的瞬间飞机速度只有 28 km/h,还不如普通轮船的速度。即便如此,飞机仍然受到强大冲击力,在水面滑行期间一台发动机脱落坠入河中,但飞机机身相对完整。

萨伦伯格在最短的时间内,做出了最正确的判断,凭借高超的技术和一点运气,完成了一个教科书式的"机腹"迫降动作,有效防止了这架重达 100 t 飞机与水面接触时的解体。这是近半个世纪以来民航客机首次成功地迫降在一条河流上,而且机上 155 名乘客和机组人员全部生还,其中几十人受伤,仅有 5 人受重伤。

迫降在河里的 1549 航班

切斯利·萨利·萨伦伯格

美国国家运输安全委员会(National Transportation Safety Board,NTSB)在事故调查报告中总结道:在事故期间,机组成员的专业水准和优秀的机组资源管理,使得他们对飞机的控制达到最优水平,操纵飞机完成了一次最优秀的降落。

因"哈德逊河奇迹"一举成名的萨伦伯格机长,被称为美国的国家英雄。时任美国总统乔治·沃克·布什(George Walker Bush)在离任几天后致电萨伦伯格,感谢他拯救了乘客的生命。刚当选美国总统的贝拉克·侯赛因·奥巴马(Barack Hussein Obama)也邀请他以及全体机组人员参加他的总统就职典礼,之后机长不断被授予各种奖章和荣誉称号。2021 年 6 月,他被拜登总统提名为国际民用航空组织理事会的美国代表。

撞鸟对航空安全造成重大威胁。据估计,仅在美国,每年就有超过 13 000 起撞鸟事故。实际上,发动机撞鸟的概率在飞机撞鸟中占有较大的比例,发动机撞鸟的危害更为严重的事故,可能鲜为人知,"哈德逊河奇迹"只是众多发动机撞鸟事件中一个令人感动的故事。据波音公司对该公司的 B-737、B-747、B-757 与 B-767 四型飞机在 1982 年 1 月到 1993 年 6 月的十一年零六个月时间的统计,发动机撞鸟高达 970 次,占飞机撞鸟事件的 76.7%。而发动机与发动机短舱的迎风面积仅占整个飞机迎风面积的 15% 左右,说明绝大部分鸟都是在发动机巨大吸力的作用下加速撞向发动机叶片的!严格说来,此类事故不应称为发动机撞鸟,而应称为发动机吸鸟或者吞鸟。因此,国外大多数资料将发动机撞鸟称为发动机吸鸟。

现代涡扇发动机的吸气量(空气流量)通常为每秒几十到几百千克,配装波音 777 的 GE90 发动机的吸气量更是高达每秒 1 400 多千克,所以处于起飞状态发动机进气口的气流,就像一个巨大的龙卷风,可以将前面一定范围内的任何物品吸到发动机中。所有可能损伤航空发动机的外来的物质、碎屑或物体通称为外来物（Foreign Object Debris，FOD）。在空中常见的有飞鸟、昆虫、冰雹、雨水等等，在跑道上常见的有金属零件（螺帽、螺钉、垫圈、钉子、保险丝等）、机械工具、飞机遗落的防雨布、橡胶碎片、塑料制品、跑道上脱落的混凝土沥青碎块（石头、沙子、冰碴等）、人员遗落的衣帽、记录笔、纸张、各类小动物（野鼠、蛇等），甚至还有误入禁区的工作人员。2002 年 4 月 20 日下午，在日本大阪关西国际机场，一名中国国际航空公司的机务人员被本公司的一架正在向起飞跑道滑行的波音 B767 发动机吸入，造成该机务人员当场死亡，发动机严重损坏。2006 年 5 月 12 日下午，哈尔滨太平国际机场的一名机务人员被一架上海航空公司正在向起飞跑道滑行的波音 737-800 发动机吸入，造成该工作人员当场死亡，发动机严重损坏。

吸入外来物造成损伤（简称"外来物损伤"）真可谓航空发动机防不胜防的飞来横祸！其造成的危害远大于外来物撞击飞机其他部位造成的损伤。这是因为现代涡扇发动机普遍采用跨声速风扇，起飞状态时风扇叶片尖部的周向速度高达 350～450 m/s，这时来流的速度也要大于飞机的飞行速度，外来物被裹挟在两者合成速度的气流里，飞行速度要远大于飞机其他部件，造成的损伤自然会更大。如果叶片不幸被打断，或者外来物没有被彻底打碎，它们可能会随气流流向后方，进一步打坏增压压气机、高压压气机等重要部件，严重的"二次损伤"会造成发动机停车。

由于民航飞机、运输机、轰炸机等大中型飞机通常至少有两台发动机，而且发动机分别位于飞机两侧，相邻位置较远，所以像全美航空公司 1549 号航班那样所有发动机都因撞鸟而停车的概率还是比较低的。但是战斗机、强击机等小型飞机的两台发动机间距较小，很多甚至是单发飞机，一旦发动机撞鸟停车，则很难避免飞机坠毁事故。

2020 年 10 月，央视军事频道报道了一起歼-10 战斗机撞鸟的事故：中部战区空军某旅一架歼-10 战斗机在低空遭遇撞鸟后发动机停车。在飞机失去动力的情况下，飞行员王建东仍驾驶战斗机持续滑翔了 37 s，期间还三次转弯机动，直到确定避开所有居民区后才在仅有 75.9 m 高度的超低空弹射跳伞，以大无畏精神保全了人民群众生命财产的安全。这次之所以能实现长时间无动力持续滑翔，首先要归功于飞行员将生死置之度外的冷静操纵，其次要归功于我国歼-10 战斗机的优秀气动设计。

类似的事件还有多起，都暴露出单发战斗机在遭遇外来物时的无奈。因为一旦导致发动机故障，单发战斗机坠毁的概率远高于双发战斗机。如果是双发战斗机，在单台发动机熄火的情况下，依靠另一台发动机完全有可能安全返回机场的。

尽管单发战斗机的可靠性低于双发战斗机，但是其在经济性方面具有明显的优势，所以，第一代、第二代战斗机多数采取单发方案，例如米格-15、米格-21 等典型机型，第三代、第四代战斗机中也不乏 F-16、F-35 等典型机型。

但是，单发战斗机的发动机确实经不起任何闪失。2021 年 11 月 17 日，英国空军一架 F-35B 隐身战斗机在地中海的"伊丽莎白女王"号航空母舰上起飞时坠毁，原因竟然是起飞时发动机吸入了一块忘记取下的防雨布。尽管飞行员很快就发现了发动机工作异常，但是已经来不及终止起飞，只能眼睁睁看着这架价值一亿英镑的 F-35B 战斗机冲出滑跃起飞甲板，由于滑跑速度不够而坠入了 2 000 多米深的地中海。在飞机坠海前的瞬间，飞行员拉动了弹射座椅,成功地被弹射出座舱,随后被航母救援人员救起。

这架坠毁的 F-35B 就是单发战斗轰炸机,机身中部有一根发动机传动轴直接连接升力风扇,从而为垂直起飞提供升力;尾部的发动机喷口可以偏转向下,属于垂直/短场起降型飞机。在航空母舰(简称"航母")上一般都会采用短距起飞方式起飞,这是因为采用这种方式起飞时飞机可以携带更多的燃油或者弹药。但是其状态转换需要时间较多,这也是发生本次事故的原因之一。

虽然大多数发动机吞鸟事故都属于"交通意外",但是也有令人啼笑皆非的"自投罗网"事件。20 世纪 70 年代初的一个盛夏上午,位于中原某地的空军某团正在组织歼-6 飞机地面试车,一台发动机顺利起动后,随着转速平稳上升,发动机的轰鸣声逐渐响彻机场上空。突然,从远处飘来一团黑影直扑飞机进气道,试车员还没来得及做出反应,只听"轰轰"几声巨响,发动机喘振停车。事后检查发现,竟然有成百只"知了"被吸进了发动机,造成发动机气流通道堵塞、喘振,甚至折断了部分铝制压气机叶片,以致在发动机喷口调节片上能看见"挂铝"(折断的铝制叶片在经过燃烧室时被烧化所致)。

"知了"学名为蝉,这种昆虫的幼虫冬天蛰伏在地下,以吸食植物的根为生,夏天幼虫破土而出,脱壳羽化,靠刺吸植物的汁为生。雄虫腹部有发音器,能连续发出在几千米外都能听到的尖锐叫声,通过发出响亮的"嗡嗡—"声寻找配偶。据昆虫专家介绍,应该是发动机在某个状态发出的声音与雄虫的叫声相似,吸引了大量雌虫飞来"自投罗网"。据调查,在夏季发动机地面试车时偶然吸入"知了"等昆虫的情况还是比较常见的,只是没有这次事故数量那么大,造成发动机损伤这么严重的。

航空发动机外来物损伤的严重程度与外来物的性质、质量、速度,以及叶片的结构特点、撞击到叶片上的位置等因素有关。根据性质,外来物可以分为软体和硬体两大类,飞鸟、昆虫、橡胶碎片、塑料制品、衣物、各类小动物等显然属于软体,其他多属于硬体,两类外来物造成的损伤显然是不同的。

下面这个故事很能说明这个问题。擅长生产高性能跑车的德国保时捷的工程师希望借用美国航空航天局(NASA)的空气炮来测试他们新款跑车的挡风玻璃窗撞鸟的安全性。经过协调,空气炮测试系统不久被运到德国并做好了试验准备。模拟撞鸟试验开始后,空气炮将一只死鸡从炮管发射出来,以 200 km/h 的高速撞在跑车的挡风玻璃上。当保时捷工程师们看到惨不忍睹的试验现场时,几乎吓得半死!因为死鸡打穿了挡风玻璃,接着在座舱中爆裂开来,砸毁了中控台,甚至击穿了驾驶座,最后钉在后座内壁上。两腿发软的德国工程师非常震惊:他们设计的挡风玻璃怎么会如此不堪一击!他们连忙把试验过程和结果发给NASA,并附上详细的挡风玻璃设计,低声下气地向美方请教应该如何改进他们跑车的挡风玻璃设计。NASA 很快地回复了,不过回复内容只有一句话:"Defrost the chicken first(先把鸡解冻了)。"原来保时捷工程师直接用冰箱中冷冻的鸡进行试验,而冻鸡与活鸡的物理性质完全不同,一个属于硬体,一个属于软体,因此试验结果完全不同。由于真鸟的性质和质量等都很难统一,现在航空发动机吞鸟试验都采用明胶制成的仿真鸟。

一般来说,在质量、速度相似的情况下,外来物的硬度越大,给航空发动机造成的损伤也越大。因此,跑道上散落的金属零件和机械工具等,对航空发动机造成的威胁最大,而这些外来物几乎不会对飞机其他部件造成威胁。因此,航母的舰员常在在甲板上排队清理外来物。

在相似条件下,外来物的质量越大,可能给航空发动机造成的伤害也越大。然而,1982年的英国航空 009 航班在印度洋万米高空巡航飞行时,突然遭遇 4 台发动机相继全部停车,1996 年前经历九死一生最后奇迹生还的故事,却得出了一个截然相反的结论。

这架 009 航班于 1982 年 6 月 24 日从伦敦希思罗机场飞往新西兰的奥克兰机场,中途经停孟买、清奈(现称马德拉斯,印度城市)、吉隆坡、珀斯及墨尔本。执飞 009 航班的是一架波音 747 - 236B 型客机(飞机注册编号 G - BDXH),配装 4 台罗罗公司的 RB211 - 524B2 涡扇发动机,航班上共有 15 名机组成员和 248 名乘客。

24 日晚上 7 点,009 航班抵达了马来西亚吉隆坡国际机场进行中转休息,同时更换了机组成员。新机组包括机长艾瑞克·穆迪(Eric Moody),41岁;副驾驶罗杰·凯文斯(Roger Greaves),32 岁;飞行工程师巴里·特里福瑞门(Barry Townley - Freeman),40 岁。穆迪机长从 16 岁就开始学习滑翔机,驾驶经验非常丰富,是全世界最早的波音747 飞行员之一;副驾驶凯文斯担任副驾驶也已有6 年时间,不过这一次是他首次与穆迪机长合作。

艾瑞克·穆迪

经过短暂休整之后飞机再次起飞,在飞越印度尼西亚上空之后,开始在印度洋 11 000 m 高空巡航飞行。再有三个多小时,航班将降落在西澳大利亚首府珀斯。穆迪机长熟练地检查了气象雷达,雷达显示接下来几百千米航线上的天气晴好。于是他将飞机调整到自动驾驶状态,走出驾驶舱去了一趟洗手间。此时客舱内早已鼾声一片,经过十多个小时的飞行之后,很多人都已经十分疲劳。当穆迪机长从洗手间里走出来,突然闻到有一股刺鼻的硫黄味道。他抬头看着客舱的天花板,只见一阵烟雾在客舱的顶部缭绕。穆迪机长马上命令乘务员在客舱中检查是不是有乘客抽烟引起了火灾。

这时,驾驶舱中的副驾驶凯文斯和飞行工程师福瑞门也观察到飞机的挡风玻璃上开始出现蓝色的光点。作为老飞行员,他们知道这应该就是所谓的"圣艾尔摩之火",即一种由古代船员命名的冠状放电现象。它通常发生在雷雨环境下船只桅杆顶端之类的尖状物上,产生如火焰般的蓝白色闪光。当飞机穿过强大的雷雨云时有时也会看到这种现象,不过此时机舱外晴空万里,气象雷达上也没有显示任何异常情况。很快,整架飞机就被蓝色光点包围了起来,从驾驶舱里已经看不清外面的情况。凯文斯趴在右舷窗上向外观察,眼前的情景让他惊呆了,飞机的 4 号发动机已经被蓝色的光点包围了起来。

此时,客舱内的烟雾越来越浓,空乘人员一直也没有找到烟雾的来源。穆迪机长也从左侧舷窗发现了机舱外的异常情况,飞机的 1 号发动机也被蓝光包裹着。有些乘客望出窗外时,甚至看到发动机尾部喷出长达 6 m 的火焰,如同探照灯一样亮。在发动机风扇叶片中亦可看到火光。

英航 009 航班事故现场

穆迪机长赶紧返回驾驶舱，与副驾驶凯文斯一起接管飞机，毕竟大家此前谁也没有遇到过这样的情况。同时，他安排飞行工程师福瑞门检查客机仪表数据，排除可能的电子设备失火问题，但仪表并没有显示飞机的哪个部件出了问题。随着时间的推移，烟雾越来越浓，随即驾驶舱中响起了报警声。

这时，4 号发动机在经历了短暂加速后推力下降并逐渐熄火，穆迪机长马上关闭了该发动机，飞机便开始剧烈地颠簸了起来。紧接着，2 号发动机也失去动力。当机长准备执行第 2 个发动机关闭程序的时候，1、3 号发动机也突然相继停止运作。4 台正常运转的发动机在一分半钟之内相继停车，飞机瞬间变成了巨大的滑翔机，恐惧的情绪开始在客舱蔓延。

在失去动力的情况下，自由滑翔的波音 747 每下降 1 km，最多可以水平滑行 15 km 的距离。这意味着以 009 航班当时的高度 11 280 m，飞机最多可以滑翔 169 km。按照这样的推算 009 航班还能最多滑翔不超过半小时，就将会在印度尼西亚以南的海面上坠毁。当务之急是马上恢复动力，否则距离机毁人亡只是时间问题。但是，飞行员们在模拟机上日常训练的发动机空中停车科目，与今天遇到的情况却大相径庭。

雅加达时间 20 点 44 分，穆迪机长宣布客机进入紧急状态。副驾驶凯文斯向雅加达空管中心通报：客机所有的 4 台发动机停车，飞机高度正在不断下降，三次"Mayday"（紧急）呼叫宣告英国航空 009 航班进入危机状态。（Mayday 是国际通用的无线电通话遇难求救信号。发出 Mayday 时必须连续呼叫三次，以免误听、被噪声盖过或与其他通信混淆。）

印度尼西亚的航管员由于语言问题无法正确了解英航 009 航班的实际情况，而且波音 747 之前还从未有过 4 台发动机全部熄火的情况。凯文斯说 4 台发动机同时熄火，航管员一直以为是客机的 4 号发动机停车。直到附近的一架航班转达求救信号，空管员才完全了解状况。

雅加达地面管制中心听说 009 号客机所有发动机在空中熄火之后，立刻建议让客机返航，在距离他们最近的雅加达哈利姆机场迫降。尽管经过计算客机的滞空时间根本不够返回机场，但是因为并无更好的方案，机长不得不将客机掉头，同时不断努力重启发动机，祈祷客机能够重新恢复动力。机组开始给旅客们分发救生衣，为迫降海面做准备。

执行一次标准的重启发动机程序需要耗时 3 min，但在飞机不断下降的过程中，客机最多只有十次重启的机会。情况十万火急,真可谓九死一生!在经历了七次重启失败之后,飞行高度已经不足 4 000 m,但四台发动机依然毫无反应。在客机和雅加达的机场中间,还有一座三千多米的高山横跨在爪哇岛上。

但是机长却依然坚信还有拯救客机的希望,他再一次地开始重启发动机的准备工作。客机距离山体越来越近,机长按下了发动机起动按键。大约 1 min 以后,4 号发动机突然开始运转,随后其他三台发动机也陆续起动成功。原本失去动力的英航 009 航班一下子满血复活,寂静无声的客舱突然充满了发动机的轰鸣声和乘客的欢呼声。

副驾驶凯文斯带着劫后余生的喜悦向雅加达空管中心通报信息:4 台发动机全部重新启动成功,飞机动力恢复正常!这次印度尼西亚的空管员听懂了他们的对话,并要求 009 号航班备降雅加达哈利姆机场。

机长广播再次响起,穆迪机长用轻松的口吻向乘客们通报:飞机预计 15 min 后落地!

穆迪机长让飞机开始爬升,以拉开飞机与下方山体之间的距离。但就在飞机爬升到大约 5 km 之际,神奇的“圣艾尔摩之火”再次降临飞机周围。穆迪机长急忙操控飞机开始下降,这时 2 号发动机又开始颤抖,这是故障的前兆!他当机立断开始执行关闭发动机程序,副驾驶凯文斯紧急通知雅加达空管中心:飞机的高度又从 5 000 m 降至 4 000 m,飞机只有 3 台发动机正常工作。

飞机在最后的进近过程中,有一层雾附着在风挡玻璃上,使正面的能见度变得很差,只能从侧窗观察到一些机外的情况,打开风挡吹风器(类似于汽车的除雾器)效果也不明显。

就在 009 航班准备降落的过程中,机组收到一则坏消息:雅加达地面管制中心告知他们哈利姆机场的着陆引导系统不能正常使用。显示跑道中间标线左、右两侧的下滑道定位器可以使用,但提供降落状态相关信息的下滑道指示器失灵了,飞行员必须以手动方式降落飞机。

迫降后的英航 009 航班(雅加达机场,1982 年 6 月 25 日)

关键时刻彰显英雄本色!穆迪机长操纵飞机,副驾驶凯文斯负责喊出飞机应该保持的距离和高度,穆迪机长通过凯文斯提供的数据调整下降速度。“200(ft)、100、50、30…”,随着数字的递减,009 航班终于平安落地。

009 航班的事故原因成为大家急需了解的重点:没有起火点,为什么客舱内冒出那么多浓烟? 4 台发动机为何同时停车? 神奇的"圣艾尔摩之火"现象,为什么会发生在干燥的高空?

飞机停稳之后,大家这才发现这架波音 747 客机的外表受损严重,油漆脱落,驾驶舱风挡玻璃遭受了严重的刮伤。

事故调查组在哈利姆机场将飞机的 3 台发动拆卸下来,用货运飞机送回罗罗公司,由罗罗公司的工程师麦克姆·葛雷本(Malcolm Grayburn)负责进行分解检查。葛雷本看到分解后的发动机后也表示很震惊,因为发动机内部大部分部件遭受了严重的刮伤磨损,里面塞满了各种尺寸的碎屑。经过成分和形状分析,发现这些碎屑竟然是火山灰!

火山灰是指直径小于 2 mm 的碎石和矿物质粒子。在火山爆发时,固体石块和熔浆被分解成细微的粒子,随着火山爆发的冲击力被喷射到几千米,甚至几十千米的高空,被风吹到几十千米远的距离。

印度尼西亚是一个火山活动频繁的国家,该国有 130 多座活火山,其中加隆贡火山曾在 1982 年 4—6 月猛烈喷发。释放的火山灰被喷射至 5 000 m 高空后,又被风吹向西南方向,刚好与英航 009 航班的航线重合。

火山灰和森林、草原大火产生的灰尘性质完全不同,它们是由坚硬的岩石和矿物质烧结而成的细小颗粒,虽然表面上非常粗糙、质地蓬松,但用显微镜观察会发现火山灰有尖锐的棱角。当波音 747 飞机以大约时速 800 km 的巡航速度穿过火山灰时,由于高空空气非常干燥,火山灰与飞机蒙皮摩擦起电,形成"圣艾尔摩之火"现象,起电作用会干扰机组和空管中心的无线电通话,火山灰中的微小颗粒还会堵塞空速传感器的皮托管,从而产生错误的飞行速度读数。

火山喷发场景

涡轮导向叶片上堆积的火山灰

接着,调查人员开始研究火山灰对发动机的影响程度。涡轮风扇发动机在运行过程中会吸入大量空气,其压气机会给空气增压,高压空气与燃油混合后在燃烧室内开始燃烧,会产生巨大的力量推动飞机飞行。火山灰由于颗粒直径较小,经过高速运动后会严重磨损发动机的叶片等气路部件,虽然一般不会像其他外来物那样直接打坏叶片,但是会随着高速气流进入温度高达 1 000～2 000℃的燃烧室并开始融化。液态的火山灰随着气流通道流动遇到涡轮冷却气流,温度下降到熔点之下后又变成一种黏稠的物质,堆积在发动机的涡轮导向器等结构件上。

进入压气机的气流由于受到不均匀火山灰的干扰,可能会造成压气机失速或喘振,导致发动机空中停车。

正是一种惊人的化学作用挽救了英航 009 航班。发动机停车后,温度开始下降,导致融化后的火山灰开始掉落,当一定数量的火山灰掉落后,发动机也得以恢复运行,机组成员们拼命尝试重启发动机也得以见效。

被吸入压气机的破碎火山灰会进入空气系统,然后通过空调系统进入机舱内部,所以乘客会吸入带有硫黄味的空气。

调查组发布了灾难的调查报告后,航空公司也将学到的东西纳入飞行员的培训中去。飞行员知道飞入火山灰云层的特征有:机舱内出现的硫黄味、机舱内有越来越多的灰尘、夜晚间还能看到飞机前缘因摩擦引发的"圣艾尔摩之火"现象。

英航 009 航班也带来一项重要的飞机飞行探测改进。用来探测水汽的天气雷达无法显示干燥的火山灰,使飞行员无法得知当时的状况,这将促使航线经过火山的国际航空公司更多地联系研究火山的地质学家,以避免此类事故的发生。

关于外来物的故事还不止上述这些。外来物对航空发动机的损伤往往是致命的,有的外来物看起来无害,但却可能造成机毁人亡,人们从这些飞来横祸中不断积累了经验,提出了许多应对措施。

参 考 文 献

[1] 彼得.美国飞机燃气涡轮发动机发展史[M].张健,等译.北京:航空工业出版社,2016.

[2] 张伟.航空发动机[M].北京:航空工业出版社,2008.

[3] 方昌德.航空发动机的发展历程[M].北京:航空工业出版社,2007.

[4] CONNORS J. The Engines of Pratt & Whitney:a Technical History:as Told by the Engineers Who Made the History[M]. Reston:AIAA,2009.

[5] 彭友梅.苏联/俄罗斯/乌克兰航空发动机的发展[M].北京:航空工业出版社,2015.

[6] 寰洋航空.关于鸟击的知识你知道多少[EB/OL].(2021 - 02 - 02)[2022 - 02 - 20]. https://m. sohu. com/a/448237398_126685.

[7] 掌桥科技.飞机"鸟撞难题"有了新解法[EB/OL].(2016 - 04 - 26)[2022 - 02 - 20]. http://news. youth. cn/sh/201604/t20160426_7915433. htm.

[8] 军事黑科技.后果真得很严重:图解飞机撞鸟后的惨状,一只大雁冲击力高达 144 吨[EB/OL].(2017 - 06 - 06)[2022 - 02 - 20]. https://www. sohu. com/a/146659674_455745.

[9] 高玉杰.飞行中鸟击的预防与处置[EB/OL].(2014 - 04 - 22)[2022 - 02 - 20]. https:// www. docin. com/p - 882550724. html.

[10] 小狼女 Canamy.奇迹背后清单的力量[EB/OL].(2019 - 10 - 07)[2022 - 02 - 20]. https://movie. douban. com/review/10559260/.

6 不得不防的航空发动机结冰故事

　　飞机飞行时遇到雨、雪是再正常不过的事情,但是雨或雪可能给飞机带来大麻烦,具体表现在飞机机翼、机身的结冰和发动机结冰。飞机的结冰将可能导致飞机操纵舵面的操纵变得非常困难或不可操纵,进而造成飞机操纵发生可预见的故障甚至灾难;而发动机结冰也好不到哪里去,因为发动机结冰一方面会造成进口空气流量减小、流场变差、发动机性能变差,另一方面(也是更加严重的)结冰很有可能在发动机振动环境里产生破裂、脱落,进而进入发动机,打坏压气机各级叶片,造成发动机失效或停车。根据美国《安全顾问》(*Safety Advisor*)杂志统计,从 1990 年到 2000 年之间的 10 年时间里,由飞机结冰导致的飞行事故占到所有气象因素的 12％。由此看来,无论是飞机还是发动机,都不能承受结冰带来的危害。

　　现在我们来谈谈航空发动机结冰与防冰的故事。

飞机机翼产生的结冰

飞机结冰导致的飞行事故

发动机整流锥结冰

压气机叶片结冰

结冰又称冻结,其英文为 freeze、icing、ice up 等,指水或水面由于过冷小水滴在凝结核(包括但不限于空气中的尘土、粉尘、树枝残片或浮尘等等,也称霰粒)作用下凝结成冰,或在江、河、湖、塘或近岸海面水冻结为冰的一种自然现象。过冷小水滴是指在云层中温度低于0℃时仍没有出现冻结的水滴,但此时的这种水滴是不稳定的,只要它们受到一点轻微的振动,马上就会冻结成冰粒。当过冷小水滴与霰粒(不透明的球状晶体,由过冷却水滴在冰晶周围冻结而成,一般直径为 2～5 mm)碰撞时,会立即冻结,这叫撞冻。撞冻发生时,过冷小水滴的外部立即冻成冰壳,但它内部仍暂时保持着液态,并且由于外部冻结所释放的热量传到内部,其内部液态过冷水的温度比外面冰壳稍高。温度的差异使得冻结的过冷小水滴外部带正电,内部带负电。当内部也发生冻结时,所形成的冰体称冻滴,此时冻滴马上产生膨胀而分裂,外表皮破裂成许多带正电的小冰屑,随空气运动到云的上部,而带负电的冻滴核心部分则继续附在较重的霰粒上,使霰粒带负电并停留在云的中下部。

　　运动到云上部的冻滴,由于其表面带正电,遇到物体一般不会结冰,处于云中下部的冻滴在遇到其他物体时便会形成冰,而霰粒遇到其他一些颗粒时便形成雪,这也就是飞机在飞行高度比较高的云层中不会产生结冰,而在高度比较低的云层中飞行则会产生结冰的原因。

过冷小水滴

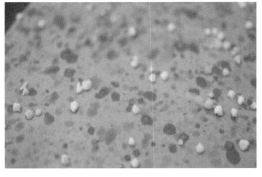

霰粒

冰晶

雪乡

　　飞机和发动机就是这样的物体,因此过冷小水滴会在其接触到的表面形成结冰。飞机在云层中高速飞行时,如果飞机、发动机表面温度低于冰点,一般在霰粒遇到撞击后就会很快聚积成冰。这种现象被称为"水滴积冰",它是导致飞机结冰的罪魁祸首。当然,当飞机穿过雨夹雪或含有大量冰晶的云层时,发动机等温度较高的部件会使冰晶融化沉积,然后再迅速凝固成冰,这便是"干结冰"。至于"凝华结冰",顾名思义,它和雾凇的形成原理相同,指的是空气中的水汽在机身表面凝华成冰的现象。

造成航空发动机结冰的主要因素有三个:一是发动机进口的外形形状,这是由于发动机进口的外形直接影响流场分布,从而影响撞击到其表面的水滴分布情况;二是研究发现,当飞行速度在亚声速、飞行高度介于 3 000 和 7 000 m 之间时,最易结冰;三是飞行的气象条件,如环境温度、云层形式、云层范围、空气中液态水含量等,通常情况下,积云和积雨云最易导致飞机、发动机产生严重的结冰现象。

飞机在穿云飞行

飞机结冰试验

积云(Cumulus)由水滴组成,但有时可伴有冰晶,主要是由空气对流上升冷却使水汽发生凝结而形成的,其外形特征与空气对流运动的特点紧密相连。积云通常在湿润地区和热带地区出现,但有时也会在干燥地区出现,积云一般不会出现阵雨。积雨云(Cumulonimbus Cloud)也叫雷暴云,是积状云的一种。它是由空气以对流运动形式造成绝热冷却,使水汽饱和凝结而成,包括淡积云、浓积云、碎积云。其中,积雨云浓而厚,云体庞大如高耸的山岳,呈馒头状,其中有上升气流,使得形状如同底平顶突的馒头。积雨云常会产生雷暴、阵雨(雪),或有雨(雪)幡下垂,有时也会产生飑或降冰雹,云底偶尔也有龙卷产生。

积云

积雨云

航空发动机表面结冰取决于霰粒附着的发动机部件,这些部件包括压气机叶片、发动机进口整流支板和整流锥,当然也可能是发动机前部进气道的整流罩。对于涡扇发动机而言,涵道比不同,结冰情况部位稍有区别。大涵道比涡扇发动机的结冰部位主要是进气道整流罩唇口,小涵道比涡扇发动机的结冰部位主要是进气整流支板和整流锥,也包括装在飞机上的进气道唇口位置。

　　飞机、发动机上的结冰物一般为雨凇(又称为冰挂)和结晶冰两类。前者透明,质地坚硬,在空气中具有较浓的水汽和大水滴,且在温度接近于冰点情况下形成;后者为牛奶色,在空气中水汽含量低,有小水滴,且在低温下形成。在发动机静子件上形成的一般为雨凇,在转子件上形成的一般为结晶冰。

装机大涵道比涡扇发动机结冰部位示意

装机小涵道比涡扇发动机结冰部位示意

雨凇

结晶冰

　　既然进气道唇口、整流罩唇口和压气机叶片、整流支板和整流锥易产生结冰,接下来要探讨的问题是在这些部位能结多少冰,这对于确定防冰方法非常重要。由于上述各个部分外形面遇到水滴撞击特性的计算比较复杂,且取决于环境条件(环境条件包括液态水含量、环境温度和水滴尺寸分布等)、飞行条件和发动机配置情况等,因此,准确计算各个部分的结冰情况是非常困难的事情。为此我国适航性标准 CCAR33 部第 33.68 条"进气系统的结冰"中,明确规定了发动机在空中和地面结冰条件下的最低试验安全标准。该标准对应于美国标准 FAR33.68(类似的标准,如英国适航标准和俄罗斯适航标准 AЛ－33),其中详细规定了不同发动机状态、大气温度、液态水质量浓度、水滴直径、海拔高度等鉴定条件,以及不同积云、积雨云气象模型下的大气结冰包线范围。值得一提的是,俄罗斯 AЛ－33 标准所规定的结冰鉴定条件比我国适航性标准 CCAR33 具体规定的范围稍微宽一些。下表为我国适航标准 CCAR33 规定的合格审定标准的大气雨滴尺寸分布表。

合格审定标准的大气雨滴尺寸分布

雨滴直径/mm	总雨水含量分布/(%)	雨滴直径/mm	总雨水含量分布/(%)
0~0.49	0	3.50~3.99	9.50
0.5~0.99	2.25	4.00~4.49	6.00
1.00~1.49	8.75	4.50~4.99	3.00
1.50~1.99	16.25	5.00~5.49	2.00
2.00~2.49	19.00	5.50~5.99	1.25
2.50~2.99	17.75	6.00~6.49	0.50
3.00~3.49	13.50	6.50~6.99	0.25

合计总雨水含量(雨滴平均直径 2.66 mm):100%

确定发动机进口的结冰量还需要估算两个值:一是发动机进口水摄取率,另一个是发动机进口水撞击率。前一个值是衡量在规定的大气条件、飞机姿态、发动机状态、飞机速度和雨量条件下,到底会有多少雨滴将进入发动机;后一个值是衡量进到发动机进口的所有雨滴到底会有多少撞击到整流罩、工作叶片和进气整流支板。这两个值最终确定了在飞机整流罩和发动机各个表面上会形成多少冰。其实,从上述描述过程中就可以看到,这两个值实质上是采用统计的方法来估算的。

既然结冰量多少的问题已经解决,那么接下来的问题就是如何防冰。这就需要分析如下几个问题:一是不同材质的部件除冰性能是否相同,二是冰层怎么样才算除掉,三是采用什么方法、需要多少能量来除冰。

飞机进气道唇口和发动机进口的结冰

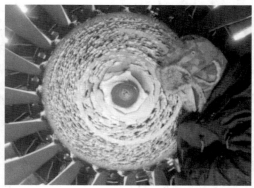
航空发动机进气整流锥上的结冰

发动机进口的材料一般为铝合金、不锈钢、钛合金、氟化橡胶等,对这几种材料在不同温度下分离其表面结冰所需的力是不同的。对钛合金来说,-17℃和-7℃时需要的结冰分离力分别为206.85 kPa和61.34 kPa;对铝合金来说,-17℃和-7℃时需要的分离力分别为137.90 kPa和68.85 kPa;对不锈钢来说,-17℃和-7℃时需要的分离力分别为71.02 kPa和22.08 kPa。这说明,随着温度的升高,不同材料所需的结冰分离力是逐渐减小的。这很正常,因为随着温度升高,结冰的可能性和所结冰的强度在降低。

一般可供使用的飞机和发动机上的除冰方法包括电加热法、离心力法、憎水涂层法、热空气法和油性材料法,其他还有喷液防冰法、惯性防冰法、微振法等。

离心力法就是将发动机进口直接与雨滴相接触的部件做成转动件,这样就可以利用转子转动时的离心力将雨滴快速甩出去,防止在这些部件表面结冰。

憎水涂层法就是在飞机和发动机与雨滴相碰撞的部件表面喷涂一种憎水涂层,使雨滴不易在部件表面凝结,自然就不会形成结冰,如涡喷七发动机前部的整流锥上喷涂的就是一种绿色的憎水涂层。

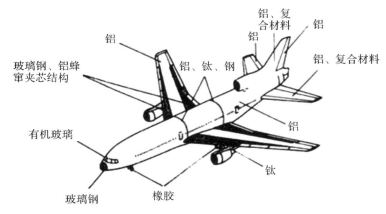

飞机机体使用材料分布

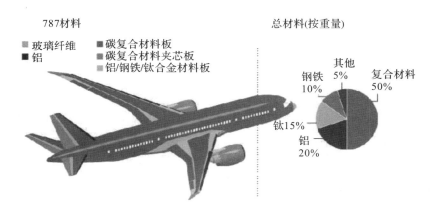

B-787飞机上使用的材料分布

油性材料法就是将接触部件用油性材料制成,使雨滴不易在其表面形成黏结,由于自然界没有这样的材料,所以需要进行人工合成,另外考虑到其强度和安全性,目前可供选择的这样的材料并不多。

喷液防冰就是将防冰液体喷到部件表面进行防冰,其主要优点是需要防冰的区域较小,停止供液之后还能有一段时间的防冰作用,其缺点是系统质量大,DC-6飞机就是采用这种方法。

憎水物

V2500 发动机进口叶片和整流锥都是转动件　　涡喷七进口叶片和整流锥(涂层憎水物)为转动件

惯性防冰是利用冰雪与空气在一定速度条件下惯性的不同将其分离出来,从而达到防冰目的的方法。这种防冰方法简便且不需要增加额外的质量,但气流转折较大,会对发动机进口流场有不同程度的影响。

微振法是使与雨滴相接触的部件产生高频、微幅振动,从而使水分不易在其表面凝结,进而不会结冰。如在 RB211-535E4 发动机的进气整流锥头部安装一个特制的橡皮头,当发动机工作时,橡皮头自身在不断地微幅振动,过冷小水滴就不易在橡皮头上凝结成冰。

电加热法是通过电加热元件来阻止结冰的。把电热元件安装在结冰部位,需要防冰时,接通电源,电热元件产生热,由于结冰部位变得很热,即使进到发动机进口的雨滴温度很低,也会很快被蒸发,从而达到防冰的目的。如 PT6A 发动机带的螺旋桨就采用这种防冰方法,具体防冰部位为桨叶和桨毂盖。

DC-6 飞机　　　　　　　　　　　RB211-535E4 发动机

此外,还有一种目前广泛使用的热空气法。热空气法就是先从压气机或燃烧室中引入热空气,将其送到发动机整流罩、进气整流支板等非转动件的易结冰部位,再使热空气从整流罩和进气整流支板上设计的小孔排出来,对接触表面进行加热,从而达到防冰的目的。在设计防冰热空气气源时,需要综合考虑热空气的流量、空气温度、空气压力、空气加热部位材料的换热指数、可能的最大结冰量、引气对压气机性能的影响、引气对涡轮冷却用气的影响,以及管路质量、成本和效率等。目前,普遍选择来自压气机的高压空气,其温度一般在 200~300℃范围,适于外表面积比较大的部件的防冰,如发动机进气整流支板和进口整流锥。

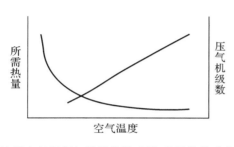

防冰用空气温度与所需热量、压气机级数关系曲线

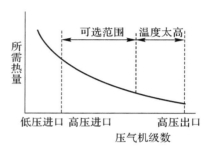

防冰需要热空气量与压气机级数关系的曲线

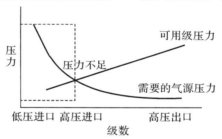

选择防冰引气压力与压气机级数范围曲线

为了减小防冰引气对发动机压气机性能的影响,一般涡扇发动机都设有相应的防冰控制系统。防冰控制系统的功用就是根据结冰信号(或大气温度)接通或断开防冰用气,从而减少不必要的压气机性能降低。

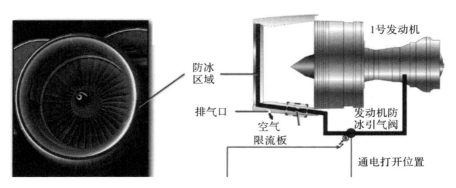

B-737NG 发动机防冰系统

对于大涵道比涡扇发动机而言，防冰部位主要是发动机进气道唇口位置，应防止在此位置结冰。这个位置处于大气环境中，且不能随发动机转子转动，比较合适的方法就是利用压气机的热空气来防冰。其防冰控制系统一般由大气温度传感器、防冰控制活门、气压信号器等组成。在地面或起飞后大气温度不大于 10℃，且以任何方式存在可见水汽时，则接通防冰控制系统。防冰控制活门为电控气动活门，用来调节来自高压压气机的引气不超过某个最大压力；气压信号器用于测量通过防冰控制活门之后的气压，以防止气压过大，并在超压时向座舱告警。

不同涵道比发动机装机飞机进气道对比

对于小涵道比涡扇发动机，防冰部位一般是进气道唇口位置、进气整流支板和整流锥。这是由于小涵道比发动机装机之后，一般位于飞机机身后部，而进气道进口在飞机的前侧，距发动机位置较远，且唇口宽长尺寸比相对于大涵道比发动机来说很小，可认为此位置一般不会存在结冰问题。进气整流支板上设计有大小、数量不同的小窗孔，热空气一方面在支板内部流动对支板加热，另一方面通过小窗孔流出来，在支板表面形成一层薄薄的气膜，从而防止在其表面形成结冰。整流锥一般也做成双层结构，内部是空腔，其头部制有铣孔，从夹层里引入的热空气，一方面在夹层内部流动，对整流锥表面加温，另一方面经过头部的铣孔流出来，在整流锥表面形成一层薄薄的气膜，从而防止在其表面形成结冰。其防冰控制系统一般由大气温度传感器、防冰控制活门、流量调节器等组成。飞机飞行且大气温度低于某一温度时，自动接通防冰控制活门，将由压气机来的、具有一定温度的空气送到进气整流支板和整流锥进行防冰。当引气温度变化时，通过流量调节器调节空气量，以保证防冰效果。

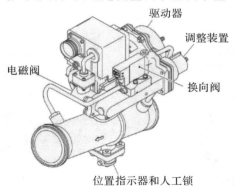

大涵道比风扇发动机进气道防冰控制活门

整流支板上的窗孔
整流锥
整流锥头部铣孔
进口整流支板

小涵道比发动机进口整流支板和整流锥

正在开展结冰试验的 GE9X 发动机

从发动机中引气去防冰,所引的空气是压气机经过增压,且具有一定压力和温度的空气。由于这些空气消耗了涡轮的功率和能量,到涡轮做功的空气量有所减小,因此,防冰引气将使发动机性能(如推力、涡轮功率、燃油消耗量等)有一定程度的降低,具体降低程度随发动机和具体工作状态的不同而不同。因此,有些发动机(如 CFM56 - 7B)对防冰引气条件下的使用作了特殊的规定:一是对 n_1 极限进行调整时,应遵循最大操作温度的限制;二是在结冰条件下飞行,发动机应至少保持 $60\% n_1$,且对于飞行距离小于或等于 1 000 n mile(1 n mile=1.852 km)燃油消耗将增加 2%,飞行距离超过 1 000 n mile 将增加 1%;三是除了起飞和复飞之外,所有的推力极限将减小 $1.1\% n_1$,航路爬升重量将减少 4 000 lb(1 810 kg)。其他大涵道比发动机也有类似规定,只不过此时不使用 $n_1\%$ 作为推力的表征,而是用增压比(EPR),如V2500 发动机。

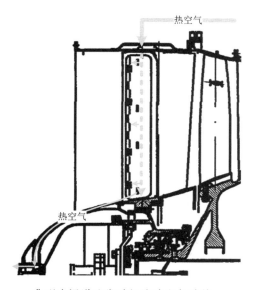

热空气

热空气

典型小涵道比发动机防冰空气路线

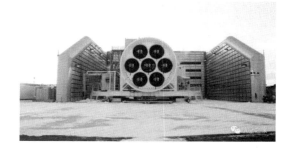

GE 公司位于加拿大温尼伯马的结冰试验场

通过这些航空发动机防冰的故事,我们可以看到,为了保证航空发动机的使用安全,必要情况下可能要牺牲一部分性能(尽管性能非常重要)。另外,还可以看到,发动机防冰方法也是一个与时俱进的研究过程,随着人们对相关技术的不断研究,也可能出现一些新的方法。最后,不得不说,对于类似防冰这样的问题,要进行大量的试验研究,就必须建立专门的航空发动机结冰试验场,一方面研究航空发动机的结冰机理,另一方面验证不同防冰方法的有效性。

参 考 文 献

[1] 朱永峰,等.某型飞机发动机短舱防冰系统设计计算[J].航空动力学报,2012(6): 1236-1331.

[2] 白龙,等.航空发动机进气系统结冰适航性条款研究[J].燃气涡轮试验与研究,2013 (5):41-45.

[3] 杨军,等.航空发动机进口支板结冰和防冰试验[J].航空动力学报,2014(2): 277-283.

7 奇形怪状进气道的故事

　　如果有机会看到不同的飞机,人们就会很容易发现,飞机上航空发动机的安装位置有很大不同。发动机都是用于产生推力或扭矩,同样都是利用空气增压、燃烧、做功,进而推动飞机前进,为什么安装会有这么大的差距呢?原来这是由不同时期、不同用途和不同技术背景需求下的飞机决定的。

商用飞机的进气道

战斗机的进气道(1 名维护人员在检查)

商用飞机剖面图

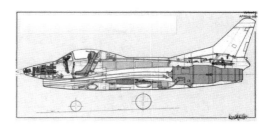

战斗机剖面图(显示出发动机及空气流线)

　　剖开一架战斗机,人们就会发现飞机机身内的发动机前面会有一段比较长的空气通道,这段通道就是所谓的飞机进气道。也就是说,进入战斗机航空发动机的空气必须经过一段长的空气通道,才能进入发动机。

　　在减重要求如此高的飞机上,设计这么长的进气道,无疑会增加飞机的质量,这是为什么呢?一方面,进气道的作用就是为发动机提供流量、压力、流场适当的空气。另一方面,这是由战斗机的特殊性所决定的:一是战斗机上非常重要的雷达、光电和航电设备均设计、安装在飞机前部机身座舱位置附近，这些装置的质量、尺寸一般比较大，因此要将发动机配置在飞机机身后部以便平衡飞机前、后部的质量；二是战斗机气动外形要求装机的航空发动机不能外置；三是战斗机飞行速度可以达到或超过声速，超声速空气在进入进气道的时候会产生一种所谓的激波（有时激波还会很强），经过激波后的空气速度、压力、流量、流场等将出现较大变化，势必影响到进入发动机的空气情况；四是战斗机还要通过配置进气道将进入发动机的超声速气流变为亚声速。

战斗机头部的雷达

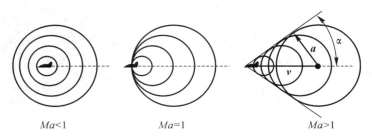

$Ma<1$ $Ma=1$ $Ma>1$

不同马赫数情况下气流受到扰动情况

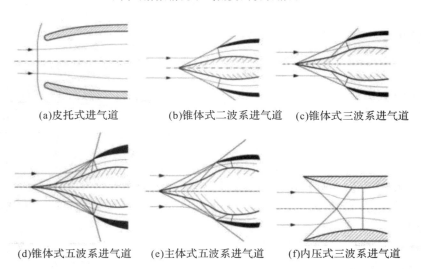

(a)皮托式进气道   (b)锥体式二波系进气道   (c)锥体式三波系进气道

(d)锥体式五波系进气道   (e)主体式五波系进气道   (f)内压式三波系进气道

不同形式进气道产生的激波情况

空气进入航空发动机与人的呼吸可不一样。随着飞机的飞行,发动机不断地将空气吸到其内部(由此航空发动机也称为自然吸气式发动机)。当飞机飞行速度增大到超声速时,单位时间内空气流量急剧增加,而发动机的需气量由于压气机增压能力的限制而没有太大的变化,即相对于发动机的需气量,进气道的供气量增加了,也就是"供大于求",其后果便是:一方面压气机增压能力急剧下降,另一方面气流会在进气道进口造成"堆积","堆积"的空气又会在进气道进口产生溢流和阻力。另外,由于超声速气流在进入进气道的过程中,会在进气道的唇口产生激波,通常这个激波随飞行速度的增大而变强,致使通过激波的空气压力大幅度下降。最后,目前航空发动机压气机的增压机理普遍针对的是亚声速气流,因而需要在进气道将超声速气流转变为亚声速气流才能让其进入发动机。

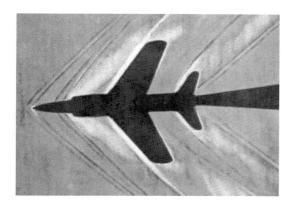

飞机超声速飞行产生的激波

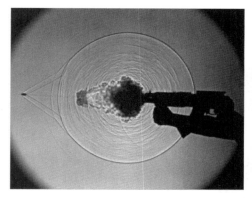

AK－47 发射子弹时产生的激波

GJB 3813—1999《飞机进气道设计要求》中对于进气道设计有如下要求:应提供发动机所需要的稳定而均匀的空气流量,保证进气道与发动机匹配良好;应具有高的总压恢复;应对进气道、发动机和机体进行综合一体化设计,以保证高质量的进口流场,并降低溢流和飞机外形阻力;在使用包线范围内,应保证动力装置工作稳定、可靠;应防止外来物进入进气道损伤发动机;应考虑武器发射对其进气道的影响,避免由武器发射引起发动机不稳定工作;对于隐身飞机,则应满足飞机隐身技术的设计要求,尽量减小进气道的雷达散射截面。

由国家军用标准对进气道的要求很容易就能分析出来,要将超声速气流转变为亚声速气流,根据流体动力学原理,最简单的方法就是给超声速气流设计一道正激波。但是,如果只有这一道正激波,会产生很大的流动损失,包括压力损失、流量损失,所以必须构造出几道弱的激波,一步步地将超声速气流转变为亚声速气流,同时还不能造成很大的流动损失。为了使进气道构造简单,一般将弱的激波分为三道,其中两道为斜激波,最后一道为弱的正激波,这样就可以将超声速气流转变为亚声速气流,同时不会造成多的流动损失。虽然通过配置激波可以降低压力损失,但为了保证各种飞行条件(包括飞行高度、飞行速度、油门杆位置和发动机转速,以及出现不正常情况,如压气机静子叶片故障、压气机喘振等)下发动机与进气道之间的空气匹配,在进气道上还配置了辅助进气门、放气门等装置。另外,根据进气道能否调节,可将进气道分为不可调节式和可调节式两种;根据飞机的飞行速度和进气道结构,可将进气道分为亚声速进气道和超声速进气道两种。

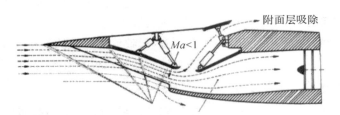

进气道激波系的配置

F-15 飞机的可调式进气道

商用飞机不可调节式进气道（亚声速）

战斗机可调节式进气道（超声速）

空客 A320 飞机进气道

波音 B-777 飞机进气道

通常能看到的商用飞机,如 B-737、B-747、B-757、B-767、B-777 和 A310、A320、A330 等,其飞行速度都处于声速之下,不会出现类似战斗机超声速飞行中的激波问题,同时也不需要考虑飞机的隐身要求,自然就不需要额外的空间来安装进气道了,所以商用飞机的进气道结构非常简单。很自然地,一般商用飞机的进气道均为不可调节式亚声速进气道,而战斗机的进气道却存在较大的不同。

随着战斗机进气道由亚声速发展到超声速,进气道的功能在不断地增加,进气道的形状和位置的选择、布置也从满足发动机较高工作效率的要求,转变为应同时保证飞行器具有最佳性能要求,或应保证飞行器达到最佳飞机性能的要求。如 F－16 飞机选择的亚声速进气道,它是 F－15 飞机的搭配机型,由于作战要求不同,选择了改进的亚声速进气道。SR－71"黑鸟"飞机作为高空侦察机,并不需要较高的机动性,所以三维轴对称进气道最合适。尽管楔形进气道在某些方面比二维矩形进气道更有优势,但后来的飞机也没有使用这种进气道。如法国的"阵风"飞机采用的是近似半圆形进气道,对其整个飞机布局来说是最好的选择;同样,欧洲的"台风"飞机采用的是近似矩形进气道,在保证进气质量的情况下,服从于飞机的布局。有意思的是,某些飞机在改型后,其进气道结构也出现根本的变化,如 F－18E/F 采用的是有别于先前型号的双斜切式乘波进气道,法国的"神秘"飞机改进成"超神秘"后,其圆形进气道改成了扁圆形。

法国"阵风"战斗机半圆形进气道

欧洲"台风"矩形进气道

F－16 飞机进气道

改装 DSI 进气道后的 F－16 飞机

说到这里,不得不提一下附面层(Boundary Layer)。正是因为进气道的存在,气流在流经机身时产生的附面层变得比较难以处理。一旦发动机吸入附面层里的空气(由于其速度和密度都不均匀),将会导致发动机产生故障甚至停车。附面层是一个流体力学术语,又称为边界层。水、空气或其他低黏滞性流体沿固体表面流动时,在高雷诺数情况下,附于固体表层的流体称为附面层。以空气为例,当空气流过固体物体时,由于物体表面不是绝对光滑,加之空气本身具有天然黏性,于是紧贴在固体物表面的空气流动受到影响,其流速逐渐从最大减小为零。这层流速为零的空气,又通过黏性作用影响与其相邻的上一层空气的流动,使上一层空气的流速也逐渐减小。如此一层影响一层,在紧贴物体表面的地方,就出现了流速沿物面法线方向逐渐增大的薄层空气,通常将这一薄层空气称为附面层。

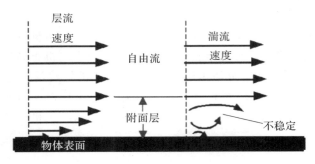

附面层的形成

附面层现象在马赫数比较小时的影响并不是特别明显,但是对高亚声速、超声速飞行的战斗机来说,附面层的不利影响就非常明显了。由于飞机的外形对飞机的高亚声速或者超声速飞行的空气阻力影响非常大,因此大多数战斗机设计成流线型,以尽量减少飞机的横截面积,进而减少飞行阻力,这就要求进气道尽量地贴近飞机的主体机身。但是,进气道贴近机身,必然会受到飞机机身附面层气流的影响。要避免机身附面层对进气道的影响,最简单且有效的办法就是选择机头顶部进气(像米格-15、米格-21飞机那样的头部进气)方式。现代战斗机需要把进气道安装在飞机的肋部或者腹部,于是前机身附面层的不利影响将不可避免,主要原因就是附面层里的空气速度相对于流过飞机机身的空气相对速度低,气流流速也不稳定。解决这个问题最好的方法是在飞机进气道与机身之间留有一定的间隙,如在进气道和机身之间留出十几厘米(这也是通常情况下机身附面层的厚度)的空隙,并且在进气道前端和机身之间设立一个分隔板,这样附面层便不会进入进气道了。

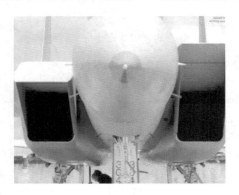

战斗机的进气道附面层隔道

附面层的概念是 1904 年由德国学者路德维希·普朗特(Ludwig Prandtl)博士在海德堡举行的第三届国际数学年会上提出的,进一步的表述见他发表的《具有很小摩擦的流体流动》（"Fluid Motion with Little Friction"）论文。他在论文中指出："沿固体壁面的流动可分成两个区域，在表面附近的薄层部分，流体中的内摩擦（即黏性）起重要作用；在该层以外的其余部分，黏性就可以忽略。"也就是说，在附面层以内的流体是黏性流体，采用纳维-斯托克斯方程（即运动方程）描述；在附面层以外的流体，可视为理想流体，采用欧拉方程描述。

按照进气道的外形结构和飞机研发的年代，可将在战斗机上使用的进气道分为三代。

第一代为早期的亚声速进气道，其进气口多为圆形，主要优点是结构简单、进气均匀、能量损失不大。这一时期飞机发动机布置一般为翼吊式和机身式。

翼吊式，顾名思义，发动机以吊舱式安装在机翼下面，这样的布置方式可以保持飞机的流线型布局，适合安装电子设备，但它的缺点是偏航力矩大，转动惯量也大，不利于战斗机的滚转。另外它对战斗机结构强度要求高。战斗机在做大过载机动，尤其是滚转时机体受力大，所以它并不适合战斗机，在世界范围来看这种布局也并不多见，主要是在世界上第一种实用型喷气战斗机 Me-262、苏-9（Me-262 的苏联仿制型）、伊-28 等飞机上使用。

早期苏-9飞机

后来的苏-9飞机

机身式发动机布局就是把发动机安装在机身内。考虑到进气效率，进气道多布置在这些飞机的头部，而发动机在飞机机身内中后部，飞行员座舱在飞机中后部，视野较差。飞机看起来头重脚轻，形成一个明显的阶梯状，因此这种飞机布局被称为阶梯状布局，如苏联的米格-9、雅克-15、拉-150 等飞机，这些早期的喷气式战斗机都是过渡机型，服役时间很短。

米格-15飞机进气道

F-86飞机进气道

随着发动机技术的快速发展，其推力越来越大，进气通道长短不再是主要考虑因素。此时飞机的发动机多布置在飞机机身尾部，留下空间安排前起落架和座舱，这使得飞机外形更加流线化,但它们的进气口仍然在头部,且以圆形居多。如苏联的米格-15、米格-17、苏-7,美国的 F-84、F-86(早期型号),英国的"蚊"式,法国的"神秘"ⅣA。还有一些飞机并非采用机头进气,但进气口依然为圆形,如苏联的图-16 轰炸机和苏-25 攻击机同样为两侧进气的近似圆形进气道。

图-16 飞机进气道

A-5 飞机进气道

除了圆形进气道,还有战机采用其他形状进气道:扁圆形进气道,如 F-100 战斗机、法国"超神秘"战斗机;半圆形进气道,如 F-86D、F-8 等;方形或类方形,如 A-5 飞机、我国的"飞豹"战机;半圆形进气道,如英国"鹞"式垂直起降战斗机。

英国"鹞"式垂直起降飞机进气道

美国"黑鸟"SR-71 高空侦察机进气道

第二代为超声速的三维轴对称和二维矩形进气道。三维轴对称进气道又包括:圆形,一般在飞机头部进气,如苏-9 改进型、苏-17、米格-21 和美国"黑鸟"等;半圆形,一般位于飞机机身两侧,如"幻影"2000、F-104 等;近似圆形或四分之一圆形,如 F-111 和 F-18D 等。这些飞机的进气道有的没有中心锥,但在进气道与机身处有一个附面层隔板,它可以防止附面层流入进气道,这个附面层隔板还可以提高总压恢复系数。二维矩形进气道主要有:矩形,一般有一个活动斜板起附面层隔板的作用,它不仅可以防止附面层流进进气道,还可产生一道斜激波对进气流进行预压缩,提高进气道的总压恢复系数,它也可以调节进气,适应飞机较宽范围的飞行速度变化,代表性的飞机有美国 F-4、苏联米格-23 等;楔形,即矩形被斜切一刀,形成一个尖锐的楔形,高速飞行时,从楔形尖部的活动斜板顶端产生一道斜激波,空气通过这个斜激波进行预压缩后,超声速来流的一部分动能转换为压力能,其作用是使空气减速,提高进气效率,这种形式的进气口面积可以根据飞行状态的需要调节,代表性战斗机有苏联的米格-25、米格-29、苏-27,美国的 F-14/F-15、欧洲"狂风""台风"等飞机。其优点是利用铰接的斜板移动来调节进气面积,适应范围宽,抗进气畸变能力强,等等。

F-111飞机近似圆形进气道　　　　　　　米格-23飞机矩形进气道

F-104 是美国第一种采用三维多波系调节锥式进气道的飞机,利用半圆形调节锥的前后移动调节进气道喉道面积,克服了 F-111A 飞机研制过程中出现的大量进-发匹配问题。

F-104 飞机半圆形进气道

CARET 进气道　　　　　　　　　　　　DSI 进气道

第三代主要为后掠双斜面超声速（CARET）和无附面层隔道超声速（DSI）进气道。使用这两种进气道，飞机在大马赫数飞行时，激波贴附在进气唇口，空气经过激波后突然增压、减速后进入进气道，此时的气流是均匀的，能够适合发动机的进气需要，同时也不需要安装复杂的进气调节控制系统。

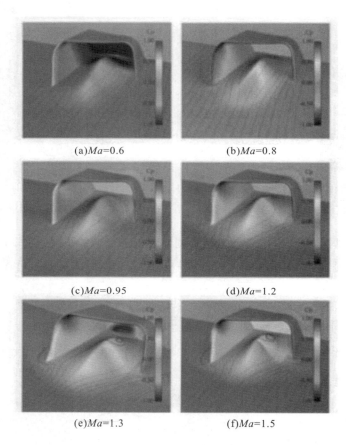

(a)Ma=0.6   (b)Ma=0.8

(c)Ma=0.95   (d)Ma=1.2

(e)Ma=1.3   (f)Ma=1.5

某飞机 DSI 进气道随马赫数变化的仿真特性

CARET 进气道的设计理念源于 20 世纪 50 年代末提出的乘波飞行的理论，其原理是，对于一个尖楔体（以高速飞机上常见的尖劈翼型为例），当它超声速飞行时，必然在机翼下方产生一道从前缘开始的斜激波，气流在经过斜激波后会形成一个压力均匀的高压区，此高压区不受翼上低压区的影响（而常规机翼由于绕翼型环流的存在，机翼上下高、低压区相沟通），因此将会产生很高的升力，整个飞机好像乘在激波上，乘波飞行由此得名。基于此，沿激波波面进行进气道唇口的设计，以利用激波后的增压、减速的均匀流。这种进气道内部设有多排附面层吸除孔，且在进气道侧面有 1 个固定排气口，以便排出附面层空气。F-18E/F 和 F-22 飞机的进气道就是典型的 CARET 进气道，它具有构造简单、总压恢复系数高、气流畸变小，且易实现隐身设计等优点。

DSI 进气道是一种新式进气道,它也是三维进气道,但却没有附面层隔板,进气道进口处设有一个鼓包,这个鼓包作为一个压缩面,与其前掠式唇口一起同时增大压力分布,将附面层空气"推离"进气道而流向后机身。这是因为鼓包与进气唇口共同作用,一方面提供气流预压缩,提高高速飞行时的压力恢复系数,另一方面可以满足所有气流畸变要求。DSI 进气道突出的优点是结构简单、质量轻,没有机械操纵装置,工作稳定可靠,迎风阻力也比较小,并且适合与机身一体化设计。另外,此种进气道减少了雷达反射面积,所以隐身效果好,维护费用也很低。

　　世界上最早开展 DSI 进气道研究的是美国洛克希德·马丁公司,他们在 20 世纪 90 年代早期就开始进行传统超声速进气道概念的替代方案研究。1994 年末,洛克希德·马丁公司形成 DSI 进气道的构形方案,这得益于计算流体力学(CFD)和试验技术的发展。洛克希德·马丁公司用自己的建模工具建立了 DSI 模型,并评估了该模型的性能。1996 年 12 月,装有 DSI 进气道的 F-16 飞机在 9 天的时间里完成了 12 架次的试飞。飞行试验覆盖 F-16 飞机的整个飞行包线,包括在各种迎角和侧滑角条件下飞行品质、发动机停车、加力等科目,结果表明改装后的 F-16 飞机性能与改装前的相似,且没有出现任何失速或异常状况。通过比较 DSI 进气道与 CARET 进气道,他们认为 DSI 进气道可使飞机具有更好的性能,还减少了生产装配和维护费用,每架飞机可以节省 50 万美元以上的费用,效益相当明显。

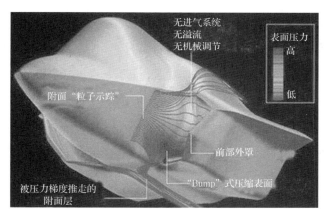

DSI 进气道的附面层流线

　　一个鼓包看似简单,实际上 DSI 进气道的技术难度是非常大的,主要表现在:一是设计这个鼓包需要很高的计算流体力学及仿真水平、能力,二是需要鼓包性能的评估能力,三是需要鼓包性能的试验验证能力,四是需要精密制造和加工能力,五是需要飞行试验及其评估能力。目前世界上能够从事这项技术研究和应用的国家只有美国和中国,我国已在多个机型的战斗机上使用了这项技术,如"枭龙"、"神鹰"高级教练机等。

　　由前面的叙述大家可能已经发现,同样都是战斗机,有些飞机的进气道在飞机的腹部,有些在飞机的腋下,有些在飞机机身的两侧,有些在飞机机身的背部,到底哪种布局形式好一些?有没有最佳的进气道布局形式?这些问题依据国家军用标准的规定很容易得到答案。

F-117战斗机的进气道位于背部

F-16战斗机的进气道位于腹部

F-111飞机进气道位于腋下

苏-35飞机进气道位于机身两侧

GJB 3813—1999明确规定,战斗机的进气道布局应根据飞机战术要求、飞机总体设计要求、进气道与机体一体化设计要求、飞机上使用的发动机台数及隐身特性要求而定。这就是说,进气道在飞机上的布局形式没有一定的标准,完全是根据飞机总体设计要求确定的。事实上,这个答案同样适用于有无最佳进气道布局形式,即适合飞机总体设计要求,且应使飞机外形阻力最小的进气道就是最佳的。

到这里,关于进气道的故事就告一段落了。可以看到,尽管不同飞机使用的进气道不同,外形特征不大一样,但就其技术发展过程来讲,充满了科技含量,并且其重要性越来越明显。另外,从进气道的发展过程中还可以看到,发动机技术依赖于其他技术领域(如计算流体力学、计算机技术和结构仿真技术)的发展,如果没有这些技术,DSI进气道再好,也不可能在短时间里从研究室走向实际应用。最后,飞机进气道的设计都应按照国家军用标准规定的要求进行,从前面引用的国家军用标准内容大家可能已经发现,国家军用标准的规定只是宏观要求(而且这些宏观要求是最低要求),要在具体设计过程中利用一定的技术参数和指标来落实这些要求。换句话说,最终实际飞机进气道的技术指标应不低于飞机最终用户按照国家军用标准制定和发布的设计指标。值得一提的是,改善进气道性能已成为现代战机发动机性能提升的重要因素之一。

参考文献

[1] 彼得.美国飞机燃气涡轮发动机发展史[M].张健,等译.北京:航空工业出版社,2016.

[2] 张伟.航空发动机[M].北京:航空工业出版社,2008.

[3] 方昌德.航空发动机的发展历程[M].北京:航空工业出版社,2007.

[4] CONNORS J. The Engines of Pratt & Whitney:a Technical History:as Told by the Engineers Who Made the History[M]. Reston:AIAA,2009.

[5] 国防科学技术工业委员会.飞机进气道设计技术要求:GJB 3813—1999[S].北京:国防科学技术工业委员会,1999.

8 风扇叶片凸肩从无到有又到无的故事

如果有机会观察航空发动机压气机叶片，人们就会很容易注意到：有些发动机压气机叶片有凸肩，而有些压气机叶片上没有凸肩；有些尺寸较长、较大的叶片有凸肩，而有些尺寸更长、更大的叶片上却没有凸肩。这到底是怎么一回事呢？

压气机叶片上的凸肩

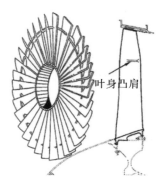

相互搭接凸肩的叶片

凸肩的英文名是 part-span shrouds，指的是在叶片叶身上加工的一个凸起，因此凸肩也称为凸台，或减振凸台、阻尼凸台。在发动机工作时，由于压气机叶片尺寸较长的缘故，叶片会产生振动。在叶片上加工凸肩，相邻叶片搭接在一起的凸肩在端面之间会产生干摩擦，进而吸收振动的能量，达到减振的目的。为此，实际中为了减小凸台由干摩擦造成的磨损，还在凸台端面上喷涂耐磨涂层。当然，叶片的减振凸台对于增加叶片抗外来物的打击能力，特别是飞机起飞、降落过程中飞鸟的撞击也会产生很好的作用。

飞机撞鸟后的惨状

飞机撞鸟，特别是发动机撞鸟危害非常大。例如：一只体重为 900 g 的鸟，如果与一架刚刚起飞离地的飞机以 240 km/h（一般飞机的离地速度）的相对速度相撞，其撞击力可达 1 500 kgf；若相对速度为 400 km/h（离地高度大约 800 m，或降落接地前的速度），撞击力可达到 2 778 kgf，其破坏力是难以想象的。因此，当撞鸟上以较大速度飞行的飞机时，鸟本身会粉身碎骨，血肉模糊，而且有时鸟会击穿飞机机头、撞坏机翼前缘、击碎风挡玻璃与发动机短舱等。至于发动机撞鸟，不仅概率高，而且危害度也大，因为发动机撞鸟除了有发动机与鸟相对速度引起的撞击危险之外，还有由于发动机工作时前方（飞机飞行速度稍大时）或四周（飞机飞行速度较低时）吸入大量空气，鸟会随着空气一起被吸入发动机的危险。另外，航空发动机迎风面积约占商用飞机迎风面积的 14%～18%（美国波音公司的统计数据），这些都能造成发动机撞鸟的事件发生，而且占到飞机撞鸟事件的大多数。

发动机撞鸟造成的叶片变形

发动机撞鸟造成的叶片断裂和撕裂

发动机撞鸟造成的叶片端部撕裂

发动机撞鸟造成的叶片撕裂、变形

通常在起飞过程中，发动机处于最大功率（或最大起飞推力）状态，空气将以很大的速度被吸入发动机,如果遇到飞鸟,随空气一起吸入的飞鸟也将以这个速度撞到发动机的前端部件,产生一个非常大的撞击力。对于大涵道比风扇发动机而言,往往首先撞到的是高速转动的风扇叶片,而对于小涵道比风扇发动机或其他类型发动机而言,往往首先撞到的是进气静子整流支板。所以撞到风扇叶片上时,其相对的撞击速度更高、力量更大,不仅会造成叶片严重损伤,而且撞坏叶片的碎块以及鸟被撞后的碎块,还会随气流进入增压级和高压压气机甚至燃烧室中,连续打坏发动机后面的部件;撞到静子整流支板其实也好不到哪里去,往往会将支板撞变形,支板后面的风扇叶片也会变形、撕裂,发生断裂,随后随气流进入增压级和高压压气机甚至燃烧室中,连续打坏发动机后面的部件。

现代飞机装机发动机的推力越来越大,因此发动机进口尺寸、叶片长度也随之不断变大,发动机撞鸟的概率也越来越大,提高发动机风扇叶片或整流支板的强度也就越来越重要了。当然,随着风扇叶片尺寸的变大,发动机工作时受叶片安装方式和气流流动的影响,叶片的振动也会增大。因此,发动机进口位置的叶片除了完成流入发动机的空气增压之外,还应保证遇到外物进入时具有足够的强度,包括流动气流造成的叶片颤振和自激振动的影响。

普惠公司的 J52 发动机

世界最早使用带凸肩压气机叶片的发动机是普惠公司的 J52 发动机,主要用于美国空军装备的猎犬导弹,美国海军装备的道格拉斯"天鹰"(Skyhawk)A-4、海军"格鲁曼"A-2F和"入侵者"(Intruder)A-6。此外,该发动机也在以色列、科威特、澳大利亚、新西兰和洪都拉斯的飞机服役。到 1981 年的时候,J52 发动机已经服役 20 年,累计飞行时间已经超过600 万小时。

J52 发动机为轴流式、双转子结构,压气机共 12 级(比早期的 J57 发动机少 4 级)。其中,低压压气机有 5 级、高压压气机有 7 级(与 J57 发动机一样),由单级涡轮驱动;燃烧室为环管式,有 9 个火焰筒,涡轮叶片为带冠结构。

此后的许多发动机,如 JT-9(没有使用)、TF-30(装在 F-111 系列飞机、A-7 系列飞机上)、F100(装在 F-15 和 F-16 飞机上)、JT-9D(装在 B-747 系列飞机、DC-10 系列飞机和 B-767-200 飞机上)、PW2043(装在 B-757 飞机上)、PW4000 系列(装在 A300、A310、MD-11、B-767、B-747 和 B-777 等飞机上)等,其风扇叶片(或进口风扇叶片)均

采用带有凸肩的叶片结构。

JT‐9 发动机压气机叶片上的凸肩

TF‐30 发动机压气机叶片上的凸肩

JT‐9D 发动机（风扇叶片带凸肩）

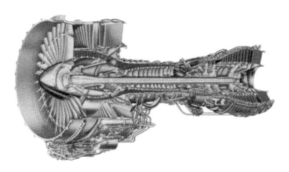

PW2037（风扇叶片带凸肩）

美国 F‐111 战斗机

商用 B‐757 飞机

　　对于客机用的大涵道比涡扇发动机,风扇叶片更长。例如:用于 B‐757 飞机 PW2043 发动机的风扇叶片长 0.522 m;用于 B‐747 飞机 PW4037 系列发动机的风扇叶片长约 0.8～0.9 m;而用于 B‐777 飞机的 GE90 发动机风扇叶片长达 1.22 m。设计风扇叶片时,不仅要考虑长叶片工作时的振动问题,还要考虑抗撞鸟的能力。20 世纪 70 年代前后研制的大涵道比涡轮风扇发动机,风扇叶片无一例外在叶身距叶尖 1/3～2/3 处做出向两侧伸出的凸肩,各个叶片的凸肩之间相互抵紧形成一道加强叶片的环箍。这样,不仅增加了叶片的刚性,提高了抵抗外物(包括鸟)撞击的能力与叶片自振频率,而且不易出现振动。即使出现叶片振动,凸肩的抵紧面之间的干摩擦也可吸收振动能量,使叶片振动不起来。另外,展弦比为 4.6 的 JT－9D 风扇叶片采用双凸肩,后续发动机将展弦比减小到 3.8 以后,叶身上只做一个较大的凸肩即可。

双凸肩叶片(左,JT－9D;右,JT－9D－7R4)

20 世纪 50 年代早期,人们对涡轮机械中的可压缩气流进行了深入的研究。普惠公司通过赞助美国联合飞机研究实验室以及自己公司压气机研究组的工作,发现压气机叶片和涡轮叶片两个区域的空气流动将会使叶型性能有很大的提升,分别是:①压气机和涡轮叶型附面层遇到的压力上升;②叶型末端壁面的附面层流动。理想情况下,叶型效率最好的是层流附面层的叶型面,然后迅速过渡到湍流边界层,且其压力上升不超过压力开始上升时动态压力的一半。

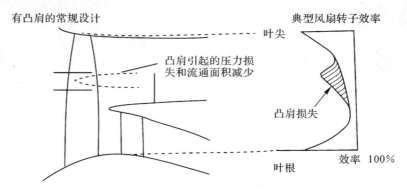

风扇叶片的凸肩使风扇效率下降

风扇叶片采用叶身凸肩也会带来一些问题,这些问题分别体现在叶片增压原理、叶片加工和发动机使用等三个方面。从叶片增压原理方面来看,凸肩对风扇的性能有较大影响——气流流过凸肩时会在其后部产生紊流区,不仅使有效的气流通道面积减小,而且使流过此区域的空气压力损失加大,其结果就是不仅使风扇效率降低,直接使发动机耗油率上升,还使风扇的喘振裕度变小。从叶片加工方面来看,一是风扇叶片采用凸肩结构后,叶片加工变得困难许多;二是凸肩的存在不仅增加了叶片的质量,还会使叶根处承受的应力增加较多,而且在凸肩与叶身的转接处,凸肩还对叶身产生一个附加的弯矩,使该处应力状况变得比较复杂。从发动机使用方面来看,一是发动机使用过程中由于凸肩部位的微动磨损,容易在凸肩根部产生微裂纹,久而久之裂纹扩展而使叶片从此处产生断裂;二是飞机飞行中,遇到大的侧风、风切变,或战斗机作机动动作时,叶片之间搭接的凸肩便会错位,造成转子振动增大和叶片弯曲变形增大,极易使叶片在固定的根部产生较大的弯曲应力而折断。因此,从压气机增压原理和效果的角度来说,没有凸肩的叶片更好。换句话说就是,叶片的凸肩只是为了提高叶片的抗振和抗外来物打击能力,只要能够提高叶片这两方面的能力,叶片上的凸肩便可以取消了。

自从带凸肩的长风扇叶片出现后,人们就开始尝试采取措施来取消凸肩,但由于困难很大,直到 20 世纪 80 年代初期,小展弦比(也称为宽弦)叶片的出现才使得之前的各种努力初见成效。

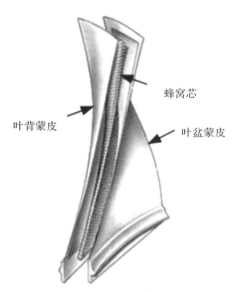

罗罗公司蜂窝夹心结构叶片

最早的突破产生于 20 世纪 80 年代中期,英国罗罗公司发展了一种"三明治式"的宽弦夹层风扇叶片。这种叶片的叶盆与叶背分别由两块钛合金做成,中心部分挖掉形成空腔,空腔中嵌入钛合金蜂窝结构的芯板,通过扩散连接的方法将三者连接在一起,形成一个质量轻的宽弦叶片。这种设计,既解决了风扇叶片抗撞鸟能力与抗振动问题,又减轻了叶片的质量,很快在罗罗公司的发动机中得到应用。

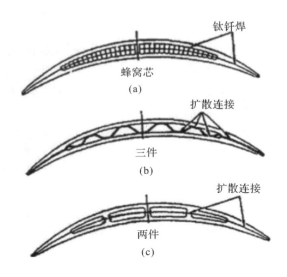

罗罗公司钛合金空心叶片结构

美国 GE 公司在 20 世纪 90 年代初期采用了前缘包有钛合金蒙皮的复合材料叶片设计,其不仅用于 B - 777 的发动机中,而且用于 B - 787 与 B - 777X 的发动机中。与此同时,美国普惠公司也采用了由两个叶型材料焊接而成的具有空心结构的叶片。这种叶片在由钛合金加工的叶盆、叶背上,先分别铣出许多径向槽道,然后用扩散连接方法形成叶片,因此其心部具有多道空槽。这种叶片中间有 6 条槽带形成空心,减轻了质量,而未被铣削处又相互焊接在一起,提高了叶片抗外物打击的能力。该种结构叶片不仅用在 B - 777 的发动机上,也用于第 4 代战斗机 F - 22 的发动机上。据相关报道,罗罗公司已经准备在其以后的发动机上改用复合材料风扇叶片。

GE 公司 GE90 发动机复合材料风扇叶片

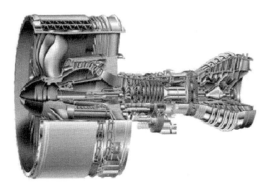

遄达发动机

GE90 发动机

B-777 飞机

F-22 战斗机

从风扇叶片无凸肩到有凸肩再到无凸肩的角度来看航空发动机的发展,可以看出,航空发动机每一步的发展都伴随着解决一个问题的同时带来另一个新问题的过程,只有不断地研究和创新,才能最终转化为发动机的技术进步。

参 考 文 献

[1] 彼得.美国飞机燃气涡轮发动机发展史[M].张健,等译.北京:航空工业出版社,2016.
[2] 张伟.航空发动机[M].北京:航空工业出版社,2008.
[3] 方昌德.航空发动机的发展历程[M].北京:航空工业出版社,2007.
[4] CONNORS J. The Engines of Pratt & Whitney:a Technical History:as Told by the Engineers Who Made the History[M]. Reston:AIAA,2009.
[5] 陈光.大涵道比涡扇发动机风扇叶片的变迁[EB/OL]. (2019-01-01)[2021-12-30]. https://baijiahao.baidu.com/s?id=1621444716385980649&wfr=spider&for=pc.

9 不断超越的发动机控制系统的故事

　　莱特兄弟 1903 年 12 月 17 日进行人类有史以来第一次载人飞行时,他们的飞行者一号使用的发动机是一台大约 9 马力、质量约 77.2 kg 的活塞式发动机,它使用的是最简单的发动机控制系统。发动机甚至没有化油器,起动发动机时要由人力转动螺旋桨。在发动机起动之后,由飞行员通过油门杆一方面调整火花塞的提前点火角,另一方面改变进入汽缸的燃油流量,以改变发动机功率。随后活塞式发动机的燃油控制越来越复杂,但也只是对进入汽缸的燃油流量进行计算和计量。

　　早期的燃气涡轮发动机和早期的活塞发动机一样,由于广泛采用离心式压气机,压气机增压比一般都不是很高,发动机的控制系统也相对简单(仅通过简单的机械控制装置就可以完成对发动机的控制)。20 世纪 40 年代以后一段时间的燃气涡轮发动机(尽管发动机增压比已经有所增大),也被认为是一种简单的旋转机械(与复杂的活塞发动机对比),仅利用油门杆通过机械传动系统控制输往燃烧室的燃油流量,即所谓的单变量控制,使发动机产生与油门杆位置相适应的发动机推力即可。

控制器

二战期间,德国 BMW-801 活塞式发动机上的控制器

　　20 世纪 50 年代以后,随着对发动机性能需求的不断提高,对发动机控制的要求也越来越高,发动机控制系统也变得越来越复杂,发动机控制系统逐渐过渡到液压机械式(Hydro

Mechanical Controls)。液压机械式控制系统主要由燃油泵、机械计算装置、机械执行装置等构成,其功能从最初的单变量控制发展到通过液压机械控制装置实现转速、导叶角度、喷口面积等多变量控制。这种控制系统具有工作可靠性高、抗干扰能力强等优点,但也存在结构复杂、机械加工精度要求高、体积及质量大、无法实现复杂运算功能等缺点。当时,液压机械式控制系统结构变得逐渐复杂,而且这种复杂性增长速率越来越快,有些还具有了初步的重要参数的监视功能。例如,在普惠公司 J57 发动机的早期,电子控制的诱惑变得不可抗拒,然而当时的技术水平还不足以使真空管在 10 000 lbf 推力发动机周围既热又有振动的环境中工作,发动机开发工程师迪克·巴塞勒(Dick Basil)在项目中使用了汉密尔顿标准公司的 JFC3 液压机械电子控制装置(一些早期的 B-52 试飞测试项目使用的就是电子燃油控制管理的原型发动机),但由于微型电子管和相关配件未能达到巴塞勒的要求,他又转回到采用液压机械式控制。在接下来的十年多时间里,液压机械式控制系统在可靠性方面创造了良好的声誉,巴塞勒对 B-52 飞机的 J57 原型机的电子控制非常失望,以至于他在普惠公司的职业生涯中拒绝考虑采用电子控制。他因他的豪言而出名,"给我一个好的电子控制器,倒不如我给您看一台好的液压机械式电视机。"

装在波音 737 飞机上的 JT-8D 发动机

JT-8D 发动机上的控制器

装在 SR-71"黑鸟"高空侦察机上 J58 发动机的液压机械式控制器

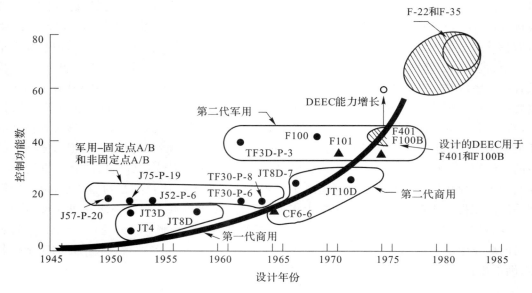

随时间变化控制系统功效比的演变

随着时间的推移,航空发动机控制要求的复杂性似乎呈指数级增长,这种复杂性始于军用发动机,但在商用发动机领域也出现了同样的趋势。其复杂性主要体现在如下几方面:一是根据飞行高度、飞行速度、大气温度、油门杆位置信号,通过控制输往主燃烧室和加力燃烧室的燃油流量从而控制发动机转子转速和涡轮前温度;二是进行发动机的超限控制;三是进行发动机异常参数和状态的控制;四是进行发动机几何通道面积控制、涡轮间隙控制、涡轮冷却控制、防冰控制、起动控制和防消喘控制等;五是生成和发出发动机工作状态的离散信号,提供信号给各种飞机监视警告系统和数据系统;六是故障检测、预警和储存。

协和号飞机安装的奥林巴斯(Olympus)593 发动机的液压机械控制器

普惠公司 PW2000 发动机

20 世纪 60 年代开始,模拟电子式(Analog Electronic Controls)发动机控制系统出现,但它只替代了液压机械式控制系统的部分功能。如苏联时期研制的阿勒－31F 发动机模拟电子式控制只是参与发动机最大和加力状态的控制,发出发动机相应的控制指令。同一时期的发动机还有安装于协和号客机上的奥林巴斯 593 发动机。

从 20 世纪 70 年代起,各大发动机厂家和研发机构开始了数字控制系统的研发,逐步将原来模拟电子式控制装置替换为数字电子式,然后将原来液压机械式的控制功能也更换为数字电子式,其后发展了全权限数字电子控制系统(FADEC)和带有健康监控的全权限数字电子控制系统,且从之前的单通道发展到双通道、多余度的控制系统,目前其已经作为基础性装置在欧美国家军用、民用航空发动机领域广泛应用。相比之前的液压机械式控制系统,全权限数字电子控制系统体积小、质量轻,能够实现复杂规律性控制,具有更好的燃油控制精准性、更快的操控反应速率、更低的成本和更高的系统可靠性。全权限数字电子控制系统主要由数字电子控制器、燃油泵、机械液压执行机构、发动机载传感器等组成。例如,1968年罗罗公司参与研发的奥林巴斯 320 发动机,其发动机控制系统即为数字电子液压机械式控制系统;1975 年以后,NASA 和普惠公司研发的 TF－30 发动机,其发动机控制系统为全权限数字电子控制系统,并被用于美军 F－15 战斗机的 F100 和 PW2000 发动机;1984 年,罗罗公司在 RB211－535E4 发动机上,使用所研制的监控型数字控制系统;1985 年以后普·惠公司研制的 F119 发动机遵循"经过验证技术"的做法,采用第四代双余度全权限数字电子控制系统,它有两套调节器,每套调节器由两台计算机进行控制,以保证系统高的可靠性。再如 F00 发动机要求有 6 个控制回路,F119 发动机则有 14 个控制回路。目前,一般高性能航空发动机控制系统有 15 个传感器输入和 7~10 个控制参数输出,可见发动机控制系统越来越复杂。

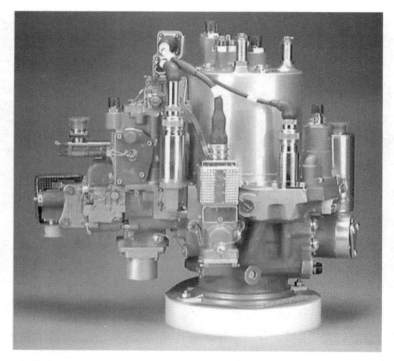

安装在 RB211－535E4 发动机上的 Woodward 公司的燃油流量调节器

实际上,美国汉密尔顿标准公司和普惠公司在联合开发 FADEC 时,并不是一步到位的,而是经历了几个步骤:第一步将其作为液压机械控制的辅助附件,在电子控制器出现了故障时确保不会发生危及安全的重大问题(JT9D－7R4 和 F100－PW－100);第二步是把它变成一个全权限电子控制器,而液压机械式控制作为备份,如果电子控制器故障,发动机仍然能产生推力(F100－PW－200),确保飞机的安全;第三步是按照主控制-备份控制,采用电子控制器和液压机械式控制器持续轮换使用的方法,直到电子控制器变为冗余控制器和主要控制器,而液压机械式控制系统成为备份。

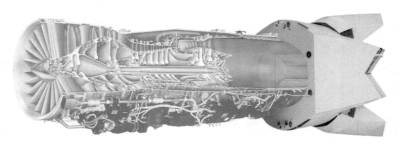

美国普惠公司的 F119 发动机

之所以出现这样的变化,是因为随着飞机使用要求的不断提高,现代航空发动机的性能也在提高,所采用的技术更加先进,发动机的成本和安全性的要求也越来越高,液压机械式控制的成本令人望而却步。与液压机械式控制相比,FADEC 处理的参数数量、精度和响应时间要求要比液压机械式控制复杂得多;FADEC 更容易实现冗余,通过冗余其可靠性得到提高,FADEC 为发动机的可靠性制定了新标准,并以液压机械式不可想象的精细程度来管理发动机的运转。另外,为了保证全权限电子控制系统的安全和可靠,它被安装在商用发动机的风扇机匣上(风扇机匣是安装 FADEC 的理想位置,因为它是整个发动机上温度最低的地方)。

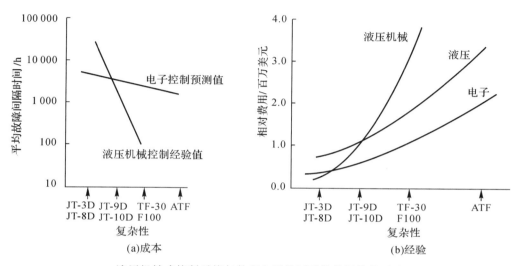

液压机械式控制系统与数字电子控制系统使用效果对比

随着近年来数字电子控制技术的不断成熟,在全权限数字控制系统的基础上发展而来的双通道全权限数字电子控制系统又开始成为各类新型航空发动机的标准配置。具备多通道设计、自适应控制、发动机健康管理、控制系统故障重构的双通道结构使控制系统具备了更高的计算和数据存储能力,令发动机的可靠性和安全进一步提高,同时还能够实现飞机的综合协调控制,从而降低发动机油耗。

典型的全权限电子控制系统内部电路板图

V2500 发动机上的 FADEC(白色圆圈内)

结合未来各种飞机对航空发动机性能的需求、美国 2008 年新版 ARP 1587《航空燃气涡轮发动机健康管理系统指南》，以及航空发动机本身的技术发展，下一步全权限电子控制系统将主要朝着智能控制、性能寻优控制、稳定性寻求控制、主动失速/喘振控制，以及高可靠性、高实时性和具备预测诊断能力等方向发展。

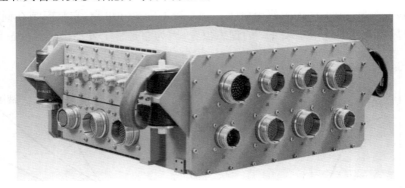

V2500 发动机上的 FADEC 实物

参 考 文 献

[1] 彼得.美国飞机燃气涡轮发动机发展史[M].张健,等译.北京:航空工业出版社,2016.

[2] 张伟.航空发动机[M].北京:航空工业出版社,2008.

[3] 方昌德.航空发动机的发展历程[M].北京:航空工业出版社,2007.

[4] CONNORS J. The Engines of Pratt & Whitney:a Technical History:as Told by the Engineers Who Made the History[M]. Reston:AIAA,2009.

[5] 张绍基.航空发动机控制系统的研发和展望[J].航空动力学报,2004(6):375 - 382.

10 精益求精的涡轮主动间隙控制的故事

众所周知,航空发动机的涡轮是由涡轮转子和涡轮静子两部分组成的,涡轮静子是由涡轮机匣、涡轮外环组件和涡轮导向器构成的,而涡轮转子是由涡轮工作叶片、涡轮轴和涡轮轴径等构成的。转子在发动机工作过程中是转动的,称为转子件;静子在发动机工作过程中是不转的,称为静子件。这样转子件与静子件之间就必须留有一定的间隙,以保证转子在旋转过程中不会与静子件之间产生碰摩或摩擦,这个间隙一般被称为涡轮叶尖间隙(Turbine Tip Clearance)。那么这个间隙会有什么故事呢?

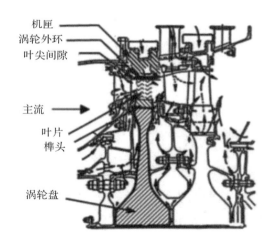

涡轮部件的叶尖间隙

涡轮部件图

从航空发动机工作原理来看,这个间隙值不仅影响涡轮效率,还会影响燃油消耗率,并且对于减少发动机的污染排放也有着相当大的作用。较小的涡轮间隙可以减少涡轮工作叶片处的燃气泄漏量,增加涡轮效率,能使发动机以较少的燃油消耗和较低的燃油温度实现性能。这是因为,现在广泛采用的轴流式涡轮发动机涡轮叶栅内存在复杂的、三维的、黏性非稳定的燃气流动,燃气流动与叶片离心力导致的燃气流产生气动叠加,在涡轮燃气通道产生二次流,从而导致转子叶片叶尖产生马蹄形涡,再加上转子叶片的压力面和吸力面存在较大的压差,叶尖处就会发生燃气泄漏。根据仿真估算,涡轮工作叶片叶尖间隙每增加1%,涡轮效率就下降1.5%,而且有学者已经证实,高压涡轮叶尖间隙每减少0.254 mm,燃油消耗率将降低1%,发动机排气温度降低10 K,燃油燃烧之后的氮氧化物含量会大幅降低。

实际上,这个间隙在发动机工作过程中并不是一成不变的,而是随着发动机工作状态不断地变化。其变化的原因:一是转子都是由高温合金制成的,它具有金属本质的特性——热胀冷缩;二是转子是支撑在轴承上的,而各个轴承的支撑刚性与转子各个部分的刚性(主要是结构刚性和连接刚性)不是严格均匀一致的,再加上发动机工作时的受热,就会出现转子某处刚性稍好,变形量稍小,而某处刚性稍差,变形量稍大的现象;三是涡轮机匣受热产生的变形;四是发动机内部气流流场不均匀产生的气动力造成机匣刚性不均,导致局部变形。

转子件和静子件都发生热胀冷缩,但两者变形的方向却不是完全一致的。转子变形的时候其外形尺寸会增大,转子叶片长度会变长。静子件在变形的时候尺寸也会增大,但转子件和静子件的变形环境不同,转子件受热温度变化很快(短短几十秒钟就可能变化上千摄氏度),而静子件外侧是发动机外涵道或发动机舱,受热温度变化比较慢,这样转子件的转子叶片和装在静子件机匣中的涡轮外环组件、转子件的转子鼓筒和静子件中的涡轮导向器就会出现碰摩和摩擦。

类似的情况也会出现在发动机停车过程中。此时,涡轮静子件散热条件较好,温度下降比较快,而转子件散热条件差,温度下降慢,因而也会产生变形不协调。

这样的碰摩和摩擦在正常工作的发动机上是不允许的。因为碰摩会使按发动机的振动急剧增大,影响发动机的使用寿命,而且碰摩极易引起发动机零部件的机械失效。根据国内燃气轮机弯轴事故的统计数据,86%的弯轴事故都是由转轴碰摩故障所致。换句话说,如果按照间隙最大状态(或起飞推力状态)来设计发动机,那么发动机在其他状态时,涡轮效率就会降低,而如果按照小状态来设计发动机的涡轮间隙,虽然最大状态的涡轮间隙涡轮效率提高,但无法保证安全。因此,必须在确保涡轮效率和保证安全之间进行权衡。

燃气轮机

为了保证发动机工作时不出现涡轮转子件和静子件的碰摩和摩擦,在发动机设计、装配时就必须使转子件和静子件之间留有一定的间隙。但遇到的问题是,如果按照发动机最大状态(或起飞推力状态)留间隙,那么在发动机处于其他状态时,这个间隙就显得大了;如果按照小状态留间隙,那么在发动机处于最大状态时,这个间隙就显得小了。

从20世纪中期开始到80年代,欧美的一些主要航空发动机生产商对此问题开展了大量的研究,提出了涡轮主动间隙控制的概念,并将相应的技术应用到高涵道比发动机的高、低压涡轮中。此技术已经成为大涵道比发动机的标配。

CFM56 发动机上的间隙引气管路(图中左侧部分有 6 条环形管)

涡轮主动间隙控制技术的原理是,将风扇出口或压气机某级的空气引到涡轮机匣,利用引出的空气量来改变涡轮机匣与涡轮外环组件的径向膨胀量,从而减小发动机涡轮叶尖间隙。其控制目标是,在发动机工作过程中,使某一状态(民用飞机一般是巡航状态)涡轮叶尖间隙保持在最小值,以保证涡轮效率和燃油消耗量,同时保证在整个发动机飞行包线范围内叶尖和涡轮外环之间不会产生碰摩。

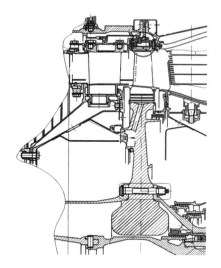

某发动机采用涡轮机匣的多层壁结构

涡喷七发动机涡轮机匣的双层壁结构

按照具体主动间隙控制技术的不同,可将其分为被动间隙控制方法和主动间隙控制方法两类,两类方法的根本区别在于间隙控制的具体策略。

被动间隙控制是一种不由发动机工作状态控制的间隙控制方法,匹配转子和静子的瞬态膨胀或收缩,在叶片气动设计阶段广为使用。在发动机设计时,选取最为严苛的瞬时状态

（如最大状态或起飞推力状态等）的最小间隙作为设计间隙，利用装配、双层机匣（或多层机匣）和低膨胀系数材料机匣，并结合使用耐磨涂层等方法来减小叶尖磨损，从而减小发动机工作中的叶尖间隙。这种方法主要适用于军用航空发动机。

主动间隙控制方法根据其控制方法，又可分为主动热控制、主动机械控制和主动压力控制等三类方法。

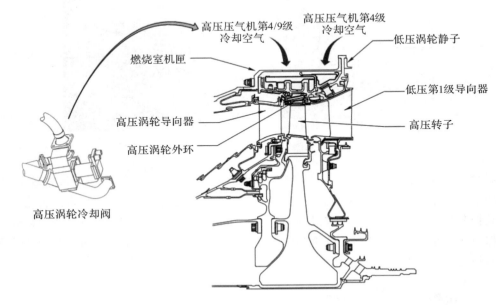

CFM56-5B发动机主动热控制方法

主动热控制的工作原理是，在发动机工作过程中，利用从压气机或风扇中提取的冷气对涡轮机匣及涡轮外环进行冲击冷却，通过控制流量和温度，改变高压涡轮机匣热膨胀量，控制其径向变形量，从而获得预期的叶尖间隙，如JT-9D、CFM56、PW4000、V2500、GE90等发动机均采用这种方式。主动机械控制方法的原理是，在发动机工作过程中，使用水压式、电-机械式和电磁式等机械装置调整叶尖间隙，从而实现叶尖间隙的变化，RB211上使用的就是这种间隙控制方法。主动压力控制方法的原理是，利用压气机引气与叶尖位置燃气间的压差使涡轮外环产生径向位移，从而控制叶尖间隙的变化，由于压气机的引气压力与发动机工作状态有密切的联系，因此，所控制的间隙能随发动机状态的变化而变化。这三种主动间隙控制方法的缺点分别是：主动热控制方法的热响应速度比较慢，不适合在整个发动机包线范围内使用；主动机械控制方法的控制装置比较复杂，增加了发动机的质量，并且难以长期在高温环境下使用；主动压力控制方法需要的空气引气量大，并且空气压力敏感使涡轮外环组件承受高周疲劳载荷作用。

主动间隙控制下一步的研究重点是快速响应的主动间隙控制方法和采用记忆合金的主动间隙控制方法。美国NASA格林研究中心和GE公司已经验证了快速响应主动间隙控制方法的概念。其原理是，构建发动机叶尖间隙工作动态模型，根据实际发动机状态，利用模型计算叶尖间隙,结合实测叶尖间隙计算两者的差值,然后利用传动机构实现涡轮外环的径向位移,再将反馈的传动机构位移量给动态模型,从而实现叶尖间隙的快速闭环控制。记忆合金主动间隙控制方法的核心是记忆合金,这种合金能够在涡轮受热时产生复杂的变形从而恢复原始形状。利用这个特性,将记忆合金制成线圈,从而带动传动杆径向推动涡轮外环产生位移,以达到改变叶尖间隙的目的。

V2500 发动机

RB211 发动机

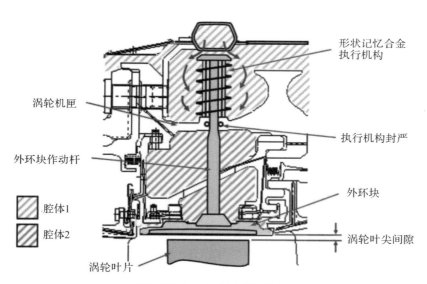

采用记忆合金主动间隙控制方法

　　既然大涵道比风扇发动机都在着力使用涡轮主动间隙控制技术,为什么军用小涵道比发动机在此方面却动静不大呢? 这是因为,从前面的介绍可以看出,无论是哪种主动间隙控制方法,最终都需要消耗能量,这些能量可能是压气机的引气能量,也可能是机械能量,但无一例外地来自发动机本身,那就产生一个是否值得的问题。因为军用航空发动机主要用于产生动力,给飞机提供推力、功率等,如果将大量可用空气的能量用于间隙控制,则势必影响发动机正常的功率水平,再加上军用航空发动机的燃油消耗本身也不存在很大问题,因此,确保发动机的功率才是人们关心的重点。

从涡轮叶尖间隙的故事我们可以看到,在航空发动机发展过程中,一些好的技术和方法对于不同用途的发动机必须要有所取舍,而这必须在发动机设计前就认真研究,权衡使用。

参 考 文 献

[1] 张伟.航空发动机[M].北京:航空工业出版社,2008.

[2] 方昌德.航空发动机的发展历程[M].北京:航空工业出版社,2007.

[3] CONNORS J. The Engines of Pratt & Whitney:a Technical History:as Told by the Engineers Who Made the History[M]. Reston:AIAA,2009.

[4] 曾军,王鹏飞.民用航空发动机涡轮叶尖间隙主动控制技术分析[J].航空科学技术,2012(2):1-6.

[5] 王子尧.涡轮主动控制技术现状与发展分析[J].航空动力学报,2021(3):35-38.

11 可信赖发动机背后的故事

当看到普惠公司的发动机时,每个人都会被发动机优越的性能所折服。无论是商用航空发动机,还是军用航空发动机,抑或其他产品,普惠公司几乎成了高质量、高可靠性的代名词,这也是它与美国 GE 公司和英国罗罗公司一起成为世界航空发动机三巨头的原因了。

| 1926—1945 | 1945—1981 | 1981—1987 | 1987至今 |

普惠公司标志图案的变迁

普惠公司生产的任何一台发动机上都有一个两英寸大的标志。仔细观察普惠公司的图标会发现,从 1926 年普惠公司的创立到现在(除了 1981—1987 年之间的 6 年之外),标志上三个重要的特征,即老鹰、普拉特·惠特尼公司名称和"Dependable Engine"(意思是"可信赖的发动机")。那么,为什么普惠公司称自己的发动机是可依赖的发动机? 又为什么 1981—1987 年在图标上去掉了这些字? 后一个问题在"大推力军用涡扇发动机'大战'的故事"中已经回答了,现在通过回顾普惠公司的历史看看他们的发动机是如何向用户承诺"Dependable"的。

顺便说一句,普惠公司标志上的老鹰与蓝天相映生辉,是航空自然的象征。许多世纪以来,老鹰一直被用作皇权的象征。普惠公司的档案里没有记录是谁选择了老鹰,但提到公司的杰克·罗森塔尔(Jack Rosenthal)这个人,感谢他在公司的工程图中放入了这个图案,而这个工程图是由哈里·冈伯格(Harry Gunberg)于 1926 年设计的,并由拉里·卡斯顿圭(Larry Castonguay)审查通过、安迪·维尔古斯(Andy Wilgus)批准(时任公司首席设计师)。

时间倒退到 1925 年,当时在美国康涅狄格州的哈特福德有一家名为普拉特·惠特尼的公司,这个公司以从事精密机械制造而闻名于世。1860 年,两位年轻的机械工程师创立了这家公司,他们分别是弗朗西斯·普拉特(Francis Pratt)和阿莫斯·惠特尼(Amos Whitney),从两人的名字中各取出名组合在一起作为公司的名字。这家公司在美国创立了标准英寸零件的概念(这样不同工业品只要零件规格是相同的就可以更换),从而在精密机械制造领域创造了"真正的大规模生产"(Real Mass Production)模式。在此之前,所谓大规模生产实际上需要由被称为"装配工"的人把各个部分安装在一起,以便将所有各部分组装在一起形成一个整体。弗朗西斯·普拉特和阿莫斯·惠特尼的标准化零件生产使装配工这一工种消失,凭借这样的标准化模式公司名声大噪。实际上,他们公司与航空没有任何关系。1901年,他们把公司卖给了著名的奈尔斯-贝蒙特-庞德(Niles-Bement-Pond)公司,而后者不知什么原因继续保留了原来公司的这个名字。

弗里德里克·亚当·伦茨勒(Frederick Adam Renzler)在 1925 年创立普惠飞机公司时,与奈尔斯-贝蒙特-庞德公司进行了很好的沟通——利用他原来在美国莱特航空公司下属的小航空发动机公司担任副总裁兼总经理,以及多年从事航空发动机领域工作所积累的专业知识和经验说服奈尔斯-贝蒙特-庞德公司投资他即将创立的新公司。他成功了! 1926 年,他接手了普惠公司,他很明智地继续沿用普惠这个名字,并恰如其分地在公司的名字前添加了飞机这个词来区分这两家公司。从 1925年到 1930 年,两家公司在哈特福德的地址一样,当然都在康涅狄格州。

弗里德里克·亚当·伦茨勒

1926—2020 年,90 多年的历史证明,普惠公司的航空发动机之所以自称为"可信赖"的,一方面是因为用户的口碑,更重要的是因为发动机的质量、技术、创新和服务等四个方面。

我们首先说普惠公司的发动机质量。

在 Jack Connors(杰克·康纳斯)所著的 *The Engines of Pratt & Whitney — A Technical History* 中介绍了这样几个事例。

第二次世界大战期间的 1944 年 2 月 23 日,美国陆军航空兵上尉大卫·C. 伯顿(David C. Burton)驾驶一架 B-24 轰炸机空袭了德国雷根斯堡。他分享了他"钟爱"普惠公司发动机的原因。

这是我所在机组执行的第七次战斗任务。为了这次任务,我们 4 个大队出动了大约 50架飞机。

当我们正在执行轰炸任务的时候,飞机的三号发动机被一枚防空炮弹的弹片击中,炮弹就在飞机副驾驶位置那一侧爆炸了。为了保持轰炸机队形,我们加大了其他三台发动机的功率。

如果有一台发动机的螺旋桨出现顺桨(是指发动机停车后,把螺旋桨的桨叶转到与飞行方向接近平行状态的操纵动作,目的在于减小阻力和避免损坏发动机)的螺旋桨是指发动机停车后,把状态,那么落在队形后面的轰炸机总是能吸引敌人的炮火,因为这架轰炸机很容易掉队而更容易被击落,但当时我们的其他三台发动机均能及时响应操纵。接着,我注意到一号发动机的滑油油压也在往下掉,并且它的转速在摆动。在我们投完炸弹返回基地的过程中,一号发动机的螺旋桨调速器失效了,螺旋桨开始失控和超速,必须在发动机停转之前处于顺桨。

现在到了该做决断的时候了。如果我们继续向前飞,我们很可能跟不上编队,失去编队的掩护,而且我们飞机的高度也在往下掉,估计我们很可能成为敌人战斗机攻击的目标;如果我们不幸落入敌占区、雪山上……反正我们也是九死一生。

　　幸运的是,当我们不能再依赖编队的保护时,敌人的飞机已经飞走了,现在的问题是如何让我们的B-24J飞机发动机将我们带回基地。

B-24 轰炸机

R-1830"黄蜂"活塞式发动机

　　现在剩余的两台1 200马力的R-1830普惠发动机已经用掉了几分钟的高转速工作时间。我们认为它们能做到这一点。正常情况下,规定允许的发动机风门位置为49 in,歧管压力和2 700 r/min的转速最多能使用5 min。为了避免失去太多的高度和飞行速度,我们把增压器调大(超过了规定的设置),当发动机温度变得太高时,我们就会减小功率,再让它们冷却下来。我们不知道这两台发动机能承受多久这样的滥用。

　　通常,在失去动力的情况下,飞机将从23 000 ft开始下降高度,如果每分钟下降200~300 ft,我们在抵达亚得里亚海(Adratic Sea)之前就会落地,而海空救援小组就在那里等着我们。当然,瑞士也是另一个选择,但在那里我们会被拘留,直到战争结束。我们都想尝试回到基地。

　　在接下来的几个小时里,我们每次将两台发动机的油门加满时,它们都会及时做出反应,飞机就会飞得更高一些,因为我们燃烧了大量的燃油,所以当我们到达亚得里亚海海岸时,飞机仍然有大约6 000 ft的高度。所有机组人员都聚拢在一起,观察前座舱仪表上的发动机仪表,特别是高度表和速度表的指示。看来我们的心可以放到肚子里了,如果发动机能承受这么高的歧管压力和转速,再过两个小时,我们就能到家了。

　　在发动机的轰鸣中,我大声喊道:"我们正在接近一艘海空救援船,所以现在是时候决定要不要放弃。"结果大家的一致意见是"我们大家要和飞机在一起,相信那两台漂亮的普惠还能继续飞!"我们知道我们的安全取决于两台发动机的持续工作,否则就会命丧大海。即使当我们经过另一艘海空救援船时,机组也想留在飞机上,不到万不得已时绝不放弃飞机。

　　后来飞过南意大利东海岸时,我们有好几次机会在盟军空军基地降落,它们看起来也很好降落。但是,在这种时候,自尊心使我们决定:"已经飞了这么远,发动机还在工作,我们继续飞吧!"

终于,飞机以 1 500 ft 的高度飞回到我们基地的上空,我们马上发射了一颗红色的信号弹,希望机场方面能看到我们只有两台发动机在工作。机场塔台确实发现了我们的困境,并相应地发射了红色信号弹———告诉我们其他飞机已离开跑道,我们可以降落。此时,飞机的液压已经没有了,因为三号发动机被击中时,我们便失去了液压,所以我们不得不降低发动机转速,手动放下起落架和襟翼。

机组所有人都进入迫降位置,以防我们着陆时飞机坠毁。在襟翼半放的情况下,B-24与其他飞机一样可以滑翔飞行。最后,当机轮接触到跑道上那一刻,大家都抑制不住喜悦的心并情不自禁地发出"耶呼"。

地勤组简直不敢相信我们对发动机做了什么,我们居然还能飞回来。这是这两台发动机的最后一次飞行,因为我们关闭这两台发动机的时候,它们已经太热了,以至于一些零件已经融化了。

1938 年,因发动机的主杆轴承问题,美国陆军航空队拒绝使用普惠公司的 R-1830C 发动机,该公司面临着"技术和财政绝望"的情况。鲍勃·贝尔(Bob Baer)介绍了普惠公司是如何扭转被动局面的。

多年来,支承曲轴的主杆轴承为镀银的钢壳,钢壳再卡到主杆中,这是一个非常成功的轴承……但是,随着发动机转速的增加,R-1830C 系列的起飞转速上升到 2 700 r/min 时,轴承达到了其使用极限。此时,两个支承轴承将产生大约 800 马力或更大的功率,而且,在军用俯冲状态时转速将增加到 3 000 r/min 左右,轴承开始以灾难性的故障失效,军方最终拒绝再接收任何发动机……

一天下午,查克·麦金尼(Chuck McKinnie)说巴斯·莱德(Buz Ryder)认为在轴承上镀铅可以改善其承载能力。"铅层需要多厚?"我问,"巴斯没说。"查克回答。"那么 0.005in 厚的铅层如何?"我问道。"试试吧。"查克说。

在电镀车间里,公司给了我足够的时间为旧的 193(发动机编号)型发动机的两个轴承镀铅,约翰尼·夏贝尔(Johnny Chapelle)当时是车间值班的人。我必须电镀十几个轴承,因为在电镀液最低处的表面镀层更厚一些,结果我们最初的尝试得到了椭圆形状的轴承。

我们最终研究了一种方法,即将轴承放在一个位置电镀几分钟,然后在镀液中旋转几度,再电镀几分钟,然后再旋转几度……最终我们得到了镀层很均匀地镀在整个表面的轴承(用两个千分尺测量)。当时是早上 7 点,我将轴承带到试验车间安装到 193 型发动机上,然后发动机被安装在测功机上。

俯冲测试要求发动机被测功机带转到大约 3 200 r/min,这时油门几乎完全加满,轴承上产生的离心力比满功率时更大,按规定必须要将发动机提高到俯冲速度 25 次,每次还需要维持 30 s,模拟一架战斗机用平桨距的俯冲情况。结果俯冲测试 25 次后,发动机仍然在稳定运行,轴承也没有故障。

我给查克打了电话……他让我重复这个测试,但要求达到俯冲速度就切断润滑油的供油,这将模拟俯冲的飞机在零过载和负过载时的情况。经过 25 次的俯冲测试,尽管润滑油没有压力,但仍然没有失败。

"现在怎么样?"得到答复后他又说,"将您的俯冲转速提高到 3 300 r/min,在没有油压的情况下再重复俯冲 25 次,然后将每分钟转速再提高 100 r,再俯冲 25 次,保持这个速率增长,直到试验失败。"他开玩笑似地补充道,"当您达到 4 000 r/min 时再告诉我结果。"

除了 193 发动机的测功机操作员,菲尔普斯·兰尼(Phelps Lane)和我随着转速的增加越来越紧张,我们很高兴轴承没有故障,但达到的速度可能会导致发动机、发动机安装架或测功机的灾难性故障,这当时让我很是担心。据我们所知,没有任何发动机或测功机能跑得这么快,在一天左右的时间里达到了 4000 r/min 的速度,并且还进行了 25 次俯冲,但没有一次失败。

我打电话给查克,报告了我们的成功……不久他又回电话过来:"卢克·霍布斯(Luke Hobus)想下来看看这个试验。"卢克到来之后,我们又开始了 25 次俯冲,仍没有失败,但是在最后一次俯冲测试时有一个测试单元发出了强烈的碰撞声。我们将发动机停下来,走进测试间,发现地板上到处都是进气阀和排气阀的碎片。分解检查发现,28 个阀门中大约有一半由于速度问题失效了,但是轴承却完好无损。在欢呼和宽慰的问候声中,普惠公司恢复了使用镀铅主杆轴承发动机的生产。

但我们的麻烦并没有过去。不久,有报告说陆军发动机中使用的镀铅轴承正在出现失效。检查发现,铅层正在侵蚀轴承表面……服役发动机中的润滑油呈酸性,外场必须定期测试这种酸,必要时还要更换润滑油……

巴斯·莱德接着提出了在铅轴承上电火花铟的想法。铟是一种可以抑制润滑油酸性影响的元素。据我所知,活塞式发动机的轴承仍然是镀铅和电火花铟。第二次世界大战来临时,普惠公司把这个过程分享给了所有的发动机制造商,所以这成了惯例。

朝鲜战争期间的 1950 年 11 月 9 日,美国陆军中尉 W. T. 阿门(W. T. Amen)介绍了他在韩国执行作战任务时所遇到的场景。

海军陆战队美洲豹的飞行员乔治·凯文(George Keys)在朝鲜执行低空轰炸和空袭任务时被敌人高射机枪击中,一颗弹片穿进了 J42 发动机的燃烧室,将燃烧室壳体撕开了一个长 2.5 in 的口子,然后它通过涡轮导向器进入涡轮。由于涡轮的转速约为 12 000 r/min,弹片随着涡轮转了几圈,接着又打着转从喷管中钻了出来。

美海军 F9F-2 飞机

F9F-2 飞机的 J42 发动机

乔治上尉报告说,当时他只感到飞机产生轻微的震动,然后他驾驶飞机进行了几次猛力的轰炸和扫射,发动机也没有出现任何故障或速度损失,他将发动机保持在最大状态又在目标区域多飞了 20 min,然后以巡航速度飞行了 1 h 20 min 后安全回到基地。结果只是发现发动机转速增加了 2%，燃油消耗也略高一些，这都显示发动机受到了严重的损伤。

海军陆战队飞行员要求向驻韩国中队的普惠公司客服代表 J. D. 杨(J. D. Young)传递他们对这种发动机的钦佩之情，称这种发动机"能吞掉各种炮弹，就好像它是可靠运行的一部分例行工作"。

20 世纪 50 年代唐·布兰登尔(Don Brendal)是普惠公司 JT-12 发动机的项目工程师，他讲述了自己的一个经历，那是一架洛克希德·伊莱克特拉捷星(Lockheed Electra Jetstar)飞机(简称"捷星飞机")在波士顿地区遭遇鸟群撞击而坠毁不久的事情。

高级开发工程师比尔·戈顿(Bill Gorton)是我的老板……他问我 JT-12 发动机能不能毫发无损地吞掉一群椋鸟……"我不知道，我们从未做过这样的事，因为联邦航空局没有要求我们，而且 JT-12 发动机是由联邦航空局认证的。"比尔的反应是"好吧，您最好弄清楚。"

为此，我们专门捕捉了大约 12 只椋鸟并进行了测试试验，用一种特殊设计的枪将这些鸟射入 JT-12 发动机的进气道。在一阵灰尘飞扬并且尘埃落定后，发动机还在工作！随后我们对发动机部件进行了分解和检查，居然没有发现损伤。这自然是个好消息，但是，这并没有让比尔·戈登满意，他想知道发动机如果被海鸥击中会怎么样……

于是，我们又把 JT-12 发动机放到试车台上，在发动机的进气道入口放入一只相当尺寸的海鸥。嘭的一声！这次发动机破为两半。戈顿说："您最好把它修好，再重新进行测试。"

成年海鸥的翼展远大于 JT-12 发动机的进口直径，这引发了一个广泛的研发测试项目，其中许多……进行了吞鸟试验……这些鸟被汽车的尾气窒息后，立即被装进枪中，然后向正在运转的 JT-12 发动机射过去。

测试的结果演变出一种防鸟装置。对发动机来说最重要的变化有两个：一是将进口导流叶片的材料从铝改为钢；二是增加进口导叶后缘与旋转的压气机第一级叶片之间的间距。这些变化增加了发动机规定的质量和长度，因此需要重新对捷星飞机上使用的发动机进行认证。

洛克希德捷星飞机

JT-12 发动机

我们重新对发动机进行了认证，想当然地认为装四台 JT-12 发动机的捷星飞机制造商洛克希德公司很高兴使用这种新的防撞鸟发动机。但洛克希德公司并不这样认为，因为捷星飞机已经根据联邦航空局的规定获得了认证，他们不打算在其他不必要的认证上花费更多的资源。

协商持续了一段时间，最后商定在纽约组织一个会议。普惠公司的迪克·贝斯勒(Dick

Baseler,时任普惠公司工程副总裁)和我,以及洛克希德公司和联合航空公司代表参加此次会议。贝斯勒赞同重新认证捷星飞机——由联合航空公司预约一架捷星号飞机,使用我们提前交付并经过防撞鸟改造的发动机,哈罗德·阿彻(Harold Archer,普惠公司首席工程试飞员)和他的试飞测试团队用它重新验证了捷星飞机,全部试验费用由普惠公司承担。

后来,贝勒斯免费把飞机认证证书传给了洛克希德公司。

再来说说普惠公司的发动机技术。

普惠公司在开发 F119 发动机过程中,根据研制 F100-PW-220 发动机的经验教训,建立了被称为"设计到加工"多功能小组的概念,使得在发动机设计过程中,就吸收制造、材料、供应与质量等方面的工程人员参与,创造性地提出了集成产品开发(Integrated Product Development,IPD)的概念。集成产品开发过程是一种多学科的设计方法,工作团队对现场的产品设计、制造和支持负全责,IPD 团队努力平衡性能、质量、成本、进度、可靠性和维护(Reliability and Maintenance,R&M)以及其他因素,使得在此基础上通过验证的先进发动机,能很快转入批生产和投入实际使用。

1983 年 6 月 22 日,联合先进战斗机发动机(Joint Advanced Fighter Engine,JAFE)计划开始执行时,美国空军后勤司令部指挥官詹姆斯·P. 马林斯(James P. Mullins)将军和美国空军指挥官罗伯特·T. 马什(Robert T. Marsh)将军,以及空军系统司令部联合发布了一项协议,其改善支持和备战的底线是国防部在武器系统和支撑技术领域的主要目标。他们同意加强对能够提高任务可靠性技术领域的重视,降低对支持设备、备件和维修设施的依赖,减少对高技能人才的需求。

1984 年,美国空军启动了 R&M 2000 计划,强调需要通过改进的 R&M 来提高操作效率。为实现这一目标,美国空军设定了五个 R&M 2000 计划目标的提纲:

(1)提高作战能力(Warfighting Capability);

(2)增加作战支援结构的生存能力(Survivability);

(3)减少每个部署单位的机动性(Mobility)要求;

(4)减少单位产量的人力需求;

(5)降低成本。

在 F119 发动机研发过程中,发动机设计团队将 R&M 与性能、质量、成本和进度放在同等重要的地位。开发可支持发动机的关键是从一开始就设计 R&M。在设计过程中采取了五个步骤来增加 R&M:

(1)综合产品开发(IPD);

(2)可支持性(Supportability)意识;

(3)可支持性审查和贸易研究;

(4)早期支持工具的参与;

(5)全尺寸发动机实物模型和短舱(Full Scale Engine Mockup and Nacelle)。

早期可支持性意识是设计 R&M 特性的关键步骤。通过了解当前作战武器系统的可支持性,设计团队可将学到的经验应用到新的设计中。设计团队通过参观空军和海军作战设施,并在作战飞机上工作,了解了飞机维修的真实世界(这些参观已经在世界各地的基地

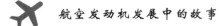
和各种气候条件下进行）。支持战机发动机的一些关键问题是强调提供部件的可达性［例如，一层深度的可更换单元（LRU）］，减少支持工具的数量、无线锁配件（Lockwireless Fittings），执行化学-生物-辐射（Chemical - Biological - Radiological，CBR）作战装备的飞行线路维护任务，减少支撑装备的数量、减小体积，以提高机动性。

伊兰克·吉列（Erank Gillette）仅需阅读技术手册就能更换 F100 发动机增强盖板（Augmentor Flap）。吉列让他的设计团队在体验维护任务的同时，也穿着笨重、狭小的工作服，这让他们对实际发动机的维护情况有了一个概念。

可支持性审查和贸易研究就是，在创建设计的过程中，将工具布置在图纸上，以确定技工组装和拆卸部件所需技能的易访问性。某些情况下，为了适应更方便的发动机组装和拆卸，发动机设计内容实际上已经发生了改变。IPD 过程中使用的另一个辅助工具是标准的发动机部件显示板，它可以显示发动机中使用的标准部件（如螺母、螺栓、垫片等）。这样的一个面板在设计室中被显著地展示出来，从而减少发动机中标准零件的数量。

早期支持工具的参与就是及早聚焦服役后发动机的维护。在之前的发动机项目中，主要关注的是飞机发动机的性能。然而，地面上发动机的寿命还有另一个方面，即机械师的工作（其目的就是保证飞机飞行）。F119 发动机外部附件均位于其中心线下半部，这样的设计便于拆卸。因为有自锁装置，所以没有需要拆下的保险丝，而且导管接头是快接式的。可更换单元仅有一层深度，这意味着可以在不移除其他组件或管路的情况下拆装。拆卸和更换可更换单元的平均时间仅为 20 min，每个单元只能使用六种标准工具中的一种。总体而言，F119 发动机的零部件比以前的同类发动机少 40%。

发动机设计从一开始就规定了装配和拆卸所需的支持工装，让工装设计人员在设计阶段的早期参与，可以减少工装的数量和复杂性，从而降低空运需求。当发动机设计师也关注维修人员的需求时，可以改进工装，使维护更容易。

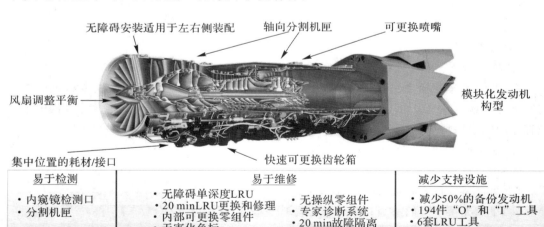

集成产品开发给 F119 发动机带来的优势

图纸不能总是显示外部部件如何装配在发动机上,也不能总是显示维修人员进行维修时的访问权限,而样机则允许对维护任务进行评估,并显示所需的技能水平和可更换单元的更换时间。普惠公司邀请空军维护人员参与外部硬件审查,通过模型展示便于客户理解。

　　新的 IPD 理念应用于 F119 发动机的开发情况如下:

　　(1)所有的零件、线束和管路都位于发动机的下部。

　　(2)所有可更换单元都是一层深度,易于从飞机发动机舱进入。

　　(3)通过集成诊断、健康监测和寿命使用数据的自动存储,最大限度地实现飞行线路的状态维护。

　　(4)没有定期维护。

　　(5)没有发动机装饰(Trim)设备。

　　(6)某些可更换单元在装配期间可挂在恰当的位置。

　　(7)每个可更换单元用一个标准工具拆装。

　　(8)使用标准的美国空军工具,可更换单元平均更换时间小于 20 min。

　　(9)平均故障检测和隔离时间小于 20 min。

　　(10)铸造阀组使燃油管路和安装最简单化。

　　(11)飞机主燃油供应管路快卸接头。

　　(12)彩色编码的电气线束有助于诊断故障。

　　(13)发动机配置允许安装在双发飞机的任意一侧。

　　(14)正向自锁装置避免保险丝的使用。

　　(15)风扇和压气机的可调静子叶片作动器可互换。

　　(16)管路支架是复合材料的,用集线紧固件安装在管路上。

　　(17)只使用一种通用孔探孔堵塞头拆除工具。

　　(18)提供通用的润滑油和燃油滤清器拆卸扳手。

　　每个可更换单元管路末端在最后几英寸使用弯曲结构,以防止损坏。

　　IPD 团队为 R&M 制定了新的标准,空军 R&M 2000 的倡议已经为用户提供了一套真正令人敬畏的、可支持的 F-22 武器系统。

　　现在说说普惠公司发动机的创新。

　　2019 年 10 月,普惠公司军用发动机分部工程副总裁托马斯·普雷特(Thomas Pret)获得了美国机械协会颁发的 2019 年度“飞机发动机技术奖”。实际上,这并不是普惠公司研发团队第一次获得类似奖项。与飞机有关的科利尔奖通常是颁发给飞机制造商的,直接颁发(即使提到发动机制造商)也只有大约 20% 的概率,就是这样,普惠公司凭借过硬的产品质量和技术,曾 4 次获得美国航空航天界的科利尔奖——1952 年因为研发 JT-3A 发动机、1970 年因为研发 JT-9D 发动机、2001 年因为研发 F135 发动机、2006 年因为研发 F119 发动机(弗兰克·吉列),还有 5 次因为其装机的飞机获得科利尔奖——F4D 和 F8U 飞机(J57 发动机)、波音 747 飞机(JT-9D 发动机)、F-16 飞机(F100 发动机)、波音 757(PW2037 发动机)、波音 777(PW4084 发动机)、F-35 飞机(F135 发动机)。

　　第二次世界大战期间,刚刚成立十多年的普惠公司的黄蜂(Wasp)系列发动机总产量为

363 619 台,约占美国陆、海、空军发动机总数的 50%(时任美国总统曾亲自到普惠公司视察),整个盟军发动机的 35%,这一切得益于公司的气冷式活塞发动机。因为在黄蜂发动机出现之前,飞机上采用的活塞式发动机几乎都是用液体冷却的方式,这种发动机的缺点是冷却系统复杂且质量大,一旦冷却、散热系统损坏,发动机将会直接"罢工"。普惠公司创造性地采用气冷方式来冷却发动机,并采用新技术使得发动机功率不断提高。

第二次世界大战以后,以生产活塞式发动机见长的普惠公司经过仿制英国的尼恩发动机,具备了独立研发喷气发动机的能力,同时结合自己的创新,设计出通过增大增压比来提高推力并降低油耗的 J57 发动机。1952 年,J57 双转子涡轮喷气发动机问世后打破了航发界的宁静,美国的 B-52 战略轰炸机也横空出世。

美国 F-35 战斗机

F-36 飞机装机的 F135 发动机

20 世纪 50 年代末,美国"黑鸟"侦察机计划推出。为了保证 $Ma=3$ 的巡航速度,普惠公司承揽发动机的研制任务。1976 年变循环的 J58 发动机研制完成,"黑鸟"创下了飞机飞行速度的世界纪录(3 529 km/h)。1972 年,普惠第一台军用版 F100 发动机被装配到 F-15上,它同时也为 F-16 提供动力,这是一款在全世界范围内率先投入使用的推重比达到 8 的军用发动机。

自 20 世纪 80 年代中期,美国开始第五代飞机的研发,普惠公司的 F119 完全以军方提出的要求来设计,诸如不加力超声速巡航、短距离起降、隐身、高推重比、矢量喷管等,同时也采用了一些相对成熟的新技术,使得该发动机成为 F-22 飞机唯一备选机型,类似的情况在后来的 F-35 飞机上再次出现,普惠公司使用带升力风扇的 F135 创新设计,再次赢得美国空军的合同。

普惠公司在民用发动机领域和航天领域也有不俗的表现。1982 年研发的 PW4000 系列涡扇发动机,是一款专为宽体飞机设计的专用发动机,被空客公司、波音公司选中,安装在空客 A300、A310、波音 747 和波音 767 等飞机上使用,随后的数十年里,这款发动机不断改进升级,成为各大航空飞行器的主要动力。1995 年,普惠公司为航天飞机研制成功RD-180 火箭发动机。目前,普惠公司再次用创新设计的齿轮传动涡扇发动机独占商用飞机发动机的鳌头。

最后说说普惠公司发动机的服务。

普惠公司发动机的服务独树一帜,主要表现在服务的理念、服务的方式:服务的内容和服务的反馈等。

首先是服务的理念,包括对外服务和对内服务两部分。对外服务有两个方面的含义,一方面是面对公司发动机的基层用户(包括商用和军用),努力在公司规定最高限度范围内,满足用户的需求,使公司的发动机维护好并发挥应有的作用。承担这部分工作的往往是公司生产线或装配线上具有丰厚工作经验且善于处理人际关系的员工,当然也包括相关机型部队退役且具有丰富工作经验的技术军官或士兵。另一方面是面对公司的用户机关,即提供研制要求的部门,努力在发动机研制任务书发布前和发布后了解用户的需求,以便提交更契合用户的研制计划书。承担这部分工作的往往是公司项目总裁或副总裁,只有这些人才可能直接与用户机关进行对话。对内服务是指对公司范围内不同分公司(如加拿大普惠公司)、不同部门、不同工段之间的业务进行规范。这方面首先规范不同分公司、不同部门、不同工段需要服务的具体内容和时机,还要明确相应服务的人员类别等等。

以下两则故事摘自 *The Engines of Pratt & Whitney — A Technical History*。

1946 年初,美国联合飞机服务公司的总裁 T. E. 蒂林哈斯特(T. E. Tillinghast)向一群飞机高级服务代表讲述了服务代表所表现出的非凡奉献精神。

不适应和危险是人们在野外工作时必然会联想到的因素。但是,绝大多数被分配到作战区域的人,除了原有的勇气胆量和良好的承受不适心态的能力之外,还表现出了两种品质。

第一个品质是您作为美国人与生俱来的、在工作中即兴发挥的能力,第二个是您在战斗中对装备的了解和临机评估能力。您在替我们传达军用战斗的作战要求,因为您从作战部队那里得知了这些要求。当德国人还在大规模生产老一套的产品时,您正在确保我们产品的质量每天都在提升,是我们进步的纽带。您一方面建立了与军队合作的优良传统,另一方面作为民间志愿者的技术人员保卫着我们的国家。

哈维·利平科特(Harvey Lippincott)曾是公司档案保管员,他曾在太平洋和欧洲战区服役。哈维描述了他在意大利协助飞行员的情况。

增强飞行员对发动机良好信心的公关方式是将飞行员聚集在一起,向他们展示严重损坏但依然将飞行员带回家的发动机样品。如 P-47 飞机的一台 R-2800 发动机,当时受到高炮弹片的打击后,只剩下 2 个磁电机中的 1 个,弹片还切断了 2 套火花塞连线中的 1 套,击穿了几个汽缸壁,切断了 2 只火花塞,炸掉了 1 个汽缸头,仅留下其汽缸筒体,其结果是 18 个汽缸中还有 15 个在工作。飞行员说虽然发动机冒着烟,漏油也很严重,但飞机"只是有点颠簸!"(两天之后,我们让发动机重新投入使用),飞行员参观了这台受损的庞然大物后,对发动机的信心大大增强了。

哈维·利平科特

令人惊讶的是,一旦一个技术代表成功地确立了自己的地位,他也能在技术之外以同样的方式帮助一个军事单位协调其他问题。他经常发现自己是军官和士兵之间矛盾的调解人，因为他们之间的某些沟通渠道经常是不畅的，官兵双方都可以与技术代表"交谈"，后者可以帮助双方找出他们的问题，许多士气问题都是通过技术代表独特的处事方式解决或改善的。技术代表常常可以帮助缓解愤怒的情绪，改善恼人的工作环境，有助于弥补短板，通常还有助于改善不同军事人员之间的工作关系。

其次是服务的方式，包括成立公司层面的客服服务部，统筹整个公司（包括加拿大普惠公司）发动机的服务工作，通过开办不同客户的发动机培训学校进行相应型号发动机相关内容的短期培训、驻相关用户的客户代表培训和定期（或不定期）用户回访等。

以下两则故事摘自 *The Engines of Pratt & Whitney — A Technical History*。

普惠飞机公司总经理 H. 曼斯菲尔德·霍默（H. Mansfield Horner）于 1942 年 1 月组建了陆军和海军发动机培训学校，他认为这是普惠公司对战争的进一步贡献。

发动机、螺旋桨和飞机——以最高速度在生产，这是联合技术飞机公司（普惠公司的母公司）对美国全力参战作主要的贡献。但除此之外，人们很早就认识到，战争中能否有效使用这种设备将完全取决于负责操作和维护的人员的知识水平和维护能力。为了满足在世界各地前线维持数千架战斗机作战状态巨大维护工作量的需要，所属部队的人员必须熟悉久经考验的安装、检修和维修方法，这些方法是飞机设备制造商总结的使其达到最终性能所必需的。由于大部分一线战斗飞机都配备了普惠发动机、汉密尔顿标准螺旋桨，或两者兼备，因此联合技术飞机公司在我们军队紧急扩军时所面临的巨大技术培训项目中真正发挥了作用。

H. 曼斯菲尔德·霍默还说：

普惠公司不仅为陆军、海军军官提供培训，还向海外派遣了 200 多名服务代表，以帮助装有普惠公司发动机的飞机保持最佳状态。第二次世界大战期间，联合技术飞机公司在海外战区有 236 名外勤服务代表，幸运的是，其中只有 6 人因战争死亡，还有 1 人属自然死亡。

陆军、海军发动机培训学校中学员动手实习

B-26 教学飞机前的培训留影

再次是服务的内容，这部分主要包括了解客户的具体需求、方式方法以及时机等。在 *The Engines of Pratt & Whitney — A Technical History* 中有一段详细的介绍：

我（客户服务部总裁）和比尔·韦弗（Bill Weaver）很快就达成了一个计划，那就是找出客户想要什么,哪些方面需要与我们组织合作,以便在公司最大利益范围内给客户他们想要的东西。在这种情况下,"客户"由一群工程师组成,他们拥有与燃气发动机相关各种专业的学历,我们的目标是给予每位顾客特别的关注,以确保他从普惠公司得到了他需要的信息。我们将控制公司流向客户的信息,以确保必要的信息得到保护。我们没有采用花言巧语那样老练的推销式的方法,而是采用一种简单的方法来改善沟通。

我们拜会了克里夫·辛普森(Cliff Simpson),他是空军航空推进实验室吸气式发动机部门的负责人,一切进展顺利。辛普森告诉我们,他的技术专家霍华德·舒马赫(Howard Schumacher)将和我们一起工作。

……

空军航空推进实验室的新负责人赫布·莱昂(Herb Lyon)上校来到普惠公司开会,韦弗和我与他待了一会儿。原来几年前我就见过这位上校,他还记得我是那个谈论燃料电池的人,他很乐意回答问题。上校为人正直,给我们留下了深刻的印象。我们告诉他,我们将尽最大努力改善航空推进实验室和普惠公司之间的联系,我们的出发点是找出实验室需要什么,然后韦弗会尝试将它与普惠公司所能提供的进行对接。分手时我们相处得很好。

我们与霍华德·舒马赫的第一次会面是富有成效的。他见过很多来自普惠公司的人,说他会和我们一起工作,并会把我们介绍给他的工程师团队。韦弗表达了我们对舒马赫的印象:"霍华德是一颗未经雕琢的钻石,我们可以和他合作。"韦弗和我总是把我们与克里夫、霍华德以及航空推进实验室的各位同事们的交往视为一种愉快而富有成效的经历。

比尔·韦弗

……

韦弗和我并不是作为推销员去空军的,我们在那里帮助实验室工作人员做与普惠公司有关的那部分工作。在接下来的六个月里,我们认识了实验室里的每一位发动机部件专家。我所做的就是把普惠公司工程部的相关专家召集起来,带到实验室去做他们需要做的任何事情。许多情况下,两个单位的工程师之间已经建立了充分的信任。显然,韦弗和我为实验室提供了许多实际的帮助。与此同时,我们会向克里夫上校汇报最新情况。

……

最后是发动机服务的反馈,就是与客户打交道过程中出现或遇到的任何问题都应该以适当的方式向公司客户服务部进行报告,定期了解事情的进展情况,并向用户进行反馈,也可以是用户改进意见的落实情况。

普惠公司将"可信赖"这个词印在他们公司的发动机上,实际上也的确用行动践行"可信赖"这个词。*The Engines of Pratt & Whitney — A Technical History* 将"可信赖"总结为四点:一是绝望的处境(Desperate Situation),技术挑战不可怕,可怕的是失去用户;二是失败不是一个选项(Failure Was Not an Option.),可信赖既是管理,又是服务,不能承担失败之苦;三是极端的奉献精神(Extreme Dedication),团队成员都应竭尽全力做到自己所能做到的事;四是竞争精神(Competitive Spirit),团队成员要比任何竞争者做得更好,直到取得成功。

普惠公司发动机

普惠公司的用户培训留影

参 考 文 献

[1]　彼得. 美国飞机燃气涡轮发动机发展史[M]. 张健,等译. 北京:航空工业出版社,2016.

[2]　张伟. 航空发动机[M]. 北京:航空工业出版社,2008.

[3]　方昌德. 航空发动机的发展历程[M]. 北京:航空工业出版社,2007.

[4]　CONNORS J. The Engines of Pratt & Whitney:a Technical History:as Told by the Engineers Who Made the History[M]. Reston:AIAA,2009.

12 创新双转子结构的 J57 发动机故事

更大推力、更低油耗一直都是燃气涡轮发动机设计者追求的主要目标,而实现这个目标最有效的方法就是提高压气机的总增压比,让燃油在更高的压力下燃烧。20 世纪 40 年代,涡轮喷气发动机刚投入时总增压比大约为 4～5;到了 50 年代普遍达到 7～9,部分型号甚至达到 12;现在有些战斗机发动机的总增压比已超过 30,民航发动机总增压比则超过 40。但是,伴随高增压比而来的则是压气机稳定性变差,严重时可能发生喘振而停车,甚至因此而振断压气机叶片、烧坏涡轮叶片。因此,防喘设计是高增压比发动机研制中极为关键的一项内容。

常见的防喘措施主要为采用中间级放气、多转子结构、可调静子叶片等。总增压比小于 10 的发动机,采取几种措施中的一种即可,常采用最简单的中间级放气措施;当总增压比达 10 以上时,必须至少采用多转子结构和可调静子叶片两项措施之一,或其全部。

双转子结构之所以能够防喘,是因为,由压气机的气流速度三角形可知,轴向气流流量系数的变化影响着速度三角形的形状,气流流入压气机叶片的攻角会发生变化。例如,压气机进口气流流量系数减小,将引起第一级压气机叶片的攻角增大,而压气机出口气流流量系数增大,将引起末级压气机叶片攻角减小。因此,压气机最前面几级和最后几级都将偏离它们的设计状态。此时,由于中间各级气流流量系数变化不大,因而工作状态变化不大。压气机前部各级的攻角偏离设计状态,使压气机级效率降低,进一步发展将会导致压气机喘振,在非设计状态下,对于高设计增压比的压气机,前、后各级工作不协调的现象将更为严重。要使非设计状态下前、后各级协调地工作,最有效的方法是使各级的转速相应于各级进口气流轴向速度的重新分布而各自变化,以保证各级流量系数不变。然而,这在结构上是不可能的,也不需要这样。一般情况下,只要把压气机分成两部分就足够了。这就是双转子结构发动机防喘的基本原理。

J57 双转子发动机

普惠公司研制的 J57 发动机是世界上首个双转子发动机，这台发动机是怎么发展起来的呢？

　　普惠公司是第二次世界大战期间美国最大的航空发动机制造商之一，整个战争期间累计生产了包括"黄蜂"系列在内的各型活塞式航空发动机 363 619 台，功率共 603 814 723 马力，约占美军所需功率的一半（莱特飞机公司约占 35%，其余的 15% 左右被帕卡德、艾利逊、莱克明等公司分摊）。普惠生产的发动机为 70 多个不同型号的军用飞机提供动力，除"海盗""恶妇"和"霹雳"外，还有"解放者"、"毁灭者"、"加特利纳"、"文图拉"、"劫掠者"、C-46、C-47 和 C-54，甚至还包括培养了几千名飞行员的 AT-6 教练机。

R-2800 双"黄蜂"活塞发动机

道格拉斯 C-47 飞机

　　然而，就在第二次世界大战结束后的第二天（1945 年 8 月 15 日）早晨，美国政府就宣布取消了普惠公司价值 4.14 亿美元的合同，仅留下 300 万美元。不久，英国政府也宣布将彻底结束活塞式发动机业务。突如其来的变化，使普惠公司面临着一系列令人心悸的问题：能否进入代表航空业未来发展方向的喷气发动机领域？如何与在燃气涡轮技术上已经抢先一步的 GE 公司和西屋公司竞争？

　　从 1945 年到 1946 年，再从 1946 年到 1947 年，以公司创始人弗里德里克·伦茨勒为首的领导层在徘徊中最终做出了一项影响公司命运的重要决定：用五年时间研制出震惊世界的喷气发动机，关键不是赶上对手，而是超越他们。为此，公司投资 1 500 万美元（当时是一笔巨款）建设先进、配备可以模拟 10 万英尺（大约 3 万米）高空环境的高空试车台的安德鲁·维尔古斯实验室，此举被称为航空界非常著名的"拿公司下注"的险棋之一。

　　1945 年秋，普惠公司签下了海军一份 130 台西屋公司 J30 小型轴流式涡喷发动机的制造合同，这才有了制造涡喷发动机的经验。1946 年，普惠公司从莱特飞机公司前总经理菲利普·泰勒（Philips Taytor）手中拿到了罗罗公司尼恩离心式涡喷发动机的生产许可权，开始为海军生产美国版的尼恩发动机（称为 J42），以便其用于格鲁门公司的 F-9 战斗机。1948 年 3 月，J42 装上了试车台。同年秋天，J42 发动机通过了 5 000 lbf 的推力以及 5 750 lbf 喷水推力的鉴定试验。此后,普惠公司通过生产又积累了不少制造涡喷发动机的工程经验。

就在实验室建设成功之际,海军上将哈里森和海军航空局办公室主任向各承担发动机项目的公司发出一封信,就下一步发展喷气发动机征求意见,结果普惠公司没有回应。其后不久,海军宣布将J40发动机的研发合同授予西屋公司。听到这个消息后,身在康涅狄格州的普惠公司卢克·霍布斯大吃一惊,他赶到华盛顿去见哈里森,质问他为什么不给每个公司公平的竞争机会。哈里森答道,我已经给了你机会,但你们没有回应。此时的霍布斯看到指望海军支持普惠公司显然没有什么希望,只能且应马上得到空军的支持,以便赶在海军所需要的发动机前面推出自己的发动机。

F-9战斗机

此前,在哈佛大学和麻省理工学院顾问的支持下,普惠公司的研究团队认为总增压比为12、推力为10 000马力的发动机将是这场游戏的最终胜利者,与之前的J47相比,其推力将高出40%,而油耗将下降20%。但是,包括GE公司在内80%以上的业内人士都认为,即使压气机采用最先进的气流泄漏特性设计,发动机总增压比也只能是6,而不是普惠公司所研究的12.6。有了这个底气,霍布斯来到空军莱特基地,私下拜会了空军主管将军,请求空军为普惠公司的新发动机提供资金支持。

空军主管将军没有答应,给出的理由是支持一个与海军相同的计划,这本身就存在问题,而且国会也不会批准。经过多轮沟通,霍布斯与空军主管将军达成一个新的涡桨发动机研制计划,这样就不存在与海军计划雷同的问题。同时,空军将让波音公司设计以这台涡桨发动机为动力的B-52轰炸机,以便代替B-47。等到时机成熟时,再让波音公司将新研制的B-52飞机的涡桨发动机改为涡喷发动机,而普惠公司的涡桨发动机也将变为采用高增压比、推力达到10 000 lbf的喷气发动机。

这真是一个绝妙的想法,一下子将普惠公司面临的窘境改变了。事实上,当时真正知道这件事的人少之又少。

早在第二次世界大战还没有结束的时候,美军就开始了第二代洲际轰炸机的预研工作。1945年11月23日,提出了一系列具体性能要求:作战半径5 000 mi(8 050 km),34 000 ft

(10 363 m)高空的航速 300 mi/h(480 km/h),载弹量达 10 000 lb(4 540 kg)。空军莱特基地的发动机专家奥皮·肯诺恩斯(Opie Chenoweth)向普惠公司的佩里·普拉特(Perry Pratt)建议:"如果您想进入喷气式飞机发动机领域,您必须瞄准 B-52 轰炸机。"这个建议引起了普惠公司管理层的高度重视。

普惠公司在涡桨发动机设计中采用双转子的概念始于 PT4 涡桨发动机。此前,普惠公司开始了一系列涡桨和涡喷发动机的项目研究,创建了一个新的型号命名体系:字母 PT 代表 Prop Turbine(涡轮螺旋桨),字母 JT 代表 Turbojet(涡轮喷气发动机)。但在设计研发 PT4 时他们就考虑到了其应能很容易地转换为涡喷发动机,因此 1948 年空军更改技术指标,要求其改为 10 000 lbf 推力、双转子涡喷发动机时,PT4 就很轻易地变成了 JT3 发动机。

当时的主流观点认为,远程飞机必须由涡桨发动机而不是涡喷发动机提供动力,因为涡喷发动机的耗油量远高于涡桨发动机。1948 年,当 XB-52 在空军莱特基地接受复检时,其配置的是莱特飞机公司的 XT35 台风(Typhoon)涡桨发动机。而此时,普惠公司的 PT4/T45 涡桨发动机项目才刚刚开始,在某种程度上还落后于莱特飞机公司。

1947 年,普惠公司开始了 JT3 项目,其目标就是将发动机总增压比从当前的 6 逐步提高到 12.6,不但要提高推力,而且要使耗油率降低 10%。总增压比为 6 的 JT3-6 项目进展十分顺利,并且在 1947 年 11 月的时候,被改造为总增压比为 8 的涡桨发动机。当进一步研究总增压比为 8 的 JT3-8 时,普惠公司研究团队选择了自己比较熟悉的双转子结构(而不是可调静子叶片)作为发动机压气机的防喘措施。

仿制的 PT4 涡桨发动机

JT3-8 发动机(右前 3/4 视图)

双转子涡喷发动机遭到包括罗罗公司的著名专家斯坦利·胡克(Stanley Hooker)博士在内的许多同行的质疑。胡克博士认为:对于一台双转子发动机,当尾喷管中气流为超声速时,位于两个区域的两个涡轮转子每一个都具备超声速气流条件,因此,气流的速度将与火焰的温度成正比,两个转子将以固定的转速比运行。一旦出现这种情况,两个压气机转子就有可能成为一根转子,即发生所谓的空气动力闭锁(Aerodynamic Lockup)现象。但是,负责喷气发动机项目的总工程师安迪·维尔古斯(Andy Willgoos)不这么认为,他顶住各方面的压力,保证了普惠公司还是不可逆转地沿着双转子方向推进。

1949 年 6 月,JT3 项目中第一台总增压比为 8 的双转子涡喷发动机 JT3-8 首次运转。

6月28日,其以2 600 r/min的转速进行了半小时的初步运转,稍后发生了燃油泄漏、压气机设计失误问题,其产生的推力仅为6 500 lbf;次日,又运转了20多分钟。之后,对故障进行分解检查,在重新组装时更换了一个新的燃油泵后进行第三次运行,发动机高压转子转速一度达到设计最大速度的约98%,并没有发生所谓的空气动力学闭锁现象。

项目测试持续了一年,积累了约145 h的测试经验。在此过程中,发动机配装了不同尺寸大小面积的喷管,还研究了非设计状态下的压气机失速,以及压气机安装放气活门的挑战等等。

事实上,来自空军项目办公室的亨利·E.瓦尔登(Henry E. Walden)上校很早对XB-52使用涡桨发动机很不满意。B-52飞机的起飞总质量有480 000 lb(218 000 kg),装机的螺旋桨直径就已经达到23 ft(7 m),而且螺旋桨制造商也表达了对桨叶长度的担心。普惠公司借机游说空军将PT4/T45项目重组为能产生10 000 lbf(4 536 kgf)推力的涡喷发动机JT3项目。因为一台更高效的涡喷发动机,不但可以弥补涡喷发动机相对涡桨发动机燃油消耗比较大的缺陷,而且可以使未来的洲际轰炸机飞得更快,更好地满足空军的要求。最终,空军方面批准了JT-3项目,发动机被命名为J57,作为西屋公司J40涡喷发动机的备份。

安德鲁·维尔古斯

亨利·E.瓦尔登

1948年3月,普惠公司在JT3-8的一系列艰难研究中又开始了JT3-10发动机项目。JT3-10在JT3-8低压压气机前又增加了两级压气机,将总增压比提高到10,同时增加了空气流量,使发动机的推力达到大约10 000 lbf。1948年9月,空军将T45合同修改为JT3-10型高增压比涡轮喷气发动机,将其作为B-52飞机的发动机进行研制和测试。

正当公司上下为取得的成绩欢欣鼓舞,开始向胜利发起最后的冲锋时,1949年5月,C.R.索德伯格(C. R. Soderberg)接受了卢克·霍布斯(Luke Hobbs)的建议,来到佩里·W.普拉特的办公室要求他把项目停下来。因为JT3-8发动机的低、高压气机的性能比预期表现要差,如果要想把一台优秀的J57发动机装到B-52上,就必须为JT3-10重新设计一种压气机。他强烈推荐了一种全新的压气机设计方法,该方法不但可实现原定的性能设计目标,还可以减少超过 500 lb 的质量。当然,交付给波音公司的原型发动机目标日期还不能改变。此时,距离 XB-52 试飞已经不到 36 个月的时间了!

JT3-10 实验发动机

C. R. 索德伯格

这个决定在整个普惠公司工程部引起了一阵骚乱,刚上任不到一周的工程主管莱特·帕金斯(Wright Parkins)面临一个决定公司成败的抉择。最后,索德伯格说服了普拉特,普拉特又说服了帕金斯。帕金斯随后向霍布斯汇报了相关情况,普拉特和索德伯格的一份备忘录后来成为帕金斯给霍布斯汇报的一份备忘录的基础。霍布斯已经为双转子涡喷发动机 J57 的设计建议了一项新的行动方案。

卢克·霍布斯

佩里·W. 普拉特

普拉特和索德伯格备忘录的核心内容颇为绕口："JT3-10A 已经承诺用于 B-52 飞机，它与早期的 JT3-10 发动机不同之处在于改变了发动机中部周围的附件布局，以便改进其在波音飞机发动机舱中的安装。JT3-10B 和 JT3-10A 的发动机是相同的，JT3-10B 是索德伯格和佩里建议用于 B-52 飞机发动机配置的新方案，以取代现在的 JT3-10A。"这个JT-3-10B 发动机后来被命名为 JT-3A，字母 A 意味着"早期型号"(The Early Model)。

　　JT3A 发动机的总增压比为 12，涡轮进口温度为 1 500℉(815℃)，在 6 000 r/min 时低压压气机的增压比为 3.75，在 9 500 r/min 时高压压气机增压比为 3.2。这个不同的转速是在仔细斟酌两个压气机的喘振问题，并通过研究使喘振最小后确定的，能够确保从 60% 转速到最大转速的快速加速，并在运转的应力水平、效率和发动机质量等考虑因素中获得了高、低涡轮间的最佳平衡。

　　该发动机的九级低压压气机采用等内径设计，是 PT2 发动机压气机空气动力结构的放大版，这是一个性能令人满意的压气机；七级高压压气机具有等外径结构，与 JT3-10A 设计相比，直径更小，更接近发动机中心线，以匹配新的低压气机气流通道，这就使该发动机看起来更像蜂腰结构（即发动机中间比较细小，两头比较粗壮）。高压压气机的平均叶片长度大于 JT3-10A，以提高效率。涡轮为等平均半径设计，高压涡轮为单级，低压涡轮有两级，所有这三级涡轮叶片叶尖都采用迷宫密封结构，在这一点上，当时的普惠公司不同于其他发动机制造商。

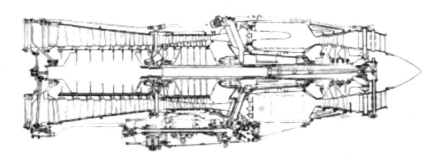

JT-3A 发动机结构简图

　　燃烧室为有 8 个火焰筒的环管型结构，每个火焰筒有 6 个燃油喷嘴。该燃烧室不同于其他燃烧室的是，在每个火焰筒的中间设有圆柱形孔，外部的空气通过这个孔引入，以帮助将燃烧温度降低到与涡轮最高限制温度相兼容的水平。

　　为了赶上试飞进度，普惠公司的工程部门不得不每天 24 h、每周 7 天加班加点地工作。经过整整 220 个日夜，1950 年 1 月，重新设计的 JT-3A 发动机被装上了试车台，开始运转试车，试车结果证明索德伯格和普拉特的建议是正确的。1950 年 1 月通过公司办公室公共广播系统宣布了新结构 JT-3A 研制成功的消息，这是一个可与 1925 年 12 月黄蜂号 R-1340 的首次运行相媲美的事件。

　　在不考虑涡桨发动机的情况下，本来西屋公司的 J40 是 B-52 飞机首选的发动机，但是他们在 J40 发动机的研发中遇到了麻烦,结果让普惠公司的 JT-3/J57 发动机得了先手,后者率先装上了第一架试飞飞机 B-52(YB-52),并在 1952 年 4 月 15 日首飞成功。

卢克·霍布斯与他的 JT-3A 发动机

JT-3A 军用型 J57 发动机的确是一型创造世界纪录的发动机。B-52 飞机使用 8 台 J57 发动机驱动,安装 J57 发动机的 F-100"超级佩刀"于 1953 年 5 月成为第一款平飞时达到超声速的战斗机。

装有 8 台 J57 的 B-52 轰炸机

F-100"超级佩刀"战斗机

该发动机在某种意义上可以被看成普惠公司的另一只"黄蜂",像"纯种猎犬",运转起来"干净利索",令人厌恶的喘振问题很少。后来,J75/JT-4 发动机成为 J57/JT-3 的放大版,这两种发动机用于 20 世纪 50 年代除洛克希德·马丁公司 F-104 以外的所有跨世纪系列战斗机。除 B-52 轰炸机外,JT-3 还为 KC-135 喷气加油机甚至 U-2 高空侦察机提供动力。在商用方面,JT-3 在波音 707 和 DC-8 上开创了喷气机旅行的时代。那些飞机后来还使用 JT-4 执行其他任务。

KC-135

U-2 高空侦察机

比尔·冈斯顿(Bill Gunston)在其《航空发动机世界百科全书》中说:"这是自 1945 年以来世界上最重要的发动机。起初它的净推力为 10 000 lbf,但加力推力达到 15 000 lbf,因为其 12.6 的增压比为喷气发动机的燃油消耗率设定了全新的标准。"

进入 20 世纪 50 年代,JT-3 又迎来了一次改进——在发动机前面加装了风扇,明显地增加了进气流量,演变为 JT-3D 涡扇发动机。JT-3D 的军用型是 TF-33,其推力增加了 35%,最大达到 21 000 lbf,而油耗降低了 15%~22%,起飞噪声下降了 10 dB。J57/J75 系列发动机的基本设计概念即使在今天仍然显示出其合理性。B-52 轰炸机换发安装 TF-33 后仍在服役,世界各地仍有波音 707 和 DC-8 在从事货运服务。

普惠研制团队终于通过创造性的 J57 双转子发动机,实现了公司在第二次世界大战结束后那个变幻莫测年代所确定的"用五年时间研制出震惊世界的喷气发动机,关键的不是赶上对手,而是超越他们"的目标。以此为基础,诞生了一批 20 世纪五六十年代最优秀的航空发动机,包括 J57、J52 和 J75 涡喷发动机以及 JT-3D 和 JT-8D 涡扇发动机等,其中 JT-3/J57 发动机累计生产了 21 000 多台,使普惠公司重返航空发动机制造业的顶峰位置。研制团队由于 J57 发动机的杰出表现而获得 1953 年科利尔奖,这是该奖自设立以来首次直接颁发给发动机设计团队,时任美国总统德怀特·戴维·艾森豪威尔(Dwight David Eisenhower)亲自出席了此次颁奖仪式,时间是 1953 年 12 月 17 日。

经此一役,战前老对手莱特飞机公司和战后新对手西屋电气公司逐渐退出了航空发动机残酷的竞技场。

参 考 文 献

[1] 彼得.美国飞机燃气涡轮发动机发展史[M].张健,等译.北京:航空工业出版社,2016.
[2] 张伟.航空发动机[M].北京:航空工业出版社,2008.
[3] 方昌德.航空发动机的发展历程[M].北京:航空工业出版社,2007.
[4] CONNORS J. The Engines of Pratt & Whitney:a Technical History:as Told by the Engineers Who Made the History[M].Reston:AIAA,2009.

［5］ 航空之家 AH. 航空发动机中为什么有的压气机做成高、低压双转子？［EB/OL］. (2020 - 06 - 25)［2022 - 01 - 25］. https://baijiahao. baidu. com/s? id＝1670450635956940300＆wfr＝spider＆for＝pc.

［6］ 航空之家 AH. 从 J57 双转子涡喷发动机到创纪录 GE9X 美国航空发动机研制概况［EB/OL］. (2019 - 07 - 25)［2022 - 01 - 25］. https://baijiahao. baidu. com/s? id＝1639957305883151391＆wfr＝spider＆for＝pc.

［7］ 航空之家 AH. 三转子涡轮风扇发动机 RB211 风扇结构简介［EB/OL］. (2018 - 05 - 30)［2022 - 01 - 25］. https://www. sohu. com/a/233467449_332162.

［8］ 王亚南. 喷气发动机历史上的 10 座里程碑［EB/OL］. (2020 - 04 - 19)［2022 - 01 - 25］. https://weibo. com/ttarticle/p/show? id＝2309404495429461999774.

13 创新压气机可调静子的 **J79** 发动机故事

  20 世纪 50 年代初期的朝鲜战争结束以后，美军对空军作战环境和发展态势研究水平进一步提高，一些飞机公司的设计师也认识到战机的速度是保持空军优势的主要因素，飞机应以速度和远距离作战为未来想定环境，于是提出了多用途战术战斗机的概念。

  时任麦克唐纳·道格拉斯公司（简称"麦道公司"）飞机的研发主管、空气动力学家戴维·路易斯（David Lewis）为了使他们公司在以后的美军战斗机项目竞争中获得优势，于 1953 年 8 月完成了一项对美军战斗机作战前景的研究。其结果表明，美海军未来需要一款功能齐全的新型截击战斗机。这种战斗机的最大飞行速度应达到 $Ma=2$，甚至 $Ma=3$，并具有很强的对地攻击能力，而且飞机的航空电子设备和武器系统性能也要有较大的提升。

空战场景

朝鲜战争时期的 F-86"佩刀"战斗机

  1953 年 9 月 10 日，戴维领衔的设计团队开始起草这种名为"鬼怪"98B 飞机的设计方案，并于同年 12 月 17 日将设计方案交给美国海军。当时美国海军已经拥有包括 F-8、F-11（尚在测试阶段）在内的多款舰载机，对新型舰载战机的需求并不紧迫，北美公司和诺斯罗普·格鲁曼公司也提出了自己战斗机的研制方案建议，可是由于戴维设计团队所提交的这个"鬼怪"飞机独具匠心的设计，海军高层还是于 1954 年 10 月份决定订购一架用于地面测试的 1:1 原型飞机。

  美军航空局对海军的需求进行深入研究之后，于 1955 年 5 月 26 日决定让麦道公司制造 2 架全天候战斗机，但携带的武器全部改为导弹。当年 6 月 23 日航空局正式下达了 YF4H-1 的战斗机编号。1955 年 7 月 25 日，海军与麦道公司签署了任务书之后又给出了

YF4H-1 战斗机详细性能要求。

美海军 F-8 舰载机

实现 YF4H-1 验证机所要求性能的一个重要条件就是有一台高性能的航空发动机。相比于普惠公司之前 J57 发动机 6 的增压比和 JT3-8 发动机 8 的增压比,这台发动机的增压比要更高,这意味着发动机有更多的压气机级数或更高的压气机单级级增压比。但是,对于轴流式压气机来说,提高单级级增压比的可能性比较小,因为通常压气机是按照设计状态进行设计的,压气机每一级都是在最佳工作状态下工作才具有高的效率,并且具有足够的稳定工作范围,但是在非设计条件下,各单级的气流速度、冲角、加给气流的功和效率等将发生变化,单级增压比的增加有一个限制值;而采用压气机的级数多,就意味着按照设计状态设计的压气机在偏离设计状态时将引起各级流量的不匹配,越往后,后面级的流量越小,最为严重的是相互离得比较远的第一级与最后一级之间的不匹配。因此,要实现高增压比发动机,首先就要研究确保增压比前提下需要的压气机级数,其次必须研究和解决压气机的不稳定工作问题。相对于第一个问题,第二个问题更加重要。

压气机不稳定问题最显著的表现就是出现喘振,因而在设计高增压比压气机时,必须采取必要的措施防止发动机出现喘振。

通过对高压比发动机喘振形成机理进行细致的分析发现,造成喘振最根本的原因还是压气机处于非设计状态(包括节流状态和加、减速状态等)。在非设计状态下,从压气机进口进来的气流过少,造成压气机内部气流在流动时很容易在叶片叶背位置产生气流分离区,从而破坏了压气机叶片前、后的流场分布,并且这个分离区会随叶片的旋转扩大,可能使相邻两个叶片之间的气流通道阻塞(这个阻塞还会在相邻叶片通道发生,就像阻塞区传染一样),然而随着后部气流的流出,阻塞会减弱而使气流继续流动,但造成叶片通道阻塞的流动条件仍然存在,于是又产生阻塞,周而复始,从而导致压气机喘振。这样就产生了一个难题,如果按照设计状态来控制进口气流流量,那么势必造成非设计状态气流量过多;而如果按照非设计状态来控制其气流流量,那么发动机性能达不到设计要求。

人们通过对压气机中流动的气流流动规律的研究,已经知道一般可采用三种方法来处理压气机出现的不稳定问题,一是通过压气机级间放气将多余的空气放出;二是利用双转子技术,即利用转速不同的转子来减小通过靠前级的空气流量;三是采用压气机可调静子叶片来减小非设计工况下流过压气机前几级的空气流量。第三种方法就是我们这里要说的故事,最先想到这个方法的人是一位名叫盖尔哈德·诺依曼(Gerhard Neumann)的德国犹太人。

诺依曼 1917 年 10 月 8 日出生在德国与波兰边境地区的法兰克福,他的父亲从事羽毛相关的生意。诺依曼从小就对新奇的东西感兴趣,并梦想有一天成为一个真正的工程师。当时,德国的大学或工程类院校在招生时有一项特殊的要求,即考生必须先有两年机工或钳工的学徒经历,学校才会接受申请和报考。

在 J79 发动机前的诺依曼(左)和尼尔·伯杰斯

在一家修车行里,他跟着一位很有名的技工学习了汽车发动机的修理手艺。在此期间,他抽空把从旧货市场淘来的一辆旧摩托车翻修一新。诺依曼的手艺真是可以,任何故障车和别人看来不可能修好的车他都能让它们起死回生。1935 年,诺依曼进入位于德国萨克森州的米特威达工程学校(现米特威达应用科技大学),这是一所 1867 年就建校的、萨克森州著名的工科学校。

1937 年,纳粹德国吞并奥地利后,开始对各地的犹太人进行迫害,事态越来越严重。这时尽管身为犹太人的诺依曼还没有毕业,但他也知道此时的德国已经不再适合他生活了,他应该立即离开德国。正巧这时的中华民国国民政府提出"航空救国"的口号,并在德国征召了解航空的人前往中国进行支援,薪水看起来还不错,而且来华费用也全包,更重要的是马上就可以离开德国。

1939 年 5 月,经过一番周折的诺依曼抵达香港。在香港等待中国西南航空公司分配工作时,这个公司却突然消失了。幸好香港远东汽车公司的美国经理克劳德·怀特(Claude White)帮他找到一份汽修方面的工作,并帮他申请了香港的签证。从事汽车修理工作对于具有丰富实践经验的诺依曼来说并不是什么难事,结果不到三个月,因为他出众的手艺,车行生意非常火爆,老板便将他的薪水翻了三倍。

1939年9月,纳粹德国入侵波兰,第二次世界大战正式爆发,英国也对德宣战了。身在香港的诺依曼遇到了大麻烦,他要么48 h内离开香港,要么被关进位于斯里兰卡的英军集中营,而且他本人的护照也被收走了。正在无计可施之际,他在车行修车遇到了一位名叫兰霍恩·邦德(Langhoorn Bond)的美国人,这个邦德并不是那个鼎鼎大名的英国特工,而是一位在中国航空公司担任副总经理的美国人。邦德在诺依曼没有护照的情况下将其带到了云南昆明。此时的昆明是中国抗日战争的大后方,许多国外援华物资都要经过这里转运到其他地方。

抵达昆明的诺依曼一开始在一家名为雷诺-泰西埃的法国卡车修配厂工作,还是由于他出色的手艺,很快就在昆明出了大名。后来,他干脆自己成立了一家名为"可靠汽车行"(Reliable Auto Service)的修车行,连当时云南王龙云一家的车也来找他修理,指挥"驼峰航线"的美国航空志愿队的克莱尔·李·陈纳德(Claire Lee Chenault)也是他店里面的常客,因为航空志愿队中也有许多汽车。

时任中国航空公司副总经理的兰霍恩·邦德　　　　　　陈纳德(1893—1958)

1941年12月,日本突袭珍珠港,太平洋战争爆发。1942年7月,美国航空志愿队转为美国驻华空军特遣队,有三个中队的美军P-40飞机即将进驻昆明。陈纳德邀请他参加修理美军飞机的工作,诺依曼想都没有想就答应了。多年以后,诺依曼回忆说:"这是我一辈子轻易做出的一个很棒的决定。"

诺依曼修车的手艺用在修飞机上也没有太大的问题,经过几次实战,再次证明不仅他的修车手艺一流,修飞机的手艺也是一流的。因此,这给没有护照的诺依曼带来了好运气,美军陆军部长史汀生直接批准授予他陆军中士,并在第23联队的第76中队担任机务长职务。1942年10月,诺依曼竟然还修好了一架缴获的日本零式飞机,这对于陈纳德将军了解日本飞机的性能、制定针对性的战术具有重要的价值。

诺依曼独到的手艺和技术,以及他所掌握的多门语言,为他在以后的作战和情报方面做出贡献提供了很好的条件。因此,他的表现得到美军陆军航空队司令亨利·哈利·阿诺德(Henry Harry Arnold)和战略服务处负责人威廉·约瑟夫·多诺万(William Joseph Donouan)

少将的刮目相看。但由于是战争时期，并且还碍于诺依曼德国人的身份，他一直没有被提升为军官。

在 P - 40 战机座舱的诺依曼

诺依曼等人在修复的零式战斗机前留影

1945 年 5 月，没有任何身份证明的诺依曼被美国国会批准加入美国国籍，之后他进入加州大学洛杉矶分校进修以获得美国航空署要求的飞机与发动机机修证书，这段学习经历为他日后在发动机领域的建树奠定了很好的理论基础。

1948 年 3 月，诺依曼在位于马萨诸塞州林恩的 GE 公司航空燃气轮机分部申请到了工程师的工作。最初他的工作主要是测试试验型发动机，这对他理解喷气发动机的设计和性能非常有好处，同时他具有不同一般的机修、飞机发动机的实践经验，以及在加州大学学习的理论，这些为他从事喷气发动机工作做了很好的铺垫。

当时，GE 公司正在进行 J47 发动机的研发。该发动机不同于英国罗罗公司的尼恩发动机，这是世界上第一台投入使用的轴流式发动机。J47 发动机在研制初期便遇到一个大难题——推重比只有 2.34，而油耗达到 103.36 kg/(kg·h)。1951 年，经过多次对发动机性能的分析，并结合自己丰富的理论素养和实践经验，诺依曼突发奇想地认为如果这台发动机的压气机采用可调静子叶片的方法，发动机性能会更好。他把这个想法在公司的一次餐会上向时任部门总经理的 C. W. 拉皮埃尔（C. W. Lapierre）做了汇报，不久他还申请了一个专利。

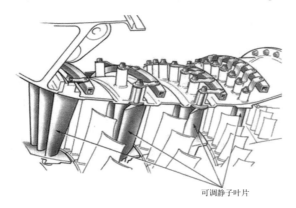

可调静子叶片

压气机多级可调静子结构

可调静子示意图（浅色为调整后的 2 个位置）

可调静子实质上是将压气机静子叶片做成在一定角度范围内可调。当压气机在非设计状态工作时,静子叶片每转动一个角度,会使压气机进口气流的流动方向相应改变,这样就可使后面转子叶片气流的进入角恢复到接近设计状态气流进入角的数值,从而消除了转子叶片叶背上的气流分离,避免了喘振现象的发生。因此,在先进发动机上采用多级可调静子叶片(VSV)的方法,使压气机的稳定工作范围更宽,达到更好的防喘效果。

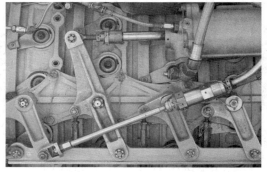

J79 压气机的可调静子   压气机可调静子结构

事实上,想到这个方法还有 GE 公司的 R. E. 内泽尔(R. E. Neitzel),他于 1951 年 3 月 15 日发表了一份题为"采用基线线性计算方法进行 J47 - 21 压气机的研究"的研究报告。巧的是,同一天,一位名为 E. G. 康纳尔(W. G. Conell)的学者也发表了一份题为"部件开发部压气机部件发展规划"的报告。这两篇报告不约而同地聚焦压气机可调静子问题。据说,这两份报告可能都是在诺依曼的指导下完成的,因此,诺依曼被广泛认为是提出并应用压气机可调静子叶片的第一人。

1951 年 6 月 15 日,公司授权诺依曼和他的设计团队开展可调静子压气机的设计,他把 14 级压气机的前 5 级修改为可调静子结构。当年 11 月,开始可调静子压气机试验,效果良好。12 月开始,公司开始压气机可调静子的 GOL - 1590 验证发动机的设计,并在次年 1 月完成试验,试验验证了此前存在于高压比压气机中的失速问题在采用可调静子设计后没有了。

诺依曼研究团队(前排中间穿黑色短袖者为诺依曼)

1952 年 4 月 25 日，GE 公司向美国空军发出了一系列"蓝皮书"，详细说明了能够用于未来轰炸机的 3 个系列的发动机，包括 X24A（推力 9 292 lbf）和 X30（14 820 lbf）。之后的 7 月 11 日，基于诺依曼团队可调静子叶片压气机的初步成功，GE 公司又向空军报告了 X24A 的补充情况，说明其发动机将采用双转子结构或可调静子结构。

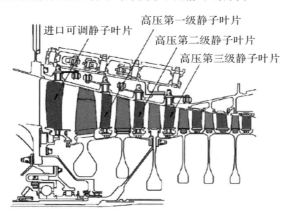

可调静子结构

尽管 X24A 发动机配装 B-58"盗贼"（Hustler）轰炸机非常成功，但公司内部很多人仍认为补充设计的 X24A 发动机对涡喷发动机的超重问题是雪上加霜。在诺依曼团队完成 14 级可调静子压气机试验型发动机研究的 1952 年 5 月，公司内就未来压气机采用何种结构展开了激烈的辩论，拉斯·霍尔（Russ Hall）和尤金·斯托克利（Eugene Stockly）赞同双转子方案，而诺依曼和普查·沃克（Chap Walker）博士则赞同可调静子方案，公司部门总经理 C. W. 拉皮埃尔便组织双方开展了一项设计竞赛，包括方案的目标、具体方案、方案成本、方案的优点和可能存在的问题等等，之后再进行辩论，哪一方设计方案在这个竞赛中获胜，未来发展的发动机便采用哪一方的设计方案。

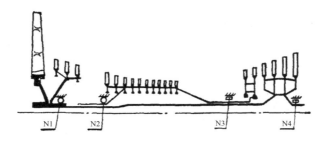

双转子结构（图中 N 表示轴承序号）

1952 年 10 月，在印第安纳州公司举行的辩论大会上，双方就各自的设计方案进行了激烈的辩论。10 月 31 日，公司最终决定未来的系列涡喷发动机将采用诺依曼团队的可调静子方案。做出这个决定的确很不容易，因为双方都进行了扎实、认真的研究工作，所提出的设计方案也都凝聚着双方的心血。一方面，双方的设计方案都可圈可点，突显出深厚的理论和工程功底;另一方面,这两个方案都各有优势。双转子方案将增加 7～9 个轴承,公司缺乏用以保证轴同心度和轴间支承所需要的硬件条件,还有带来的质量增加问题和双转子之间的匹配规律问题;而可调静子方案仍为单转子设计,轴承仅为 3 个,还可以利用燃油的油压,根据发动机转速与压气机进口温度的函数关系自动对静子角度进行控制,质量也可以更轻一些。也可能正是这次辩论,使得 GE 公司在后续的发动机研发中,考虑同时采用双转子与可调静子结构的问题。

就在 GE 公司内部为两个方案的辩论画上句号时,1952 年 11 月 7 日,美国空军授予 GE 公司一份 X24A 涡喷发动机的初始研究合同,并正式将其命名为 J79(公司内部代号为 MX2118)。空军对 X24A 发动机的要求一是具备 $Ma=0.9$ 巡航和 $Ma=2$ 作战性能,二是高转速时应具有大的推力、低的油耗和较轻的质量。

GE 公司将基于 GOL-1590 试验型发动机的结果和其他附加设计开展 J79 发动机的研制。在进行的 GOL-1590 试验型发动机试验过程中,试验结果出奇地好,以至于公司的工程师认为他们的设备出现问题。

1953 年 9 月 9 日,美国空军批准支持 J79 发动机研制的 AF33(600)-9956 合同。10 月,公司组建了由尼尔·伯吉斯(Neil Burgess)负责的 J79 项目团队。

1953 年 6 月 8 日,GE 公司带可调静子的 J79-GE-1 发动机首次进行台架试验。1954 年 5 月,GE 公司与洛克希德·马丁公司就 J79 发动机配装 F-104 飞机进行工作协调。6 月 8 日,第一台发动机开展台架验证试验;1955 年 5 月 10 日,发动机完成 B-45 飞行台试验;8 月 25 日,完成军方要求的 50 h 飞行前额定功率鉴定试验;12 月 8 日,发动机配装海军 XF4D 战斗机在爱德华兹空军基地进行首次试飞,并在 12 月 31 日将第一台 J79-GE-3 发动机移交洛克希德·马丁公司;1956 年 5 月,第一台生产型 J79-GE-1 涡喷发动机被运到康维尔公司用于配装 B-58 轰炸机。

B-45 轰炸机

B-58 轰炸机

此后,诺依曼因 J79 发动机获得了极高的声誉。他本人不仅技术过硬,而且在团队合作和领导才能方面也展现出独特的能力。后来,他负责设计了世界上第一种核动力发动机,尽管这台发动机由于辐射保护和放射性污染等方面的问题没有投入使用,但发动机的设计仍然是成功的。他本人继 1953 年担任 GE 公司航空燃气涡轮机械分部飞行推进实验室预研组的负责人之后,于 1955 年担任公司位于埃文代尔喷气发动机分部的总裁职位。由诺依曼领导的 GE 公司喷气发动机分部,后来研制了用于超声速客机的 GE4 发动机、CF－6 发动机、F101 涡扇发动机、F120 变循环发动机。

CF－6 涡扇发动机

F101 涡扇发动机

1968 年,诺依曼成为 GE 公司航空发动机集团总裁,与法国斯奈克玛公司合作,以 F101/F110 的核心发动机为基础,研制成功商用发动机史上最成功的 CFM56 发动机,其后续发展的 LEAP 1C 发动机成为我国 C919 商用飞机的动力装置。

1980 年 1 月 1 日,在 GE 公司工作三十年的诺依曼选择退休。在他工作的这三十年里,曾三次获得美国航空领域的最高奖,包括 1958 年因 J79 发动机研发成就获得的科利尔奖、1970 年获得戈达德金质奖和 1978 年获得国际古根汉姆奖章。

J79 发动机使美国海军 F－4"鬼怪"战斗机最高时速达到 $Ma = 2.2$,续航距离和作战半径分别达到 2 700 km 和 680 km,这在当时世界所有战斗机中处于领先地位。在 1958 年到 1981 年的 23 年时间里,F－4 飞机的总产量超过 5 000 架,这使它成为了西方战斗机发展史上产量第二多的战斗机(产量最多的是 F－86 战机,生产约 10 000 架)。而在 1955 年到 1982 年的 27 年间,全球共生产 19 000 台 J79 发动机,总价值超过 49 亿美元。

科利尔奖奖杯

古根汉姆奖章

诺依曼发明的可调静子技术在喷气式发动机发展历程中具有重要意义,显著提升了发动机性能。GE 公司也凭借这一技术大大提升了其航空发动机核心机的性能,并多次打败竞争对手。在随后出现的涡扇发动机上,这项成果大放异彩,被世界各国的发动机研发企业广泛采用。

F-4"鬼怪"飞机旁边的 J79 发动机   航母上的 F-4"鬼怪"战斗机

诺依曼发明的可调静子结构是航空发动机发展过程中一项很重要的发明,从他的成长历程我们不难看出,正是他从小养成的善于动手能力、善于在实践中思考的品质和在探索中创新的精神,成就了他在航空发动机方面光荣的一生。诺依曼一生总共申请了 8 项专利,每项专利都与航空发动机有关,这在航空发动机的发展过程中是不多见的,值得每位从业者学习、借鉴。

<h1 align="center">参 考 文 献</h1>

[1] 彼得.美国飞机燃气涡轮发动机发展史[M].张健,等译.北京:航空工业出版社,2016.

[2] 张伟.航空发动机[M].北京:航空工业出版社,2008.

[3] 方昌德.航空发动机的发展历程[M].北京:航空工业出版社,2007.

[4] CONNORS J. The Engines of Pratt & Whitney:a Technical History:as Told by the Engineers Who Made the History[M]. Reston:AIAA,2009.

[5] 逆火行.美国专坑盟友的飞行棺材[EB/OL].(2020-08-04)[2022-03-21].https://baijiahao.baidu.com/s?id=16740594863448105 47&wfr=spider&for=pc.

[6] 晨枫老苑.美国战斗机发展史对中国的启示之一:喷气时代[EB/OL].(2020-11-02)[2022-03-21].https://zhuanlan.zhihu.com/p/271729651.

[7] 夏建白.喷气航空发动机的研发启示[J].中国科学院学报,2018(8):352-357.

[8] 军武视界.曾一度领先世界十余年的先进战机-美军 F-4 鬼怪战机[EB/OL].(2020-05-20)[2022-03-21]..https://zhuanlan.zhihu.com/p/142236283.

[9] 航空知识.飞虎队中的"德国佬",他修复了"零"式战机[J].航空知识,2020(3):462-468.

14 一机多能——长盛不衰的 PT6 发动机故事

　　兴许知道 PT6 发动机的人并不多,但说到哪一台发动机能够长盛不衰的话,PT6 则是当之无愧的。这台发动机是 1961 年由普惠加拿大有限公司(简称"加普惠公司")研制成功的,目前还在生产。另外,PT6T 发动机也是第二次世界大战以后美军所采用的为数不多的国外直升机、涡轮螺旋桨的通用发动机。加普惠公司的官网对 PT6 发动机的介绍只有一句话:"直升机世界的传奇。"(A Legend in the World of Helicopters.)这足可以说明该发动机在直升机行业地位和作用。为什么 PT6 发动机能够成为涡桨和涡轴发动机中的"一哥"呢?下面我们从 PT6 发动机的成长足迹中去寻找答案吧。

加普惠公司

PT6 发动机

　　1928 年 11 月,美国普惠公司创始人弗里德里克·伦茨勒委派加拿大商人(詹姆斯·杨,James Yang)在加拿大魁北克省蒙特利尔郊区的隆格伊创办了全资子公司——普惠加拿大有限公司。初创时公司成员为 6 人,相对美国普惠公司,业界称其为"小普惠"公司。之所以成立这个子公司,是因为使用零部件组装比销售整机可享受更多的关税优惠。公司刚成立时候,普惠公司主要安排加普惠公司生产、装配和维护当时很流行的黄蜂(Wasp)系列发动机。后来,加普惠公司主要为世界各国的支线飞机、直升机、小型运输机和公务飞机提供涡轮螺旋桨发动机和涡轮轴发动机,以及辅助动力装置(APU)。

1928 年加普惠公司创始人合影
(詹姆斯·杨位于后排中)

1925 年 5 月，普惠公司的乔治·J. 米德（George·J. Mead）和安德鲁·维尔古斯为美国海军设计了第一台 400～500 马力的发动机。这台发动机很快被称为"黄蜂"（Wasp）R－1340。R－1340 这个名称中的字母 R 代表"径向的"，1340 是汽缸的总容积，单位是立方英寸（in³）。"黄蜂"这个词是普惠公司创始人弗里德里克·B. 伦茨勒的妻子法耶·伦茨勒（Faye Rentschler）提议的，她认为发动机运转时的声音听起来很像黄蜂。很显然，伦茨勒先生对他配偶的这个建议很感兴趣。

这台发动机的研发速度很快，1926 年 10 月 5 日伦茨勒与海军就 200 台发动机的生产订单进行洽谈。两年之后，陆军正式购买"黄蜂"发动机，以取代其液冷的帕卡德（Packard）和柯蒂斯（Curtiss）发动机。

乔治·J. 米德

R－1340"黄蜂"发动机的安装质量比自由型（Liberty）发动机轻 1 000 lb，比柯蒂斯D－12 发动机轻 650～700 lb。

后来，美国邮政航空也决定使用"黄蜂"发动机。这是因为，威廉姆·波音（William Boeine）发现他使用"黄蜂"发动机的邮政飞机可以携带大约 1 200 lb 的有效载荷，但是使用自由号发动机的飞机只能携带大约 300～400 lb 的有效载荷。另一个使波音 40 A 邮件飞机有利可图的因素是"黄蜂"发动机的可靠性，它可以在不需要任何维护的情况下运行超过 250 h。令波音竞争对手感到吃惊的是，波音在邮件合同上的中标价格竟然只是竞争对手的三分之一左右，但更加令人惊讶的是，波音公司实际上还能赚到钱。

再后来，在 R－1340 发动机的基础上，又发展了其他"黄蜂"发动机，如 R－1690 大黄蜂 A、R－1860 大黄蜂 B、R－2270、R－1830 对黄蜂、R－1535 对小黄蜂、R－2000 对黄蜂、R－2180 对大黄蜂 A、R－4360、R－2180E 等系列发动机，普惠公司在第二次世界大战期间总共生产了 363 619 台黄蜂系列发动机，约占美国陆、海、空军发动机总数的 50％，约占整个战争期间世界各国使用的军用航空发动机的 35％。

R－1380 对黄蜂发动机

R－4360 活塞式发动机

因为从"黄蜂"发动机诞生开始,市场(特别是第二次世界大战期间)对"黄蜂"发动机的需求量很大,所以除了普惠公司位于东哈特福德和堪萨斯城的工厂外,福特(Ford)、别克(Buick)、雪佛兰(Chevrplet)、大陆(Continental)、雅各布斯(Jacobs)、纳什克尔(NashKelvinator)、加普惠和澳大利亚联邦飞机公司的工厂也都在生产"黄蜂"发动机。

　　第二次世界大战之后,航空发动机已经从活塞式发动机转向燃气涡轮发动机,同时市场对活塞式发动机的需求在不断萎缩,虽然普惠公司也开始介入燃气涡轮发动机领域,但距发动机产品还有一段距离,因此加普惠公司就面临着严峻的生存问题。为了改善这个局面,加普惠公司开始自己摸索前进。

　　1956年,加普惠公司在研制小型涡轮发动机上迈出了第一步。

　　由于当时燃气涡轮发动机技术门槛比较高(虽然燃气涡轮发动机已经成为热门行业),再加上公司近些年资金捉襟见肘,因此,能投到小型涡轮发动机上的资金非常有限,更谈不上用高额薪水聘请有经验的技术人员。加普惠公司采用一种现在看起来比较实用的方法,这就是在加普惠公司设立创投基金,征招对涡轮发动机感兴趣的年轻工程师。

加普惠公司装配活塞式发动机场景

　　经过半年的努力,总共征召到12个人,他们分别来自加拿大国家研究委员会、专门制造发动机的奥伦达公司、英国布里斯托尔飞机公司、布莱克本通用飞机公司等,只有一个人是本公司原来的员工,他曾经在"黄蜂"发动机项目担任制图员。这12人的团队在随后的30多年里一直是加普惠工程部的核心力量。

　　1957年夏天,这12人的团队来到加普惠公司的母公司——普惠公司位于美国康涅狄克州的哈特福德工厂,参与了一场与其他5支团队同台竞争一款3 000 lbf推力的涡喷发动机的设计竞赛,以便为加拿大新军用CL-41教练机提供发动机。竞争的结果是令人满意的,他们团队的方案取得了成功。但是由于加普惠公司没有这样的发动机生产能力,这台发动机只能放在母公司位于哈特福德的工厂生产。正是这次燃气涡轮发动机设计竞赛,为团队日后进行燃气涡轮发动机研制打下了良好的基础,也让加普惠公司看到了他们公司在接下来的燃气涡轮发动机领域的位置和研究方向。

CL-41教练机模型

的确如此,从1937年燃气涡轮发动机诞生伊始,世界各国发动机的研究大多着眼于喷气推进发动机,而对于之前一直使用活塞式发动机的小型运输机和未来公务机使用的燃气涡轮发动机研究相对滞后。另外,当时装有活塞式发动机运输机的燃油消耗量优势的确比较明显,因此,在没有更好的燃气涡轮发动机选择之前,人们宁愿使用活塞发动机,当时公务飞机的情势差不多也是如此。

1958年3月,12人团队从哈特福德回到加拿大之后,特别研究了450~2 000马力(合336~1 491 kW)涡轮发动机的可行性,因为他们团队已经发现小型商务飞机和直升机使用的涡桨发动机和涡轴发动机很有发展潜力。

最初他们聚焦500轴马力(合373 kW)的涡桨发动机。研制过程中,遇到了许多技术问题,而研制成本却在节节攀升,公司在此项目的投资已经超出了整个公司的资本净值,公司内部也出现了取消该项目的呼声。但公司顶住各方面的压力,在母公司人员、技术、资金支持和公司12人团队的共同努力下,克服了重重困难,终于在1961年5月30日,将名为PT6的第一款小型涡轮发动机送上了天。为此,公司还专门从加拿大皇家空军租借来一架比奇18飞机,将PT6装在飞机机头位置进行首飞。试飞情况表明,PT6发动机的性能达到了全部设计要求。这台发动机之所以叫PT6,是因为它是加普惠公司设计的第六种涡轮螺旋桨发动机。

使用PT6发动机作为动力装置的第一架直升飞机是希勒公司的Ten99,于1961年7月开始试飞,试飞结果非常不错。其他用来试验PT6发动机的直升机还有皮阿塞基16H、卡曼 K-1125 和洛克希德 XH-51A(这也是当时世界上飞得最快的直升机),但这些飞机均未大量批产。

比奇 18 飞机

洛克希德 XH-51A 直升机

在 PT6 发动机研制完成之后,下一项工作就是向客户推销该发动机。公司首先在一架德·哈维兰公司的"海狸"飞机上改装了一台 PT6 发动机,虽然该机改装涡桨发动机后飞得很好,但使用活塞式发动机的用户却不想额外花钱为他们的飞机改装涡轮发动机。与此同时,比奇飞机公司销售的飞机一直装配法国透博梅卡公司的巴斯坦涡桨发动机,用户对换装 PT6 发动机的兴趣也不是那么大。情况看起来不是很乐观。

转机出现在比奇飞机公司 120 型飞机上,该飞机装备透博梅卡发动机的用户对发动机意见很大,比奇飞机公司不得不考虑重新选配发动机。最终结果是,比奇公司决定和加普惠公司合作,用装配 PT6 发动机的"空中女王"飞机开始共同说服美国陆军购买"空中女王"飞机,该飞机的试飞于 1963 年 5 月开始。不久,美国陆军签订了订购这种飞机的合同。为了赢得更多的合同,加普惠公司只象征性地收取了 1 美元的服务费。

鉴于"空中女王"双发飞机的卓越性能,1963 年 8 月,比奇公司就开始研发民用型的"空中国王"90 飞机。1964 年 1 月 20 日,"空中国王"90 飞机首飞,当年 5 月 27 日获生产许可。

"海狸"飞机   "空中女王"飞机

1963 年 12 月,已经有 12 000 h 台架试验的 PT6A-6 装到"空中国王"90 飞机上,经过 800 h 的试飞验证之后取得了适航许可。当年 7 月 7 日,加普惠公司成为第一家"空中国王"公务机的拥有者。PT6A 发动机与"空中国王"90 飞机的搭配成为公务飞机的标配,这是因为飞机航速、发动机噪声水平和高空性能与之前装有活塞式发动机的飞机相比均明显占有优势。

短短几年时间里,加普惠公司陆续推出了多种 PT6A 发动机的衍生型号,许多其他小型商用飞机和军用教练机——从比奇 18、T-34C、T44A、U21 飞机,再到巴西航空工业公司的"巨嘴鸟"、皮拉特斯的 PC-7、肖特兄弟的"夏尔巴"、C-23 等,都换装了 PT6A 发动机或围绕 PT6 重新对飞机进行设计改进和改装,从而成就了一种涡轮螺旋桨发动机。

20 世纪 60 年代末以后,PT6 主要用于支线飞机。其中两种装有 PT6 发动机的飞机对 PT6 的成长功不可没,一种飞机是德·哈维兰公司的"双水獭"飞机,另一种是比奇 99 飞机。这两种飞机为今天的支线客运业务开了先河。

"双水獭"飞机   比奇 99 飞机

进入 20 世纪 70 年代后,加普惠公司在 PT6 涡轮螺旋桨发动机基础上研制成功其第一种涡轮轴发动机——PT6T - 3 TwinPac 发动机。这是因为贝尔公司正在进行 UH - 1 休伊直升机双发动机化的工作,公司积极和贝尔方面进行沟通,决定资助贝尔公司开发双发休伊直升机。

单发休伊直升机

当时贝尔公司正苦于自己研制的飞机没有一型"量身定制"的发动机,加普惠公司的积极介入给了贝尔公司极大的信心,毕竟 PT6A 发动机已经在涡轮螺旋桨发动机上取得了极大的成功。加普惠公司此时提议以 PT6A 发动机为基础研制一型功率更大的 PT6T 型号,以满足休伊直升机的双发动机需求。为了坚定贝尔公司的信心和支持加普惠公司的努力,加拿大政府也决定拨款 2 600 万美元支持加普惠公司的发动机改进工作。

双发"眼镜蛇"直升机

在此之前,双发直升机的两台发动机都使用各自的传动轴传动主减速器,也就是说,直升机的主减速器与两台发动机之间会有两根传动轴。当时的休伊直升机都是单发直升机,如果想使用双发就需要对其主减速器设计进行大幅更改,这不仅会使改进成本、工作量增加,而且还无法预测改进结果。加普惠公司的工程师们巧妙地设计了一套共用齿轮箱,将两台 PT6A 型发动机并联安装,然后再通过这套共用齿轮箱驱动同一根输出轴。这样一来,直升机的主减速器只需要一根输入轴即可与共用齿轮箱连接,大大简化了休伊直升机的改装工艺,降低了经济成本和潜在风险。

共用齿轮箱的两台 PT6T 发动机

PT6T - 3 TwinPac 发动机广泛应用在民用和军用直升机上,如贝尔直升机公司、阿古斯塔和印尼国家飞机制造公司的贝尔 212、贝尔 412 直升机。此后,加普惠公司通过对 PT6T - 3 TwinPac 发动机进行改进,将其应用到当时还在使用活塞发动机的农用飞机上。装备了 PT6T 发动机的 UH - 1N 军用型休伊直升机性能也远超上一代休伊,美国海军陆战队、空军和海军三个军种都采购了该型直升机,美军还专门赋予 PT6T 发动机军用编号 T400。其间,曾出现过一个小插曲。

尽管 PT6T 具有很高的性能指标和可靠性,但是当 20 世纪 70 年代前后美国海军陆战队积极推进其武装直升机"眼镜蛇"采用 PT6T 发动机实现"眼镜蛇"双发化的时候,却受到来自美国国会的压力。这是因为在 20 世纪 60 年代初,美国决定介入越南战争的时候,加拿大没有与美国采取一致行动,美国国会的议员多次表示要对加拿大采取"报复行动"。业务范围已经很广的加普惠公司成了美国国会的制裁目标,PT6T 发动机被美国国会列入了黑名单。

实际上在 UH - 1N 直升机的采购案中,美国众议院军事委员会主席曼德尔·瑞夫斯(Mandel Reeves)就极力反对美军采购装备有加拿大发动机的直升机。当美国海军陆战队打算采用基于 PT6T 发动机的"眼镜蛇"升级计划时,双方的矛盾达到顶点。经过多轮协商和斡旋,最后美国国会稍作让步,要求美军保证 PT6T 在美国国内有稳定的供货来源。为此,加惠普公司于 1971 年在美国西弗吉尼亚州布里奇波特设立了一家普惠发动机维修服务公司,专门负责美国军品供应的组装和维修服务,这才解决了双方的矛盾,化解了此次风波。

随着 PT6 系列发动机功率的不断增大,其航空用途也在不扩大。PT6 - 40、PT6 - 50、

PT6-60 系列发动机采用了双机动力涡轮和新型材料,使其装机的公务飞机和支线飞机的性能也出现了大幅提升,包括"空中国王"300 型和比奇 1900 型。其很高的可靠性和极低的空中停车率,也使一些单发商用飞机成为可能,如赛纳斯"大篷车"、瑞士 Pilatus PC-12 等等,其甚至还用作扫雪车、火车和卡车等的动力装置。

近些年来,加普惠公司对 PT6 发动机持续改进,推出了满足高原飞行的 PT6T-3BF 和 PT6T-3BG 发动机,发动机大修间隔时间(TBO)达到 4 000 h;1996 年 2 月推出应用于阿古斯塔 A119 单发直升机的 PT6B-37A 发动机,其起飞功率达到 1 002 轴马力,广泛应用于紧急救护、执法、应急救援和通用领域的直升机;进入 21 世纪以后,推出了 PT6C-67 动力升力系列涡轮轴发动机,该系列发动机具有较高的工作裕度以及零部件抗腐蚀性,大幅提升了直升机的性能和可维护性。2003 年 3 月前后推出的 PT6C-67C 更是采用了全权限数字电子控制系统。其最新型的 PT6C-67D 发动机海平面起飞轴功率为 1 692 轴马力,最大连续功率达到 1 585 轴马力。

从 20 世纪 90 年代开始,加普惠公司针对小、中型支线客机和公务飞机的市场需求,分别推出了 PW100 和 PW200 系列涡桨发动机,PW300(推力范围 4 700~8 000 lbf)、PW500(推力范围 2 900~4 500 lbf)、PW600(推力范围 900~3 000 lbf)、PW800 系列涡扇发动机,这些发动机具备出色的可靠性、耐久性与运营经济性、先进的燃烧与风扇颤振管理技术,同时获得清洁、安静的表现,不同型号的最新全权限数字发动机控制(FADEC)减轻了飞行员的工作量,并提供先进的发动机健康监测与诊断功能,确保实现高标准的飞机派遣出勤率。

PW100 系列涡桨发动机

PW300 系列涡扇发动机

PW500 系列涡扇发动机

PW800 系列涡扇发动机

截至 2021 年 11 月,加普惠公司已经经过了 93 年的成长历程。在这 93 年里,加普惠公司总共生产了各种规格的 PT6 发动机达 10 万台,装机总飞行时间超过 7.3 亿小时,现有 6 万台发动机在为 200 个国家和地区的 12 300 个客户服务,其业务范围覆盖日常生活的各个领域所使用的动力机械。自 PT6 发动机研制成功以后,经过多次的改型改进,发动机增压比、轴功率分别从刚研制成功的 6.3∶1、475 轴马力发展到现在的 10.0∶1、1 700 轴马力,燃油消耗率下降了 20%。60 多年的时间里,发动机性能有了很大的提升,但发动机结构却没有太大的变化,这不能不说是个奇迹,在世界航空发动机发展历史上也是独树一帜。

从加普惠公司 PT6 发动机 90 多年的成长过程可以看出,研制一台发动机不容易,但几十年如一日持续将一台发动机做到极致更不容易。可以用一句话来说"我不知道你需要什么样的发动机,但我总有一款动力装置必定适合你。"

几款典型 PT6 系列发动机的基本参数

	PT6A - 67A	PT6E - 67XP	PT6T - 9	PT6B - 37A	PT6C - 67E
发动机类型	涡桨	涡桨	涡轴	涡轴	涡轴
取证时间	2004 年 10 月	2019 年 10 月	2015 年 10 月	1999 年 12 月	2012 年 12 月
干质量/kg	251.2	270.3	346.1	184.8	216.8
长/mm	1 888.5	1 870.4	1 672.7	1 502	1 500
宽/mm	466.1(直径)	481.8(直径)	1 138.4	483	570(直径)
高/mm			905.5	904	
起飞功率/kW	895	895	1 383	684	969
输出轴转速/(r·min^{-1})	1 700	1 700	6 798	4 500	—

PT6A 发动机家族

级别	型别	等效轴马力	轴马力	应用机型
小型	PT6A - 6	525eshp	500shp	AT - 400、Ag - Cat G - 16B
	PT6A - 11Ag	528eshp	500shp	AT - 400、AT - 501、Ag - Cat G - 16B
	PT6A - 15AG	715eshp	680shp	
	PT6A - 20	579eshp	550shp	C90A/B/SE
	PT6A - 25	580eshp	550shp	
	PT6A - 25C	580eshp	550shp	EMB312、PC - 7/PC - MKII、PZL - 130/TC - II
	PT6A - 27	783eshp	760shp	99A、99B、DHC - 6、Y - 12、EMB110、L - 410
	PT6A - 28	715eshp	680shp	
	PT6A - 29	778eshp	750shp	

续 表

级别	型别	等效轴马力	轴马力	应用机型
小型	PT6A-34	783eshp	750shp	EMB110/111、EMB821、PAC P-750、Dash3、DHC-6
	PT6A-34AG	783eshp	750shp	EMB110/111、EMB821、PAC P-750、Dash3、DHC-6
	PT6A-35	787eshp	750shp	Blue35、jetprop DLX
	PT6A-36	783eshp	750shp	
	PT6A-38	801eshp	750shp	
	PT6A-110	502eshp	475shp	
	PT6A-112	528eshp	500shp	
	PT6A-114	632eshp	600shp	
	PT6A-114A	632eshp	675shp	赛纳斯208
	PT6A-116	736eshp	700shp	
	PT6A-121	647eshp	615shp	
	PT6A-135	787eshp	750shp	比奇 F90、F90-1、C90、XP135A、DASH3
中型	PT6A-40	749eshp	700shp	"空中国王"200、B200
	PT6A-41	903eshp	850shp	C-12、"空中国王"200、B200、XP42
	PT6A-45	1070eshp	1020shp	
	PT6A-50	1022eshp	973shp	
	PT6A-52	898eshp	850shp	"空中国王"B200/200GT
	PT6A-60、60A	1113eshp	850shp	"空中国王"300/3500
	PT6A-60AG	1081eshp	1020shp	"空中拖拉机"AT-602、Turush550P/660
	PT6A-61	902eshp	850shp	
	PT6A-62		950shp	KT-1/KO-1、PC-9
大型	PT6A-64	747eshp	700shp	TBM 700
	PT6A-65B、65R	1249eshp	1173shp	比奇 1900/1900C、M28
	PT6A-65AG、-65AR	1298eshp	1220shp	"空中拖拉机"AT602、802/802A/802AF
	PT6A-66、66A、66D	905eshp	850shp	皮阿哥 P180、AE270、TBM850
	PT6A-66B	1010eshp	950shp	皮阿哥 P180
	PT6A-67、67A、67B、67P	1272eshp	1200shp	比奇星船、PC-12、PC-12NG
	PT6A-67D	1285eshp	1214shp	
	PT6A-67AF、67AG、67R、67T	1294eshp	1220shp	"空中拖拉机"AT802/802A/802AF、BT-67、shorts360/360-300
	PT6A-67F	1796eshp	1700shp	"空中拖拉机"AT802/802A/802AF/802F
	PT6A-68	1324eshp	1250shp	T-6A、PC-21、EMB-314

参 考 文 献

[1]　彼得. 美国飞机燃气涡轮发动机发展史[M]. 张健,等译. 北京:航空工业出版社,2016.

[2]　张伟. 航空发动机[M]. 北京:航空工业出版社,2008.

[3]　方昌德. 航空发动机的发展历程[M]. 北京:航空工业出版社,2007.

[4]　CONNORS J. The Engines of Pratt & Whitney:a Technical History:as Told by the Engineers Who Made the History[M]. Reston:AIAA,2009.

[5]　钟立胜. 加普惠公司与其长盛不衰的 PT6 系列发动机[EB/OL]. (2014 - 05 - 23) [2022 - 01 - 30]. https://www. docin. com/p - 817270091. html.

[6]　lingdang26. 通用航空的动力"巨无霸"PT6 发动机[EB/OL]. (2019 - 10 - 20)[2022 - 01 - 30]. https://www. wenmi. com/article/pzo6lm02e68x. html.

[7]　旋翼飞行器. 越战双发直升机的心脏曾被美国制裁,加拿大 PT6 传奇发动机[EB/OL]. (2019 - 07 - 03)[2022 - 01 - 30]. https://baijiahao. baidu. com/s? id = 16380184497136566429&wfr = spider&for = pc.

[8]　军工也疯狂. 航空发动机的小巨人:普惠加拿大公司交付第 10 万台发动机[EB/OL]. (2017 - 08 - 22)[2022 - 01 - 30]. http://mt. sohu. com/20170822/n508072442. shtml.

15 涡桨发动机"终结者"——NK－12 的故事

　　2021 年 10 月 22 日,俄新社发布了一则消息,称当地时间 22 日,两架俄罗斯图－95MS 战略轰炸机在白令海、楚科奇海和鄂霍茨克海上完成了巡航飞行。来自俄罗斯东部军区和空天军部队的多架苏－35S 战机对两架战略轰炸机进行了护航飞行,总巡航飞行时长超过 9 h。事实上,从 2007 年以来,这样的场景不时就会出现,只不过出现的地方要么在波罗的海或欧洲,要么在远东地区。

　　看到这样的消息,人们一是为俄罗斯在当前国际局势复杂多变的条件下所能保持的战略定力而感叹,二是为图－95 这型俄罗斯已经飞行 60 多年的"古董级巨兽"而赞叹。其实,令人感叹的是它的 NK－12 涡轮螺旋桨发动机,这是一台 60 多年前研制的、截至目前其功率仍然最大的发动机。因此,有人说,图-95 轰炸机就像一个会飞的活化石,一座空中的纪念碑。

　　第二次世界大战期间,美国强大的 B－29"超级堡垒"轰炸机为战争的胜利立下了汗马功劳,同时也充分展示了战略轰炸机的威力,也使同样都是战胜国的苏联产生了浓厚的兴趣。根据 1941 年 3 月签署的《租借法案》(Lend Lease Act),苏联向美国提出共享 B－29 飞机的技术,但屡屡被拒绝。1944 年,执行东京轰炸任务的四架美军 B－29 飞机越境迫降到苏联境内。于是,苏联便扣留了这四架 B－29 飞机,并把三架能修复的 B－29 飞到莫斯科交给图波列夫设计局进行仿制。经过两年多的努力工作,1947 年 5 月,苏联第一架图－4 轰炸机首飞成功。正是这架图-4 飞机,正式开启了苏联战略轰炸机的发展之路。

图－95 战略轰炸机

第二次世界大战后的国际形势发生了巨大变化,杜鲁门主义、马歇尔计划和北约的形成对苏联产生了巨大威慑,尤其重要的是美国刚刚研制的 B-36 轰炸机长达 6 415 km 的作战半径使其具备了执行洲际战略轰炸任务的能力,航程可达 16 000 km 的 B-52 轰炸机也即将研制完成。由于战后燃气涡轮发动机的广泛使用,再使用过去的活塞式发动机作为动力装置的轰炸机同样也没有太大的前途。于是,图-4 之后的图-80,以及其后的图-85 很快就被叫停,转而发展使用燃气涡轮发动机的战略轰炸机。

美军 B-29 战略轰炸机

安德烈·尼古拉耶维奇·图波列夫(1888—1972)

为了尽快实现与美军相当的洲际威慑能力,苏联空军和航空工业管理局分别于 1951 年颁布第 2396-1137 号令和第 654 号令,向图波列夫设计局和米亚西舍夫设计局同时发出了新型燃气涡轮轰炸机的设计要求书。其主要内容如下:一是即将研制的轰炸机具备直达北美重要目标的能力,这意味着这架飞机不能中途落地加油,其航程应在 8 000 km 以上;二是这架轰炸机的携弹能力在 1.1 万 kg 以上,且飞行速度应达到 $Ma = 0.85$。

弗拉基米尔·米哈伊洛维奇·米亚西舍夫

米亚-4 战略轰炸机

米亚西舍夫设计局很快依照美国 B-29 轰炸机的结构尺寸设计出了使用四台涡喷发动机的米亚-4 轰炸机。这种轰炸机于 1953 年首飞,其在速度、航程、载弹量上基本达到了苏联空军当初提出的要求。但很快苏空军发现,刚刚研制完成的米亚-4 与美国 B-36、B-52 飞机性能还有不小的差距,看来这种尴尬局面只能由正在开展设计工作的图波列夫设计局来打破了。

这架飞机如此高的要求,实际上是对其装机发动机提出的。这样的要求如果使用过去的活塞式发动机可能不会有太大的问题,而使用目前流行的燃气涡轮发动机,则可能存在几个方面的问题:一是要保证足够的起飞推力,飞机能够飞起来;二是要飞机巡航状态的油耗不能高,必须确保飞机能够飞得过去,也能飞得回来,至少保证飞机在执行完任务后在返程途中的某个地方经停加油之后能飞回来;三是必须给飞机留有足够的抵达目的地执行任务的时间。实际上这三个方面的问题是相互关联的,这是新型飞机、发动机必须同时具备的条件。

尽管美国已经于 1949 年前后分别研制成功 J57、J52 等喷气发动机,英国也在积极进行涡扇发动机的研制,但这些要求对当时的苏联设计师来说难度还是比较大,一是苏联国内还没有一台相对比较成熟的燃气涡轮发动机可供参考,二是尚不具备涡扇发动机的研制基础和条件,三是苏联空军方面给出的项目时间也不允许。因此,一个可供选择的方案就是采用涡轮螺旋桨发动机,这是因为,相比于燃气涡轮发动机,涡轮螺旋桨发动机的功率可以做得很大,燃油消耗率还比较低。

后来公开的资料表明,美国波音公司的设计师们在 B-52 飞机最初的设计方案中,也是采用涡轮螺旋桨发动机,因为涡轮喷气发动机油耗比较高,用于洲际飞行任务并不是最佳的选择。此外,图波列夫设计局同期也有一个图-16 喷气发动机的轰炸机设计项目,该型号轰炸机为苏军列装的第一架双发喷气式战略轰炸机,但是其最大航程只有 7 100 km,起飞重量也不满足苏空军的要求。

安德烈·尼古拉耶维奇·图波列夫决定不再追求喷气动力,转而选择更为稳妥的涡轮螺旋桨式飞机,这便有了世界上最快的螺旋桨飞机,同时这也是世界上唯一的一种涡轮螺旋桨式图-95 战略轰炸机。更为重要的是,库兹涅佐夫设计局正在进行一个 TV-2 的涡桨发动机研制项目,这个项目可以为图-95 提供必要的技术支持。

TV-2 涡桨发动机项目的来源有些周折。在第二次世界大战即将结束和刚结束之际,美国搞了一个"回形针"计划,苏联也随之搞了一个奥萨瓦根(Osoaviakhim)行动。美国的"回形针"计划得到的是德国各行业的精英人才,而苏联的奥萨瓦根计划得到的主要是一些德国的技术专家、工程师和一线工人,以及德国的机器设备。

Jumo-004 发动机

BMW-003 发动机

在这一些人当中,有一名为费迪南德·布兰德纳(Ferdinand Brandner)的航空专家。当初在纳粹德国时,他供职于容克斯飞机制造厂,主持设计了Jumo-222发动机和Ju-288轰炸机。第二次世界大战结束后,他与其他一些从德国来的技术人员被苏联安排在库比雪夫的一家工厂工作,该工厂的设备差不多都是从德国容克工厂和宝马工厂搬迁而来的。他的主要任务是带领研究团队重启Jumo-004与Jumo-012这两个发动机项目。

除了Jumo-004与Jumo-012这两个发动机项目外,苏联自1946年末起,还要求这些专家重启BMW-003、BMW-018这两型涡喷发动机的研发。1947年1月,布兰德纳加入这一批设计团队。

1947年4月,苏联航空工业管理局对这些德国专家的工作进行评估后,希望他们在以下四种发动机上有所作为:一是5000马力代号为"022"的涡桨发动机,二是6800马力代号为"028"的涡桨发动机,三是2 t推力代号为"032"的涡喷发动机,四是1 t推力代号为"003C"的涡喷发动机。

但在这些发动机具体研制过程中,工作并不是十分顺利,出现了诸如涡轮叶片折断、燃油总管断裂和轴承磨损等问题。1948年,苏联空军方面最终决定,要求他们在Jumo-012和BMW-018发动机的基础上,着力开展5000马力代号为"022"涡桨发动机的研发工作,以尽快解决战略轰炸机所需的动力问题,并决定整个研制工作由布兰德纳领导。

布兰德纳接手项目后,重新对原来开展的研究工作进行了分析和研究,确定了下一步工作的重点。之后,利用原来发动机的研制经验组织团队重新设计了螺旋桨、压气机、涡轮、减速器和传动机构,设计工作效率非常高,整个设计工作基本在半年的时间内完成。随后,按照布兰德纳团队的设计,设计局生产了三台发动机进行原型机试验。试验过程得到了创立库兹涅佐夫设计局的尼古拉·德米特拉耶维奇·库兹涅佐夫的现场指导。

在各方面的共同努力下,这台名为TV-022的涡桨发动机于1950年成功通过了100 h试车测试,并于1951年被正式命名为TV-2。同一年,两台TV-2发动机被安装在图-4轰炸机上进行试飞验证,它们也顺利通过了试飞验证。

图-4轰炸机

He 177 重型轰炸机

由于5000马力(实际功率达到6000马力)的TV-2发动机已经研制成功,两台组合TV-2发动机便可以提供12000马力的动力。这样的发动机组合对于布兰纳德不是什么难事,因为类似的工作在德国的 He 177 飞机上进行过。

1952 年 11 月 12 日,图‑95 的原型机图 95‑1 使用 2TV‑2F(TV‑2 的一种改进型)发动机组合进行了 50 min 首飞。1953 年 5 月,在第 17 次试飞中,3 号发动机突然发生不明原因起火,首席试飞员阿列克赛·佩列雷特命令机组除正、副驾驶和机械师外其他人全部跳伞,以便试图挽救飞机。但火势蔓延很快,最终飞机坠毁,包括佩列雷特(1955 年被追授苏联英雄)在内的 3 人机组全部牺牲。

最初的事故调查结果认为飞机与发动机的匹配安装出现问题,但通过事故现场实物分析,并结合发动机工作记录最终确认是发动机减速器故障而失火。布兰德纳研制团队便接到了为图‑95 飞机提供一个发动机方案的要求。

得益于 TV‑2 发动机的成功和 TV‑2M 的同轴对转螺旋桨设计的成功,1954 年,新型的 TV‑12 发动机成功通过飞行测试,通过试飞验证的 TV‑12 发动机被命名为 NK‑12。该发动机单台功率 15 000 马力(11 000 kW),拥有 5 级涡轮驱动的 14 级轴流压气机,驱动 8 叶同轴对转螺旋桨。1956 年 1 月,图‑95 战略轰炸机开始量产并装备部队。由于 NK‑12 发动机强大的功率,图‑95 飞机成为轰炸机中的"巨兽"。

NK‑12 涡桨发动机

NK‑12 涡桨发动机实物

从造型布局来看,NK‑12 发动机设计了 8 叶同轴对转螺旋桨(8 片 AV‑60K 螺旋桨各由两副 4 叶对转旋转的可顺桨螺旋桨组成,其旋转的转速恒定,为 735 r/min),就是为了实现高速飞行与超大航程的性能平衡,因为两对螺旋桨旋转方向相反,在运转过程中可以抵消扭矩力。这种设计思路在直升机领域非常常见,因为直升机主旋翼在高速运转时会产生巨大的扭矩，必须依靠反扭矩设计装置尾桨，或设置两套主旋翼。

　　螺旋桨的转速之所以是恒定转速，是因为桨叶尺寸比较大，桨叶旋转的时候叶尖的线速度很高，可能会达到声速而产生激波。但也正是这 8 叶螺旋桨，使飞机飞行时的噪声很大，起飞时更为明显。

飞行中的图-95 轰炸机

图-95 的 8 叶螺旋桨

　　除了发动机功率大外，NK－12 发动机在为飞机提供动力设计方面做得也比较独到。它为飞机提供动力有两条渠道：一是利用减速器传递给螺旋桨扭矩后由螺旋桨旋转产生的推进力，这部分推进力约占到整个飞机推进力的 1/3；二是利用发动机尾喷管排气所产生的推力，这部分推进力约占整个飞机推进力的 2/3。图-95 飞机依靠这样的推进力，当螺旋桨处于顺桨状态时，最大飞行速度可以达到 900 km/h，这个速度与采用喷气式发动机的 B－52 差不多。

　　正是 NK－12 螺旋桨发动机，造就了冷战时期苏联的战略重器——图-95 战略轰炸机。当图-95 首次出现在 1955 年的莫斯科航展上时，美国防部推测它的时速不会超过 600 km，航程不过 1.2 万 km。但随后的事实却狠狠地打了美国防部的脸，图-95 的最大速度可达 925 km/h，其巡航速度为 747 km/h，至今保持着螺旋桨式飞机的最快速度纪录，其最大航程为 1.6 万多千米，最大起飞总量可达 190 t。

1955 年莫斯科航展场景

因为 NK-12 涡桨发动机卓越的性能表现,除了图-95 之外,苏联的图-142 侦察机、安-22 运输机等多款飞机都使用该型发动机作为动力,据称全球最大的气垫登陆船"欧洲野牛"也使用 NK-12。

图-142 侦察机

安-22 运输机

这样一架螺旋桨式战略轰炸机,是冷战时期苏联战略威慑的重要力量。图-95MS 轰炸机曾从摩尔曼斯克所在的科拉半岛起飞,经北大西洋、冰岛、格陵兰,沿加拿大新斯克细亚向南,再经公海沿美国东海岸飞至古巴降落,这段航程总共约 1 万 km。同时,苏联也会不时派图-95 在远东地区公海海域绕飞日本。

据报道,俄罗斯已从 2019 年开始对图-95 进行一系列升级改造,其中就包括对 NK-12 发动机的升级,以确保其服役到 2040 年。最新改进型的 NK-12MPM 已经完成了初步设计,发动机将配备更高效率的螺旋桨,发动机振动水平将降为原来的一半,使用寿命将增加到原来的 4 倍。这样看来,图-95 这位冷战时期的"老战士"将在未来 20 年进一步焕发新的活力。

参考文献

[1] 斯米尔诺夫.俄罗斯航空发动机制造史:上[M].向巧宁,喜钰,王良,等译.北京:航空工业出版社,2015.

[2] 斯米尔诺夫.俄罗斯航空发动机制造史:中[M].向巧宁,喜钰,王良,等译.北京:航空工业出版社,2015.

[3] 斯米尔诺夫.俄罗斯航空发动机制造史:下[M].向巧,宁喜钰,王良等译.北京:航空工业出版社,2015.

[4] 彭友梅.苏联/俄罗斯/乌克兰航空发动机的发展[M].北京:航空工业出版社,2015.

[5] 鼎盛军事.苏联空军机组眼中的冷战猫鼠游戏[EB/OL].(2021-01-01)[2022-03-27].https://new.qq.com/rain/a/20210101a0d9hw00.

[6] 是熊就该有个熊样哦.图-114 客机,源自战略轰炸机的图波列夫涡桨巨兽[EB/OL].(2021-10-20)[2022-03-27].https://weibo.com/ttarticle/p/show?id=2309404694443558305826.

［7］ 军编部哈雷. 绕飞美国 60 年！看"熊大妈"的吼声，如何盖过美国三代喷气机［EB/OL］. (2018 - 06 - 08)［2022 - 03 - 27］. https://zhuanlan. zhihu. com/p/37837405.

［8］ 武装志. 致敬那只不老的北极熊图-95 轰炸机［EB/OL］. (2020 - 09 - 26)［2022 - 03 - 27］. https://www. sohu. com/a/421100200_100138587.

［9］ 新华网. 俄罗斯两架图-95MS 战略轰炸机在白令海上空巡航飞行［EB/OL］. (2021 - 10 - 25)［2022 - 03 - 27］. https://baijiahao. baidu. com/s? id=17145529210618293668&wfr=spider&for=pc.

［10］ 饭点论戈. 苏联动用全国苏德专家开发的战机虽看似落后却成空军门面担当［EB/OL］. (2020 - 03 - 23)［2022 - 03 - 27］. https://baijiahao. baidu. com/s? id=16619300298907237298&wfr=spider&for=pc.

［11］ 循迹. 回顾图-95 发展史：在战略轰炸机的研制上，我们要吸取什么经验教训？［EB/OL］. (2021 - 01 - 28)［2022 - 03 - 27］. https://www. sohu. com/a/447321528_120892726.

第三篇

为了中国的航空发动机

1 旧中国航空发动机诞生的故事

　　1939年夏,蒋介石为首的国民政府航空委员会深感航空工业对军队和抗日战争的重要性,决定筹建航空发动机制造厂,从而改变航空发动机完全依赖进口的局面,以便长期坚持抗战。同年11月21日,正式决定成立航空发动机制造厂筹备处,地址设在昆明市柳坝村的之前中德飞机制造厂旧址,任命时任空军成都航空机械学校教育长的李柏龄为筹备处处长,并拨发巨额经费(最初高达350万美元)作为建厂费用。12月1日,筹备处开始办理接收厂房设备,同时时任航空委员会技术处处长王承黻赴美国莱特飞机公司(Wright Aeronautic Co.)洽谈购买航空发动机制造许可证,以及订购制造发动机相关设备事宜。

　　在李柏龄的带领下,各项筹备工作进展顺利,并于1940年初陆续完成,在美国订购的物资设备也于同年6月间抵达缅甸仰光。原计划在昆明市西南约30 km处的安宁县(现昆明市辖安宁市)建设制造厂,但因当时越南为日本侵略军所占领,昆明屡次遭空袭和轰炸,就连筹备处的办公用房也被炸毁,原来的建厂计划难以继续执行。为确保建设的发动机制造厂安全,1940年10月,国民政府航空委员会指示筹备处在其他地方另觅厂址。

　　筹备处派毕业于美国麻省理工学院的制造厂候任总工程师兼工务处长李耀滋博士带机械师黄怀良乘车沿川滇公路勘察。一路上人烟罕至,傍晚时分才抵达宣威县(现云南省宣威市),三人(包括司机)在车上搭棚过夜。一连两天,沿路竟无一处能够满足建厂要求。车行到毕节的时候,他们见到路边有一栋挂有"西南公路工程处"标志的建筑,一行人随即进门拜访。该工程处的负责人姓林,毕业于交通大学唐山工程学院(现西南交通大学前身)。几个人寒暄期间,李博士想起这位姓林的人曾为他补习过英语和算术,于是越谈越近乎。李博士说明此次出行的意图,林先生随即表示愿为他打听合适的地方。

第二任制造厂的厂长王士倬(1901—1991)

　　当晚,林先生出面宴请当地士绅。其中到场的一位客人表示,既然是国家建的国防工厂,又怕日军飞机轰炸,何不找个山洞?从毕节到贵阳途中便有两个这样天然的山洞,足以容纳师旅级单位的人和设备。听到这一席话,李博士喜出望外。次日,林先生便带一向导随行。

他们在大定县（现大方县）东 5 km 处的羊场坝下车，经过一片田地，转过一个山坳便出现一座凯旋门式的大洞，其高度约百米、深度在 300 m 以上。旁边的侧洞有 30 多米高、数百米深度，大洞尽头的顶上有一个巨大的天窗。洞内偏坡上住着一位老道士，这个洞连同道观，均名为清虚。隔着一座山还有一个山洞，名为乌鸦洞，洞外乱石堆积，仅露出 5 m 左右的洞口。由于这个洞位于山谷，相比于清虚洞更加隐蔽。经过洞口的乱石堆之后，洞内非常宽敞。附近村的村长很热心，告诉他们附近山后约 1 km 处有一条小溪，可用作这里的饮用水。李博士对附近进行认真细致的实地考察后很是满意，连夜赶回昆明向李柏龄报告。

李柏龄得报后，认为羊场坝地处昆明与重庆之间，距贵阳也不远，是一个比较适合的地方，于是将选址之事向航空委员会作了报告。航空委员会接报后，答复说滇西也有一个类似的山洞名为陈家洞，宽 2 km、长 10 km，可能更好。为了进行比较，李博士马上出发，翻山越岭，出入当地土匪横行之地，才找到这个陈家洞。但是这个山洞比清虚洞小，而且位于山谷之中，毫无建厂的条件。李柏龄先生听到这里情况，经过权衡后，决定亲自前往大定勘察。经过实际勘察之后，他认为乌鸦洞比较紧凑，正好放进机械设备，清虚洞有自然通风条件，适宜作为铸造场所，羊场坝地势平坦，适宜建办公场所、员工宿舍等，于是决定当即上报航空委员会，最终也得到了批准。

大定发动机制造厂（1946 年）

初到羊场坝，第一件事便是住的问题，在草房未盖好之前，先与猪牛为伍，在猪圈牛棚上搭铺木板当作床铺，再逐渐用树枝、树皮、茅草筑成茅舍。白天他们测绘地形，规划道路，吃的是半生不熟的杂粮，饮的是黄泥汤；晚上与猪牛住一起，条件很是艰苦。

大定位于贵州黔西州和毕节之间，全境均为石灰质岩层，很容易溶解。溶解形成的山洞、地漏、暗河、隧道随处可见，土质不能积蓄水分，也不宜种植庄稼，海拔都在 1 600 m 以上。制造厂的基建设计重庆著名的建筑师陈植先生主持，由重庆馥记建筑公司承包施工。由于前期拨付的资金差不多已经全部用光，再加上没有钢筋水泥，只得就地采用木石结构，自行筹办石灰、砖瓦、河沙、石块和木料，五金和玻璃则赴湖南、广西采购。对于饮水问题，则在距厂 3 km 处的朱棕河建设给水工程，在河畔设机房，利用电力将水引至滤水槽，再通过水管将水引到高约 160 多米的乌鸦洞洞顶的蓄水池（这个蓄水池的容量约 68 万 L），然后再分出许多小水管连接到各个水龙头。全厂平均每日消耗水 43.15 万 L。

制造厂的机器全部放在乌鸦洞内。乌鸦洞分内、外两个洞,外洞面积约 8 万 m²,可容纳美式机器数百台,工作人员数百人;内洞约有 1 km 长,还有一个地下洞,战时这些洞可作为天然防空洞。为了保证厂区安全,特别在周围山顶建设碉堡 5 座,附近派一个加强连的军队驻守,所有厂区的员工均需着军装,持证件出入。

筹备处从 1941 年迁移至羊场坝后,经过一年左右时间的建设,已奠定大定新厂的基础。新厂于 1941 年 7 月 1 日正式成立,设厂长、副厂长各一名,下设秘书处、总工程师办公室、工务处、总务处、经理科、卫生科等单位。

乌鸦洞内机械加工场景

刚开始进行发动机制造工作时,遇到了较大的困难,于是制定了将发动机制造工作分为三步走的策略。第一步是发动机的维修装配,主要是进行一些发动机修理、装配和小零件的制造工作,这在建厂初期便已开始;第二步是仿制制造,就是对于构造简单的零件在国外购买原材料,然后再进行仿制,之后再进行装配,这样逐步过渡到制造整机;第三步为整机制造,当时制造发动机的原材料均需从国外采购,加之处于抗战期间,原材料无法保证,抗战结束后又忙于迁厂,因此,这一步实质上并未真正落实。

发动机的制造始于 1943 年 10 月,原定首批试制 3 台,计划制造汽缸头、汽缸、活塞、活塞环、主副连杆以及其他小零件。经过一年的努力,完成赛克隆(Cyclone)G - 105B 发动机114 种共计 4 497 件零件的制造,生产发动机特种工具 232 种。借助这些特种工具,在一年时间里完成了 2 台发动机的装配工作。

1943—1946 年,工厂共制造发动机 32 台。其中一台经解剖后送往空军机械学校用于实习,另有 4 台送到昆明第一飞机制造厂安装在 C - 47 军用运输机上。其中一架是编号为723 的 C - 47,飞机上安装了编号为 34639 和 34640 的两台发动机,其他发动机均被运送到台湾岛。该飞机于 1947 年 8 月从昆明直飞抵达南京,期间发动机所展现的性能,经该厂设计制造专家分析研判,认为均符合原设计要求。后来又准备陆续生产莱克明(Lycoming)发动机(计划生产 50 台),于 1949 年 4 月完成首台发动机装配,后因解放战争后期国民党军队的节节败退,所有制造工作陷入停滞。

1946 年装有大定厂赛克隆发动机的 C-47 飞机准备试飞

大定厂首任厂长为李柏龄,1945 年 8 月,李厂长奉命出国后,由王士倬接任厂长一职。

抗战胜利后,国民政府颁令另寻厂址。1946 年 1 月,由大定厂总工程师程嘉垕赴湖南勘察新址,拟在长沙新开铺与湘潭下摄司两地选择。另由大定厂工务处长华义广赴广州寻新址。据说还有一组赴广西桂林勘察。

1948 年,按照国民政府颁布的文件,新厂命名为"空军发动机制造厂",并于 1948 年 9 月 1 日实施新编制。

1949 年 6 月,时任厂长顾光复下令大定发动机制造厂建制撤销,改设大定疏运处,任命胡广家为处长,由厂里的技术员担任押运员,将大定厂物资,连同从英国购买的尼恩发动机全套技术资料分批运往广西柳州集中,一起搭乘美军登陆舰由柳州直驶台湾岛,抵达台湾台中清水中社里(原日本占领台湾时期的日本石油公司所在地)。

1949 年 12 月,大定发动机制造厂由中国人民解放军西南军区航空处接管。1952 年迁入成都并入第二机械工业部第四局(航空工业局)所属 411 厂。而乌鸦洞随后转交贵州毕节师范学校用于办学,1965 年转交航空工业部所属的金江机械厂。1980 年 2 月 8 日下午 3 点 20 分,乌鸦洞内一块重约 200 t 的巨石从洞顶坠落,重重砸在洞内厂房房顶上,由于担心再次出现安全问题,经航空工业部的批准,金江机械厂于 1980 年 4 月整体搬迁到贵阳乌当区新场乡的下大坝,至此终结了乌鸦洞军工生产的历史。

虽然大定制造厂存在时间并不长,所制造的发动机为活塞式,且生产量很小,但是它为新中国航空发动机的发展积累了宝贵的制造经验,更重要的依托该厂所开展的员工培训、国外送学等活动培养了一批如王士倬、吴大观、汪福清、梁守槃、荣科、高钧烈、胡广家、张遐年、丁熙康、吴正华等航空发动机方面的人才,其中吴大观被称为新中国航空发动机之父,梁守槃被称为中国地-空导弹之父。

如今的乌鸦洞

如今的清虚洞

参 考 文 献

[1] 王文焕、彭广恺. 航空救国发动机制造厂之兴衰[M]. 台中:河中文化实业有限公司,2008.

[2] 皮尤. 罗尔斯罗伊斯的传奇发动机家族[M]. 武增辉,闫尚勤,等译. 北京:航空工业出版社,2013.

[3] 视频逸飞冲天. 大娄山乌鸦洞,中国航空发动机的摇篮[EB/OL]. (2019-03-27)[2022-01-26]. https://www.163.com/dy/article/EB85LDKP0517MFM0.html.

[4] 李坤. 乌鸦洞:大山深处的航空记忆[J]. 当代贵州,2013(3):24.

[5] 吴大观. 一个乌鸦洞,两代航空情:贵州大方羊场坝乌鸦洞记事[J]. 环球飞行,2006(7):28-35.

[6] 史继忠. 乌鸦洞飞出金凤凰:中国航空发动机工业的摇篮[J]. 当代贵州,2011(33):53.

[7] 李霄荣. 乌鸦洞中难忘的岁月[EB/OL]. (2018-01-01)[2022-01-26]. https://www.sohu.com/a/214080822_99949092.

2 新中国第一台航空发动机诞生的故事

　　自从 1903 年 12 月 17 日莱特兄弟驾驶的第一架飞机"飞行者一号"成功试飞之后,人类的飞行梦想一跃变为现实。在两次世界大战的推动下,航空在欧洲和美国得到了蓬勃发展,虽然这时活塞式发动机仍是飞机的主要动力类型,但人们一直在更快、更远的道路上奋发努力。在第二次世界大战结束以后,活塞式发动机的地位被涡轮喷气发动机逐步取代。

　　这时的世界并不太平,刚刚诞生的中华人民共和国面临着诸多困难和挑战,为了增强国防实力,发展我国自己的航空工业,国家开始引进苏联发动机的制造技术。

　　1951 年 4 月 17 日,中央人民政府人民革命军事委员会和政务院颁发《关于航空工业建设的决定》,成立了军委领导下以聂荣臻、李富春为正、副主任的航空工业管理委员会。同时决定,在 5 年时间里拨出相当于购买 50~60 亿斤小米的资金,试制两种飞机的航空发动机。此前一直在全马力开动为抗美援朝生产炮弹、位于湖南株洲五里墩乡的兵工厂,于同年 10 月 1 日成立株洲航空发动机修理厂(代号 331 厂),承担活塞式发动机的修理任务。

　　作为中国首批兴建的六大航空工厂之一的株洲航空发动机修理厂,就这样在苏联专家的帮助下开始边修理边积累生产制造经验,相当于在一张白纸上构建中国航空的蓝图。

　　1952 年 7 月,为了将一个简陋的工厂建设为中国第一家航空发动机厂,第二机械工业部先后调配 30 名地县级干部、14 名苏联专家、842 名大中专毕业生和 300 多名生产骨干,充实工厂科研生产力量,使得全厂职工总数很快达到 2 000 多人。当时厂里面的科研技术人员总量,更是占到当时株洲人才的半壁江山。

　　2021 年 3 月,年近八旬的株洲航空发动机修理厂(现中航发南方公司)副总工程师罗广源对 50 多年前的一些往事,依然记忆犹新:"那时苏联专家组的总顾问,是苏联红军的一位师政委,副总顾问则是厂址在乌克兰的一家航空发动机厂的总工程师。所有已婚的专家,都把家属带到株洲,所以当时厂里条件最好的房子,就是现在中华村仍然保留着的苏联专家楼。"

苏联研制的 M-11 活塞式发动机

　　1954 年 1 月,时任国家第二机械工业部部长的赵尔陆批准 331 厂试制 M-11 发动机(国内型号为 50 号机),并拨付试制费用 53.5 万元。M-11 活塞式航空发动机是苏联在 1925 年到 1926 年研制的,苏联约有 60 个型号的轻型飞机都采用 M-11 活塞发动机作为其动力装置。

与此同时,位于南昌的 320 厂(现中航南昌飞机公司)也在紧张地进行中国第一架飞机——雅克-18 飞机的试生产任务。

当时,仅仅参加工作一年半的罗广源,被厂里选派为技术负责人,与几位保密、保卫干部一起,赶赴北京接收苏联提供的全套图纸资料。"当时资料太多,只好挑急缺、有用的资料装了 8 个箱子,从北京包了一节软卧车厢运回来。由于长江的阻隔,当时火车只能行进到武汉。到武汉以后,被迫采取蚂蚁搬家形式,将资料通过浮桥转运,再坐火车到株洲。"

同样来自上海的吴荣保,比罗广源早 2 个多月来到董家墈这个山旮旯。作为上海机床厂的一名年轻车工骨干,一纸通知,他就踏上了与航空工业结缘 50 多年的人生历程。"当时我们是边修理,边累积生产制造经验。从自制一个个小零件开始,逐步掌握航空发动机零部件制造技术。到 1954 年 4 月,50 号机全部资料到厂,工厂共修理 M-11 发动机厂 575 台,制造各种零组件 322 种,占全机零件总数的 55%;有 251 种经过装机试车和外场使用,证明质量完全可靠。因此,试制任务的关键,是要生产出合格的曲轴、中机匣、主联杆、分气凸轮轴等 117 种新的零组件。"吴荣保回忆到。

一场"和时间赛跑"的生产攻坚战全面打响,厂里成立了由总工程师领导的"四师一长"(总设计师、总工艺师、总冶金师、总检验师、生产厂长)生产技术指挥中心,许多工程技术人员平均每天工作 12 h 以上,连帮助突破分气凸轮轴加工的 2 位苏联专家,也是连续十几个昼夜紧盯生产现场,众多一线生产骨干更是"任务不完,不出工房"。

3 121 种工具、夹具、刀具、量具都要重新设计制造,徒手锉、油石磨,完成钢模制造;技术革新解决圆弧零件的加工难题;制造零件的同时完成土建工程,建成新的工具车间;用土得掉渣的方法为第一个发动机零件镀铜……

当时工厂的师傅们正在组织研究制造工艺

发动机试生产中最突出的困难就是发动机主要部件，如机匣等铝合金铸件的提供。我国过去从来没有正式生产过铝合金铸件，这成了发动机生产遇到的最大难题。331厂成立了有色铸造车间，着手铝合金的试生产准备。首先是铸件铝合金金属模具的设计，通过摸索，逐步掌握了铸件壁厚设计及铝水的凝固顺序，在此基础上设计了浇注系统，在对预留铝水凝固时的收缩余量、模具的喷涂料余量，以及铸件从模具中取出的出模角度等探索中研究了设计规律，最终掌握了模具喷涂料的种类及配方。

经过铝合金熔炼配料多炉试验，掌握了各元素的损耗规律，以满足铝合金牌号化学成分的要求。铝合金熔炼首先使用的是焦炭炉，因焦炭炉温度难以控制，采用了电炉熔化。电炉熔化有温度控制及温度表准确度校验等问题，这些问题也一一得到了解决。

铝合金熔炼过程中要有纯化处理，以去除铝合金熔化过程产生的杂质及吸收的气体，从而满足铝合金性能的要求。铝合金纯化时需要使用氯气，而氯气要通过硫酸去除水分，但在氯气通过硫酸瓶时，瓶子会突然爆炸而发生事故。此外，还出现过金属模具浇注铝合金时发生爆炸，及零件从模具中取不出来等问题。

铝合金铸件最易产生缺陷的部位是在冒口的最后，这些部位的X射线检测专用标准是通过低倍试样及机械性能试样的切取，结合试验而形成的。这个专用标准的制订对今后类似标准的制订具有指导意义。

发动机后机匣毛坯的试生产首先采用砂模铸造——将制成的砂模放入压力箱内，铝水注入后封闭加空气压力，使其在压力下结晶，以提高铝合金机械性能，这在当时是个新工艺。

车间忙碌的工人们

1952年，18岁的朱定邦从当时的四川省立重庆高级工业学校机械专业学校毕业，株洲航空发动机修理厂来学校招人，朱定邦成为班里唯一被选上的学生。朱定邦回忆，第一关就是一级气缸的模型问题，要用木头磨刻出来还不能变形，木模师傅采用从东南亚进口的柚木,日夜战斗在工房,终于雕琢出符合要求的模具。"当时住房及其他条件很困难,但参加试制小组的干部、工人和技术人员,没有一个叫苦的。"紧接着便是第二关——浇铸出合格的铸件。朱定邦说:"雕琢出来的木模,工人师傅们真像爱护眼珠子般地爱护,经过多次失败、总结、改进,终于浇铸出完全符合技术要求的铸件,当时我们敲锣打鼓向厂部报捷。""空压机铝合金铸件的试制成功,为试制 M-11 发动机打响了第一炮,参与其中的我们欣喜若狂,现在的人是很难理解当时大家激动的心情的。"朱定邦回忆道。

1954 年 7 月 26 日,M-11 发动机的最后一批零部件加工完毕,装配工人奋战三昼夜后,成功完成了总装任务。

"开车!"指挥人员一声命令,试车工推动操纵杆,发动机启动了。转速越来越快,到达规定转速的时候一切正常。试车工伸出大拇指,掩盖不住的喜悦从其脸上荡漾开来。

1954 年 8 月 16 日 5 时 39 分,M-11 航空发动机 200 h 长期运行试车考核结束。在审查了有关资料、现场察看了发动机运转情况并对发动机进行分解检查后,鉴定委员会签署了鉴定意见:"331 厂所制造的 50 号机,性能符合苏联技术要求,可保证第一次入厂定期工作200 h 的使用寿命,批准其进行生产。"

当职工们得知自己亲手制造的航空发动机通过了国家鉴定后,激动得相互拥抱,欣喜伴着泪水,人群久久不愿散去。

1954 年 8 月 26 日,厂里举行庆祝大会,并发电报向毛泽东主席报喜。当时的热闹场景,在场的人真是一辈子都难以忘怀,大家欢聚在一起,恨不得和每个人都要热情拥抱一下。

试车台前中苏专家的合影

更让第一代航空人振奋的是,1954 年 10 月 25 日,毛主席亲笔签署了对全厂职工的嘉勉信——"第二机械工业部转国营三三零厂全体职工同志们:8 月 28 日报告阅悉,祝贺你们试制第一批爱姆十一型航空发动机成功的胜利。这在建立我国的飞机制造业和增强国防力量上都是一个良好的开端,希望全体职工在苏联专家的指导下,进一步掌握技术和提高质量,保证完成正式生产的任务。"当时嘉勉信被复制放大后,悬挂在厂里中苏友好桥的山鹰画刊旁,每当看到它,一股自豪感就涌上心头。

第一台航空发动机研制成功后,331 厂相继成功研制出我国第一枚空-空导弹、第一台重型摩托车发动机、第一台地面燃气轮机、第一台涡桨发动机等,填补了国内 10 多项产品空白。

也是从那时开始,我国航空发动机事业进入新阶段,涡喷、涡桨、涡轴、涡扇等系列发动机先后在中国航空发动机研制者手中开花结果。

1956 年 6 月,中国第一台涡轮喷气式航空发动机——涡喷 5 发动机由沈阳航空发动机厂研制成功。涡喷 5 发动机根据苏联 BK - 1Φ 发动机的技术资料仿制,单台最大推力 25.5 kN,加力推力 32.5 kN,质量 980 kg,主要用于国产歼 - 5 战斗机。涡喷 5 发动机的研制成功,标志着中国航空发动机工业从活塞式发动机时代发展到了喷气发动机时代,中国因此成为当时世界上为数不多的几个可以批量生产喷气发动机的国家之一。

1958 年 5 月,中国航发黎明(410 厂,中航沈阳发黎明发动机有限责任公司)自行设计的第一台涡轮喷气发动机——喷发-1A 试制成功,两个月后试飞成功。

1962 年,331 厂奋发图强、自力更生,在 1 年零 9 个月的时间内试制成功活塞 6 航空发动机。

1968 年 12 月,经过 8 年艰苦卓绝的奋斗,中国航发东安(国营东安机械厂)研制成功涡桨 5 发动机首台样机,涡桨 5 系列为国产中型客机提供动力。

此后,中国的航空工业在仿制、仿制研制、研制的道路上不断前进,仿制研制和研制了数十个不同型号的航空发动机,基本满足了我国空军发展的需要。

参 考 文 献

[1] 贾茹.65 年前的 8 月 16 日新中国第一台航空发动机诞生[EB/OL].(2019 - 08 - 19)[2022 - 02 - 15].http://www.cannews.com.cn/2019/0819/wap_200443.shtml.

[2] 罗广源,吴志平.亿试制新中国第一台航空发动机的历程[J].湘朝,2014(2):46 - 47.

[3] 戴鹏.记株洲 331 厂新中国第一台航空发动机的试制[EB/OL].(2019 - 10 - 14)[2022 - 02 - 15].https://www.hunantoday.cn/article/201910/201910141946001472.html.

[4] 傅聪.株洲成功研制中国第一台航空发动机,为新中国航空工业奠定坚实基础[EB/OL].(2021 - 04 - 06)[2022 - 02 - 15].https://baijiahao.baidu.com/s? id = 16962821039967641713&wfr = spider&for = pc.

3 测仿美残骸发动机的故事

在 2016 年的珠海航展上,中航集团成都飞机研究所研制的"云影"无人机公开亮相,顿时吸引了不少航空爱好者的目光。吸引大家目光的不仅是"云影"无人机光鲜的外表,还有它不同寻常的发动机。这台发动机不同于一般无人机的活塞式或涡桨式,也不是涡扇式,而是一台地地道道的涡喷发动机,这恐怕是大家没有想到的。

2016 年航展上的"云影"无人机(前侧视)　　　　2016 年航展上的"云影"无人机(后侧视)

这台涡喷发动机可有点故事,它是根据 20 世纪六七十年代在我国境内击落的美军"火蜂"高空无人机侦察机的残骸发动机测仿研制的涡喷 11 发动机改型而来的涡喷 11C 发动机。涡喷 11 发动机是在我国航空发动机研制历史上由大学(北京航空学院,即现在的北京航空航天大学,以下简称北航)组织完成的发动机。

1959 年,越南战争爆发,这场长达 15 年的战争对亚洲乃至世界政治格局产生了深远的影响。

1961 年 4 月底,时任美国总统约翰·菲茨杰拉德·肯尼迪(John Fitzgerald Kennedy)决定向南越当局派遣军事顾问和特种作战部队,同时出动空军直接参与越南战争。在这场战争期间,美国派出多架次"火蜂"无人驾驶高空侦察机侵犯我国领空,给我国的边境安全、国土防空和国家利益构成了严重的威胁。

当时我国的雷达装备比较落后,进入我国内陆领空的无人机雷达反射信号相当微弱,但一般我国地面雷达部队还是会监测到。最初,雷达部队判断其为美军的 U-2 侦察机,但是该机的雷达回波非常微弱,时断时续,不像是 U-2 的信号。经过情报部门综合分析,得知这是美军最新研制的"火蜂"BQM-34A 型高空无人侦察机。

"火蜂"BQM-34A 无人侦察机

搭载四架"火蜂"无人机的 DC-130 运输机

"火蜂"BQM-34无人机是美国特里达因·瑞安飞机公司于1951年交付美军的一种可回收且可重复使用的喷气式无人驾驶飞机,它也是世界上生产数量最多(截至1986年6月,共生产各型飞机6 411架)的无人机之一。该机主要用于鉴定各种空对空和地对空武器系统,并用来训练战斗机驾驶员和防空部队等。经过改型的无人机,还能执行侦察、电子战、飞行试验、携带炸弹或导弹进行对地攻击等任务。除供美陆、海、空三军使用外,该无人机还向北约成员国及其他国家出口。

BQM-34"火蜂"无人机主要机型有十多种,典型机型为 Q-2C。该无人机使用时,采用助推火箭在地面或舰艇上用发射架发射,也可使用 C-130 运输机带到空中投放,用降落伞进行回收。

BQM-34"火蜂"无人机翼展3.94 m,机长6.98 m,最大速度(高度15 240 m)1 176 km/h,最大巡航速度(高度15 240 m,质量816 kg)1 015 km/h,使用高度范围6~18 300 m,最大航程1 282 km。

1964年8月29日,美军一架 DC-130 型运输机从冲绳嘉手纳基地起飞,翼下挂载着"火蜂"无人机,飞抵南海上空投放。随后,无人机上升至17 500 m高度,时速750 km,从海南海口首次入侵中国领空,穿越雷州半岛,经广西南宁和梧州、广东兴宁、福建漳州,从厦门出海,到台湾岛北部湖口上空伞降后回收。接着,在9月初至10月上旬,美军又连续在中国南部诸省入侵侦察6架次。当时,我国空军和海军航空兵部队对这种无人机性能和活动特点不甚了解,虽然每次都出动歼击机进行拦截,但均未奏效。

待挂载的"火蜂"无人机

我国歼-6飞机

同年 10 月 13 日,一架美军"火蜂"无人机第 8 次从广西友谊关上空入侵中国领空,继而窜到雷州半岛上空侦察,空军航空兵第 1 师作战分队起飞 1 架歼-6 进行截击。飞行员在 17 600 m 高度上发现敌机,连续 3 次开炮,由于缺乏经验,炮弹打光了仍未命中。飞行员不甘心,朝无人机冲去,想将其撞下。但因动作过猛,不仅没有撞到敌机,反倒使自己的飞机进入了螺旋,并急剧旋转下降高度,几次试图改出螺旋均未成功,只得弃机跳伞逃生。

空军当时最先进的歼-6 飞机最大飞行高度只有 17 000 m 多米,因为飞机还要带油带弹,实际飞行高度与"火蜂"无人机差得比较多。另外,飞行员反映,空中看到的"火蜂"无人机就像一个薄薄的刮脸刀片,不接近到 500 m 以内距离开炮,根本打不着。即使看到了,也拦截了,想打又够不着,还眼睁睁看着"火蜂"无人机从飞行员的视野中消失,这可把当时的相关领导和飞行员愁坏了。

那时的红外导弹只能打敌机的屁股,飞行员还得一直盯着,发射条件太苛刻。看来打"火蜂"这种小飞机,还得使用航炮。这是因为,尽管"火蜂"无人机飞行高度高、体积小,但飞行速度没有歼-6 飞机快,而且这个无人机没有主动规避和还击能力,应该是容易击落的。

这样的机会终于来了! 1964 年 11 月 15 日 11 时 53 分,"火蜂"无人机入侵海南岛领空,时任空军第 1 师中队长的徐开通奉命驾驶歼-6 飞机进行截击。12 时 20 分,徐开通发现目标,立即爬高追随至其机尾后,从距离 400 m 一直打到 140 m,一连攻击三次,首次击落了不可一世的"火蜂"无人机。

随后,相关各部队歼-6 飞机飞行员一起研究了击落这种无人机的战法。具体是:歼-6飞机准时爬到 16 000～17 000 m 高度,通过平飞表速 800 km/h"助跑",与敌机水平距离将近 15 km 时,飞机提速、拉杆,以 20°～30°的角度"起跳",跳到敌机下方 100～150 m,水平距离 500 m 之内,对敌机开炮,将整个攻击时间控制在不到 1 min。

首次击落"火蜂"无人机的飞行员徐开通

曾击落"火蜂"无人机的飞行员董小海

空军也使用米格-21 战斗机、依靠密集的火箭弹的办法,从 1966 年 3 月至 1968 年 7 月,连续击落多架"火蜂"无人机。特别是在 1968 年 7 月,使用米格-21 战斗机一周内连续击落两架"火蜂"无人机。

最终,在美军"火蜂"无人机进入我领空的 97 次中,空军共击落 20 多架。完成这样壮举的飞行员包括徐开通、张怀连、董小海等,为此时任司令员刘亚楼说:"如果打无人机需要(我军起飞)600 架次打一架,我们就用它 600 架次!"

军民共同庆祝击落"火蜂"无人机场景

接着我们说说"火蜂"无人机发动机的事情。

"火蜂"无人机的发动机为 J69 - 41A 涡喷发动机,它装在飞机机身下部,飞机下部椭圆形口即为发动机进气道。

由"火蜂"无人机发动机发展而来的 J69 - T - 402

J69 涡喷发动机是美国大陆公司于 1951 年根据法国透博梅卡公司的玛波尔Ⅱ型发动机专利仿制发展而来的一种小型单转子涡喷发动机。大陆公司通过自己的努力,将其发展为两个系列的发动机,即用于教练机的长寿命发动机,以及用于无人机和靶机的短寿命发动机。长寿命发动机继续沿用玛波尔Ⅱ型发动机的结构,但将其附件更换为美国附件,使其海平面静止状态推力增大了 4%。其早期型号为 J69 - T - 3、J69 - T - 7,及用在 T37A 和 TT1等教练机上的 J69 - T - 9、J69 - T - 15(美海军型型号为 J69 - T - 2),其改进型为 J69 - T - 25;短寿命发动机初期结构与长寿命型相同,但工作推力更大。"火蜂"(BQM - 34F)的发动机为短寿命 J69 - 41A 型,其最大推力为 871 kgf。

面对这些从高空坠落、残破不全的"火蜂"无人机、发动机碎片，1965 年 2 月 16 日，国防科技工作委员会（即国防科工委）召开了关于组织研究被击落美制无人驾驶高空照相侦察机残骸工作会议，要求当时的第三机械工业部第六研究院（简称"三机部六院"）集中力量在短期内分析、掌握它的性能特点，以便制定下一步工作方案。此项任务由三机部六院总负责，委托北京航空学院（简称"北航"）组织进行。北航领导对此非常重视，在周天行书记和沈元院长的领导下，开始了该项工作。

1965 年 3 月 16 日，三机部六院在北航召开任务落实会议，明确此项任务代号为"216"，并下发了会议纪要。会后，北航组织各方面技术人员 164 人（其中北航共投入 102 人）进行技术大会战，对高空无人驾驶侦察机进行全面分析。其中，发动机方面的工作由学院 3 系（发动机系）主任王绍曾教授主持；抽调发动机原理和结构教研室教师成立了发动机残骸分析组，由陈大光任总体组组长，陈光任副组长，发动机残骸分析组承担了该无人机发动机残骸的分析研究工作。

经过了四个月不分黑夜的高强度工作，北航科研部在对残骸进行相关的分类汇总与绘制等基础工作后，完成了相应的分析报告（包括 216 发动机初步分析报告）。

之后，根据 216 发动机分析报告，结合发动机残骸展览，三机部六院组织召开了领导机关和相关方面专家参加的座谈会，时任国防科工委主任聂荣臻元帅亲临现场。在参观发动机残骸并听取了汇报之后，与会代表总体感觉这台发动机是一台技术上很先进，而国内又长期短缺的 500～1 000 kgf 推力的发动机，因此，这台发动机非常值得仿制和研究。

1966 年 4 月 7 日，三机部发文(66)三计字 533 号文"关于开展 J69 发动机试制的通知"。通知中进一步明确 216 发动机修复与研制工作继续由北航负责，并指定三机部所属几个工厂作为协助单位。

无侦五

长空一号

首先，北航从多台发动机残骸中找出完整的零件以及基本可用的零件，进行一般的修整后，组装成一台可用于试车的"美国原装"发动机（因为当时没有完整可用的附件传动机匣残骸，只能用钢板焊接一个外置减速器机匣）进行摸底试车；然后逐渐用依据设计图纸生产的零件取代美制零件；最终全部采用由自己生产零件组装成的发动机进行试车。

1968 年春，拼凑修复起来的"美国原装"发动机第一次在北航试车台台架上开始运转，发动机转速竟然达到 22 000 r/min（最大转速）。这台发动机成功试车，起到了验证机的作用，也证明了拼凑修复方法的可行性，同时也增强了各方面的信心，对后面的研制工作能在十年内持续进行起到了巨大的推动作用。

　　随后，采用逐步串装部分国产零件的方法，又修复了 5 台发动机。1971 年 6 月，第一台全国产零件的 001 号发动机完成装配并进行了试车。1970 年 9 月和 12 月，修复的无人驾驶高空侦察飞机使用修复的 216 发动机分别在东北和华北地区的两次投放试飞均获得圆满成功。

涡喷 11 发动机右侧面（顺航向）　　　　　　　涡喷 11 发动机左侧面（顺航向）

　　1977 年 5 月，216 发动机顺利通过设计定型国家鉴定试车，并被正式命名为涡喷 11（代号 WP11）发动机。1978 年 5 月，国产 004 号发动机完成了国产无人机国家鉴定定型试飞任务，发动机随同无人机整机于 1980 年由国家航空产品定型委员会（简称"航定委"）批准设计定型，命名为无侦五（又称为"长虹"1 号），我国终于有了自己的无人机。

　　涡喷 11 发动机海平面最大静推力为 833 kgf，为单级跨声速轴流式＋离心式压气机（增压比为 5.5），环形燃烧室，单级轴流式涡轮，具有高空性能好、成本低、维护性好的特点。

　　实际上，在打下的美制无人机残骸中，还有一个足球大小的球形钢罐。钢罐由导管与插在发动机尾喷管中的 4 根直径约 10 mm 的管子相连。那么这个球钢罐到底是什么？作用又是什么呢？

　　当时相关领导特别关注此球钢罐，认为它里面装的可能是用于提高飞机升限的高能燃料。因为当时我国主力战机的升限约为 17 000 m，而这种美军高空无人侦察机飞行高度达到了 20 000 m，是不是它的无人机发动机采用了什么高能燃料呢？

　　这个谜底很快就揭开了。技术人员将球钢罐中残留的液体送往位于大连市的中科院化学研究所，进行分析后，发现原来里面并不是什么高能燃料，而是最普通的浓硫酸。这样又产生了另外一个问题，为什么"火蜂"无人机要向其发动机的尾喷管中喷入浓硫酸呢？

　　经过充分的调研，尾喷管中喷入浓硫酸一般用于飞行表演时的拉烟。据空军相关人士介绍，该机进入我国空域后，机尾有明显的烟迹，很容易就被地面人员发现。这就很令人费解了，难道说美军飞机入侵别国领空还怕人发现不了他们？好像没有这样的道理。

　　为了搞清楚这个问题，北航联系到防化研究所。在该研究所的试验基地，专门安排了一个模拟发动机尾喷管喷出高温燃气流、用红外测量仪器测量了拉烟与不拉烟的试验。试验结果表明,拉烟减弱了尾喷管排出燃气的红外辐射能量。

真相终于大白!原来美军怕我空军使用红外导弹打击其入侵我国的无人机,便采用了在发动机排出的燃气流中喷入浓硫酸的办法,以降低其红外辐射能量。后来,在我空军先后打下三架这样的无人机之后,美军发现拉烟的作用不大,因而在以后我军打下的多架飞机中,就没有发现这样的球钢罐了。

随着涡喷 11 发动机定型,其除了应用在无侦五上之外,还用于岸对舰导弹和巡航导弹。在涡喷 11 发动机的基础上,我国又研制了多个型号小推力级的涡喷发动机,其中最先进的是带全权限数字控制系统的涡喷 11C 发动机,这就是用在"云影"无人机上的发动机。另外,它还用于翼龙-10 隐身无人机。

翼龙-Ⅱ无人机(使用螺旋桨发动机)

翼龙-10 隐身无人机(使用涡喷发动机)

回望过去,从将近 20 000 m 高空被击落的数架"火蜂"无人机发动机的残骸开始,一步步进行残骸的收集、分析、研究、修复、试制和试验,最终成功研制出我国涡喷 11 发动机,其中所经历的艰辛恐怕不是常人所能体会的,这集中体现了我国航空人坚定的信念、执着的精神和航空报国之心。另外,由整个残骸分析到研制成功的过程,我们认识到,航空发动机的测仿不是终点,而是研制的起点,只有扎扎实实做好先进技术的吸收、消化,并加以继承和创新,才能走上发动机技术发展的康庄大道。

参 考 文 献

[1] 迷彩虎.感谢美国送的大礼,勇闯台风的翼龙 10 发动机来自美国无人机[EB/OL]. (2020 - 08 - 07)[2022 - 02 - 26]. http://k. sina. com. cn/article_6004273387_m165e1f0eb03300tm16. html.

[2] 陈光.世界航空发动机史的奇迹,仿制击落美景无人机发动机"涡喷 11"的那些事[EB/OL]. (2017 - 12 - 30)[2022 - 02 - 26]. https://www. sohu. com/a/213768050_332162.

[3] 飞帅.世界绝无仅有——我国喷气式航空发动机 70 年的仿制史[EB/OL]. (2020 - 04 - 22)[2022 - 02 - 26]. https://new. qq. com/rain/a/20200422A0BSN400.

4 错过发展机会的涡扇6发动机故事

20世纪七八十年代是国外先进国家航空发动机发展的黄金时期,当时美国正在展开如火如荼的大推力军用涡扇航空发动机研制大战,英国开始在康维涡扇发动机基础上研制飞马发动机,法国研制的阿塔系列发动机正处于鼎盛时期,苏联也在努力研制其第二代涡扇发动机,此时的我国也在准备开始为自己新立项的歼-9飞机研制涡扇6发动机。

当时,两个同是社会主义大国的中苏之间的关系非常紧张,苏联的图-22"逆火"超声速战略轰炸机已对我国构成了很大的威胁。另外,处于冷战时期的美、苏两国开展激烈的军备竞赛。国际形势和周边态势迫切需要我国发展高性能战机,这便是即将立项的单发歼-9和双发歼-8战斗机。

歼-9飞机

歼-8飞机

为了有效应对各种威胁,歼-9飞机设计性能指标定得比较高,要求最高飞行高度达到21 000 m,最高飞行速度达到$Ma=2.5$(即"双2.5"指标),爬升率达到200 m/s,最大航程达到3 000 km,作战半径不小于600 km,续航时间达到3 h。该飞机的总设计师为中国航空研究院飞机设计所副所长王南寿,由顾诵芬负责飞机的气动设计工作。

为了满足歼-9飞机设计性能要求,与之配装的涡扇6发动机性能也比较突出。其涵道比为1,3级跨声速风扇的增压比为2.15,11级高压压气机的增压比为6.8,这样14级压气机(含风扇)的总增压比为14.6,这在当时是一个比较高的增压比;燃烧室为环管形;涡轮共有3级,其中高压涡轮2级、低压涡轮1级,高压导向叶片和工作叶片均为空心气冷式叶片;加力燃烧室采用平行进气、内外涵混合式;尾喷口为收敛式无级调节。发动机全加力推力为12 220 kN,最大状态推力为7 130 kN,推重比为5.93,涡轮前燃气温度为1 077℃,加力油耗为2.26 kg/(kgf·h),最大军用推力油耗为0.68 kg/(kgf·h),最大空气流量为155 kg/s。

王南寿（1924—　　）

顾诵芬

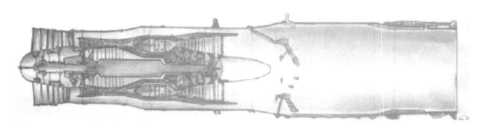

涡扇 6 发动机结构简图

涡扇 6 发动机之所以采用环管形燃烧室，是因为环管形燃烧室容易调试，可先对单个火焰筒测试，再对整个燃烧室测试，降低了研制难度。但环管形燃烧室的缺点就是比较重，后来的涡扇 6G 采用了环形燃烧室，所以推重比得以提高到 7 以上。

单从这些性能数值上来看，涡扇 6 与英国当时的斯贝 MK202 发动机性能数据相当，这说明涡扇 6 发动机从刚开始设计定位就比较高。但不同的是，当时我国航空发动机的研制基础与英国相比还是有较大的差距，更重要的是还没有完整的涡喷发动机研制经验，更不用说涡扇发动机的研制经验，所以这给发动机的后续研制带来了众多的困难和技术难题。

最初计划的涡扇 6 发动机有两个型别，分别是有加力燃烧室和没有加力燃烧室的发动机，有加力燃烧室的发动机用于国产歼-9 战斗机，没有加力燃烧室的发动机用于轰-6 飞机。

1964 年 5 月，沈阳航空发动机设计研究所开始进行涡扇 6 发动机设计。在开始设计之前，设计人员通过对英国罗罗公司的斯贝（MK511/512）、美国的 J79 发动机、国内的涡喷 7 和涡喷 8 发动机的详细对比分析，研究了各型发动机主要零部件的结构特点和优缺点，并对将要设计的涡扇 6 发动机进行了多轮详细的论证研讨，在此基础上提出了多个结构布局方案建议。

1965 年 9 月，第三机械工业部下达了研制任务书，确定涡扇 6 发动机的总体设计方案（项目代号 910），随之开始涡扇 6 发动机的技术设计。1966 年 5 月，开始主要零部件的试制。1968年6月，首台试验机完成总装并开始台架运转试车，这时距开始试制也就两年多的时间。

然而，时间到了1969年4月，为了应对来自外部的空中威胁，上级组织调整了新研飞机的设计技术指标，提出了"双三"飞机方案，即飞行高度达到30 000 m，飞行速度达到$Ma=3$，并且决定集中力量研制"双三"飞机，歼-9飞机只能暂时下马。"双三"飞机是一个很宏伟的设计方案，但在当时的条件下，研制这样一型飞机的技术难度和风险还是很高的。这是歼-9飞机和涡扇6发动机的第一次下马。

仅仅五个月后的当年9月，可能是意识到"双三"飞机的研制技术风险巨大和技术指标实现的可能性小，上级又决定继续研制歼-9飞机，于是其装机的涡扇6发动机得以继续研制。这是歼-9飞机和涡扇6发动机的第二次上马。到了当年11月，第二台涡扇6试验机组装完成。

吊装中的涡扇6发动机

1971年2月，针对运输机的发展需要，上级又决定暂停涡扇6发动机的研制工作，集中力量研制涡扇6甲发动机。

相比于涡扇6，涡扇6甲发动机定位用于运输机，因此发动机的性能参数也有了相应的调整。其涵道比为1.74，最大推力为10 169 kN，最大燃油消耗率为0.6 kg/(kg·h)，推重比为4.69，压气机总增压比为19.72，空气流量为274.5 kg/s，涡轮前燃气温度为1 100℃。

鉴于当时我国装备的歼-6飞机难以胜任多种使命任务，其他飞机无论是质量还是数量也都难以满足未来空战的需求，在涡扇6甲任务下发仅过去不到7个月时间的1971年9月，上级决定研制另外一种配装涡扇6发动机的歼-13飞机，使得涡扇6研制工作得以继续，但技术指标又进行了调整，将指标调整后的涡扇6命名为涡扇6G。

由于涡扇6G发动机明确用于歼-13战斗机，因此其性能指标有别于涡扇6。该发动机全加力推力为13 800 kN，全加力燃油消耗率为2.338 kg/(kg·h)，最大推力为8 385 kN，最大燃油消耗率为0.785 kg/(kg·h)，其涵道比为0.633，推重比为7.05，压气机总增压比为 17.5,空气流量为 151.2 kg/s,涡轮前进口温度为 1 200℃。

到了 1972 年 4 月,考虑到新型飞机发动机的装机需要和涡扇 6G 发动机的研制风险,上级决定利用由英国引进的 MK202 仿制得到的斯贝发动机作为歼-13 飞机的动力装置,因此决定暂停涡扇 6G 的研制工作,此时距涡扇 6G 项目上马仅半年多时间。这是涡扇 6 项目的第二次下马。

然而,在四年之后的 1976 年 12 月,上级经过研究,又决定将涡扇 6 作为强 6 飞机的动力装置继续研制。这是涡扇 6 项目的第三次上马。

之所以要开展强 6 飞机的研制,是因为 1974 年初中越之间爆发了西沙海战。尽管此次小规模的战斗我国最终取得了胜利,但西沙海战暴露出我国海军、空军在作战中无法得到有效空中支援的问题。此后不久,空军和海军航空兵分别提出各自的新型支援型战斗强击机研制计划要求。但受当时国家财力所限,最终空军和海军航空兵各自要求的战斗机合二为一,即研发一款能够同时满足空军、海军航空兵使用的战斗机。

计划中的歼-13 战斗机

计划中的强 6 攻击机

1974 年中越海战场景

苏联米格-23 飞机

强 6 飞机以苏联米高扬设计局研制的米格-23 战斗机为仿制对象,由南昌飞机制造厂研制,总设计师为陆孝彭院士。该飞机是我国研制的第一架可变后掠翼飞机,最大武器载荷

4 500 kg,作战半径 900 km,拥有强大的对地攻击能力,基本满足了海军航空兵远航程和强对地攻击能力的要求。

1978 年 3 月,第三台涡扇 6 发动机试验机组装完成。

1980 年 10 月,第三台涡扇 6 试验机完成台架测试。测试结果表明,其最大推力、燃油消耗率等技术性能均已达到最初的设计指标要求。1981 年进行了带加力燃烧室的试验发动机测试,发动机加力推力达到了 123.5 kN,达到了最初加力状态的性能指标要求。1982 年 2 月,首台涡扇 6G 进行了地面试验,测试表明其最大推力和加力推力均达到预期指标。1982 年 10 月,发动机通过规定的 24 h 飞行前整机试车,试车总时间达到 334 h。

到了 1983 年 4 月,又陆续生产了 4 个批次的 7 台试验机。但就在这一年,由于研制经费和发动机问题,歼-13 飞机最终下马,涡扇 6G 发动机命运到此终结。

从 1978 年开始,国际、国内形势出现了积极变化,空军装备体制也发生了重大调整,到 1984 年的时候,歼-9 和强 6 项目也相继下马,作为其配套动力的涡扇 6、涡扇 6 甲发动机也陆续下马。此后,彻底终止了涡扇 6 发动机的研制工作。这是涡扇 6 项目的第三次下马,当然这也是最后一次。

涡扇 6 发动机

从立项开始,到 1984 年 10 月,涡扇 6 发动机项目三次上马,又三次下马,致使发动机达到最初设计性能指标的时间达 16 年之久,当然这在世界航空发动机研制历史上并不算长。这期间曾遇到大量的技术问题,主要有发动机起动困难、压气机喘振、涡轮进口温度超温和发动机振动大等。造成这些问题的主要原因是缺少相应的技术储备,主要零部件的试验不够充分,特别是压气机部件效率低、喘振裕度小,给发动机的整机调试带来不少的困难,以至于主要零部件经过多次修改、试验和整机调试,花了大量的时间。直到涡扇 6 发动机项目最终下马,尚有一些技术问题没有得到完全解决,这也给后续发动机的研制留下了一些隐患。

涡扇 6 发动机研制历程坎坷,第一个原因是限于当时的条件,决策层将发动机研制置于飞机研制项目之中,没有认识到发动机研制在整个飞机研制中的地位和特点。第二个原因是发动机研制管理脱离基本国情,对自己的技术底细没有摸清,研制技术指标定位不准确,其间短时间内多次变化,导致设计方案多次变动。第三个原因是整个项目的研发经费严重不足,当时拨付的研发资金只有 1.2 亿人民币,资金严重不足很大程度上影响了研发进度。例如,法国 M53 发动机的研制经费有 6.99 亿美元,是涡扇 6 的 50 多倍;英国研制 RB199 发动机从 1971 年 9 月开始第一台发动机进行地面试车,到 1980 年投入使用,差不多用了 9 年的时间,共生产了 67 台试验发动机,总研制经费达到 6.6 亿英镑;美国普惠公司的 F100 发动机从 1969 年开始全面工程研制,到 1974 年 11 月交付总共用了将近 5 年的时间,研制经费达到 11 亿美元,这还不算后续对研制过程中出现的可靠性问题进行整改的经费,而后来的 F135 发动机总研制经费达到 67 亿美元。第四个原因是研制主责单位频繁变化,致使后一个主责单位对前一个单位的研制情况掌握不到位、不彻底,影响了项目的研制进程。1966 年时涡扇 6 试制定点为沈阳 410 厂(现中航发沈阳黎明航空发动机有限公司),到了 1967 年底的时候转到湖南株洲 331 厂(现中航发南方航空动力机械公司),到 1969 年 7 月又从株洲 331 厂转回到沈阳 410 厂,1972 年 6 月又从沈阳 410 厂转到四川江油的 624 所(现中航发燃气涡轮研究院),1974 年 5 月又从四川江油 624 所转回沈阳 410 厂。

　　下面介绍 1967 年涡扇 6 发动机转到湖南株洲 331 厂时发生的一个真实事件。涡扇 6 转到 331 厂研制的时候,沈阳航空发动机设计研究所(现中航发沈阳发动机设计研究所)派出了由一百多名科研人员组成的队伍来厂指导研制工作。1970 年 6 月 24 日这一天,工厂组织涡扇 6 组装机台架试车。试车过程中试车台人员发现测试仪表指示的发动机振动值时大时小,时任沈阳赴株洲指导组副组长的严成忠便带领 4 名同志前去试车间观察发动机情况。就在他们进入试车间、发动机推高转速的时候,突然发动机上一片风扇叶片飞了出来,击中了发动机上的滑油散热器,顿时风扇碎片、散热器碎片全都飞了出来,引起了火灾。熊熊烈火和浓烟顷刻间弥漫了整个试车间,情势万分危急!万幸的是消防车及时赶到,5 名同志才得以脱身,但试车间设备损失严重。事后查明,原来是这片风扇叶片的锁片强度不够而出现断裂,造成风扇叶片飞出来,其断片击穿机匣,之后打坏试车间的燃油导管,引发试车间火灾。这次事件使人们认识到,搞发动机研究必须按科学规律办事。

台架上的涡扇 6 发动机

涡扇 6 发动机的加力燃烧室

虽说涡扇 6 发动机项目最终下马，但它是我国第一次独立地开展航空发动机研制，是一次有益的发动机研制过程的探索，为我国后续航空发动机的研制打下了基础。其作用主要表现在，一是培养了一批专业人才队伍，建设了一批试验设施条件。尽管涡扇 6 没有最终投入使用，但发动机的台架试验达到了原设计性能指标，标志着我国具备大推力军用发动机的研制能力，这也为后来的昆仑发动机和涡扇 10 发动机的研制培养了人才，参与该发动机项目的张恩和，后来成为涡扇 10 发动机总设计师。因此，如果没有涡扇 6 坎坷的历程，后续其他发动机的发展可能更坎坷、更曲折。二是攻克了一批关键技术，包括发动机起动过程控制、喘振监控、振动监控、高温材料等 114 项关键技术，其中有 30 多项成果获部、省以上科技成果奖，航空发动机高温轴承等 3 项成果获"全国科技大会奖"，在跨声速叶栅设计、气冷式涡轮设计、弹性支承设计、挤压油膜轴承设计等技术方面实现了突破。三是积累了宝贵的航空发动机研制经验，涡扇 6 的研制过程使我国认识到发动机的研制有其自身规律，既不能主观冒进，又不能故步自封，也不能依附于飞机型号的研制，更重要的是发动机研制是需要经过"设计—制造—试验—试用—使用"的多次循环才能成熟。

张恩和（1939—2016）

从技术指标上来看，涡扇 6 发动机的性能与法国 1967 年开始研制的 M53 发动机、苏联 1976 年开始研制的阿勒-31F，以及英国 20 世纪 60 年代中期研制的 MK202 发动机相近，应该说这是一种性能优秀且很有发展前途的涡扇发动机。对于该发动机的下马，涡扇 10 发动机总设计师张恩和曾说："涡扇 6 的下马，使得我们航空工业失去了一次缩短与西方差距的机会。"

参 考 文 献

[1] 铁流.涡扇 6 发动机命运坎坷：因时运不济而下马？[EB/OL].(2016-12-06)[2022-01-23]. http://mt.sohu.com/20161206/n475088728.shtml.

［2］　武器视野. 揭秘中国航空发展史：建国 68 年中国国产航发发展到底经历了什么！［EB/OL］.（2017－10－01）［2022－01－23］. https：//www. sohu. com/picture/195810336.

［3］　舰闻杂谈. 二十年竹篮打水一场空，国产涡扇 6 型发动机的奇幻研制经历［EB/OL］.（2021－06－17）［2022－01－23］. https：//www. sohu. com/a/472431348_100142741.

［4］　河东三叔. 中国航空史上最大遗憾，涡扇 6 下马导致多款先进机型夭折［EB/OL］.（2020－05－21）［2022－01－23］. https：//baijiahao. baidu. com/s？id＝16672806485565491091＆wfr＝spider＆for＝pc.

5　沙丘驻涡火焰稳定器诞生的故事

在英国人惠特尔和德国人奥海因分别发明了航空发动机之后,该技术迅速向军事领域扩展。相对于军事应用,对发动机推力的需求更强,于是便有了加力燃烧室。加力燃烧室一般布置在涡轮后,从涡轮过来的燃气速度很高(基本上在每秒 300 多米),再加上此处很容易受外界条件影响,所以在加力燃烧室投入工作时,很容易出现燃烧不稳定的现象,甚至熄火。

为了解决加力燃烧室燃烧的稳定和熄火问题,苏联利用德国技术研究了一种 V 形火焰稳定器。因为在 V 形火焰稳定器后可以形成气流的回流区,这个回流区由于热气团不断回流循环,能够不断引燃从回流区过来的火焰,从而稳定火焰。但 V 形火焰稳定器却因为阻力大、稳定性不好,会造成回流区气流失稳而产生熄火。另外,更为严重的是,这种回流区失稳造成的漩涡脱体,会引起加力燃烧室气流振荡,而产生振荡燃烧。这样一方面造成加力燃烧室内的气流高频振荡,容易造成燃烧熄火;另一方面由于振荡燃烧造成能量的消耗,发动机的工作效率降低了。

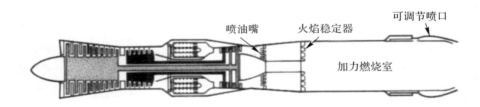

发动机加力燃烧室的位置

1968 年,刚从北京航空学院(即现在的北京航空航天大学)航空发动机系毕业的高歌被分配到青海茫崖石棉矿工作,在青海一待就是 10 年。也正是这 10 年时间,成为对他以后人生道路有重要影响的一个难得的成长机会。

在高歌去石棉矿报到的路上,他注意到沙漠里的沙丘,一个个沙丘的样子很好看,就像一个个弯弯的月牙。后来他发现,每次大风经过的沙漠里,其他形状的沙丘都被吹跑了、迁移了,唯独月牙形沙丘顽固地固守在原地。

高歌便对这种现象产生了浓厚的兴趣。他找了一些纸屑放在沙丘上,让风吹着它,结果发现风吹过了沙丘以后就形成了一些漩涡。这些漩涡很有规律,往后转的同时好像龙卷风一样往沙丘两个月牙尖上抽吸,便形成了往两边抽吸的气流结构。

沙漠中的沙丘

沙漠中的月牙状沙丘

高歌

宁榥(1912—2002)

1978 年,高歌考回母校攻读发动机系硕士学位,师从我国著名的燃烧专家宁榥教授,他就把自己观察到的月牙形沙丘气流流动结构的事情给宁教授做了汇报。

宁榥教授对此非常感兴趣。在高歌详细地将沙丘的形状,以及风吹过沙丘后观察到的情况说完后,宁教授说月牙形沙丘能稳定,那么沙丘后面的漩涡肯定是稳定的,它要是不稳定就被风吹跑了。在宁教授的指导下,高歌选择了沙丘驻涡稳定器的研究课题。

早在 1950 年,我国科学家钱学森院士和美国冯·卡门(Von Kaman)教授就曾在理论上推断过,如果能够减少回流区里的湍流强度,同时又能保证回流区中有足够的热量,就能够创造出一种高稳定的新型稳定器,但由于缺乏湍流的计算公式,一直没有研究成功。

20 世纪 60 年代,在美国的一所大学校园里,有人发现风吹过雪地之后,能形成一种特别稳定的雪堆,其形状和新月形沙丘一样。美国一位搞流体力学研究的教授对这个问题产生了兴趣。他设计了一个试验,通过测量空气流过同样形状结构件后的压力、速度等参数,证明了这个结构件后气流流动的稳定性效率提高了10%,但由于这位教授没有从三维流体角度研究这一问题,因而这件事似乎不了了之了。这种现象同样也曾引起过美国宇航局的重视,1977年他们委派美国一个非常著名的沙漠地质学家,帮助研究这种沙丘为什么会如此稳定,以便运用到航空或航天技术上。这位地质学家测量了几十个沙丘的形状,写了一本很厚的研究报告,指出这种沙丘后流动稳定的原因与沙粒的粗细、比重、成分等有关。

钱学森(1911—2009)

冯·卡门(1881—1963)

针对这个问题,宁教授指导高歌将研究重点放在黏性流和旋涡上,尤其应把精力放在旋涡研究上。于是,高歌主要进行了几个方面的工作。

首先,采用三维流场方法计算月牙形沙丘后的流场。当时,国际上有关计算三维问题的文章是很少的,三维问题之所以计算不出来,就是因为计算非常费时间,而采用二维流场进行研究,如果把所要计算的整个流场均分为5 000个网点来计算,用当时百万次运算次数的计算机只需一两个小时就能算出,但对于同样的三维问题将流场分为5 000个点来计算时,根据当时美国马里兰州的一位教授来我国讲学时所说的,在一个百万次的计算机上,需要计算约5 000 h。因此,对三维流场计算问题,只能算七八百点,计算点太多计算机无能为力。但是,不使用三维流场计算方法,又无法对沙丘问题进行研究,因此,还需要研究专门一种新的计算方法。

两个超强台风流场分析示意图

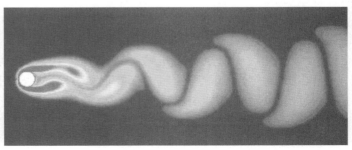
圆柱流流场分析示意图

计算黏性流要求解椭圆形偏微分方程,求解方法就有几十种。高歌当时针对这几十种计算方法,把每种方法的优点都写出来,缺点也列出来,然后反复琢磨。这样过去了两个多月时间,觉得其中的三四种方法有可能成为解决问题的钥匙。通过两个月的努力,他将这几种方法的优点综合到一起,构建了一种算法,圆满地解决了三维计算方法问题。按照他研究的算法,他把沙丘空间流场分成 3 000 个点,编写了相应的计算程序,然后不断地进行改进,在一台运算速度为十九万次的计算机上用 2 h 就把它的流场结构算出来了,这个速度与当时国际水平相比快了上千倍。

计算出沙丘后气流流场之后,通过对其流场的分析便理解了它的特点。沙丘后面的旋涡如此稳定的原因有两个:一个是龙卷风的原理,还有一个就是沙丘后面这个旋涡形成了一个拱桥结构,即前面宽、后面窄,一个个的旋涡挤在一起,就特别稳固,以至于无法脱落。之后,他利用试验进一步证明了沙丘型稳定器的流动阻力非常小,只有 V 形槽阻力的 1/5～1/4,所以发动机内部流过类似稳定器时的推力损失一下子就减少了很多。

其次,研究了沙丘后气流流场的稳定机理。当时可供参考的资料非常少,国际上的参考文献也非常少,他对这些方法进行了仔细分析后,感觉过去的方法在基本物理假设和概念上过于简化,没有考虑黏性、旋涡的旋转特性,应该把离心力和哥氏力这两种在旋转流场中存在的力同时考虑进去。他将这两项加在方程中,重新推导了一遍,得到一个稍微复杂的结果。经过一晚上的思考,他便明白了:事物一般有一个上限,也有一个下限,不可能只有一个界限,任何事物都有两个极端,这是一个哲学上的普遍规律。他发现之前推导出来的结果只是一个下限,如果应用广义的热力学第二定律,就可以找到一个上限。随后,他经过半个多月的反复推敲,终于发现旋涡的稳定确实有一个上限,也有一个下限。这就是,沙丘后的旋涡转得太慢了,不稳定;转得太快了,也不稳定。高歌通过自己的努力,终于采用流体力学理论解释清楚了沙丘后漩涡稳定的机理和动力学特性。

V 形火焰稳定器

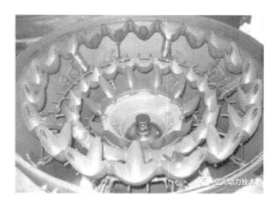

某发动机上的沙丘驻涡稳定器

再次,开展了沙丘形稳定器的试验研究。为了验证计算结果和理论分析结果的正确性,高歌分别进行了沙丘形稳定器实物的火焰试验研究、高空模拟实验研究和发动机整机试验研究。沙丘形稳定器实物的火焰试验研究表明,这种火焰稳定器非常稳定,比过去的 V 形槽稳定器的稳定性增大了 6～8 倍,相对于之前几十年时间能将稳定性提高 10%,甚至

20％,这个结果彻底颠覆了已有的研究结果,以至于他自己都不敢相信这个实验结果。在他利用这个结果给学校老师们做报告时,到场十几个人中只有一两个人相信是真的,但看了试验结果后大家相信了。随后,1981年开始进行地面模拟实验;1982年完成高空模拟实验;1982—1983年初完成发动机的整机实验;1984年进行飞行试飞,最后定型并开始实际工程应用。

1984年,北京航空学院高歌教授发明的"沙丘驻涡火焰稳定器"荣获国家发明一等奖。1985年12月26日,高歌、宁榥联名申请了沙丘驻涡火焰稳定器国家发明专利(专利申请号:CN85100305.2)。

沙丘火焰稳定器主要用于涡喷6甲、涡喷13发动机的改进型号中,使该型发动机加力推力增加了1％左右,加力燃烧稳定性大幅提高,燃油消耗也有所减少。另外,该技术还用在我国20世纪80年代研制的第一代反舰导弹的冲压发动机上,使该冲压发动机的临界推力增加约6％～9％,反舰导弹以2倍声速超低空巡航时的航程和发动机稳定性大为增加。

发动机整机地面试验　　　　　　　　　　　　飞机试飞前准备

著名科学家钱学森院士给予高歌教授发明的沙丘驻涡稳定器很高的评价,认为这是"为中国人争气的、很有价值的重要发明,是一个很大的技术突破,是在航空发动机领域里的重大建树"。

参 考 文 献

[1] 展翔的天马.美国研究沙丘无果中国却有新发明钱学森:长中国人志气的成果[EB/OL].(2021-08-27)[2022-03-11].https://baijiahao.baidu.com/s?id=1709242367482252053&wfr=spider&for=pc.

[2] 来源.沙丘驻涡火焰稳定器的发明过程[EB/OL].(2015-02-01)[2022-03-11].http://sepe.buaa.edu.cn/info/1065/3012.htm.

[3] 高歌.沙丘驻涡火焰稳定器发明经过[J].北京航空学院学报,1986(2):34-36.

[4] 高歌.在沙丘驻涡火焰稳定器诞生的日子里[J].学位与研究生教育,1985(3):21-25.

[5] 高歌、宁榥.沙丘驻涡火焰稳定器:CN85100305.2[P].1985-12-26.

[6] HOOKER K. Not Much of an Engineer – Sir Stanley Hooker[M]. England:an imprint of The Crowood Press Ltd. Wiltshire,1984.

6 九小孔空心涡轮叶片诞生的故事

1964 年初，我国自行设计的某新型飞机方案进入最终决策阶段，然而此时新型飞机装机的航空发动机遇得一些技术问题尚未完全解决，成为新型飞机方案最大的制约因素。新型飞机要求其装机的航空发动机增加 20％的推力，其涡轮叶片所能承受的温度将提高 100℃，因此，研制高温合金材料和解决涡轮叶片耐高温的问题迫在眉睫。

时间已经到了这年的 10 月，尽管花了很多时间和精力，但对于如何解决这个问题还没有找到很好的思路。在一次重新组织的关于动力问题的研讨会上，大家就如何解决这个问题又展开了热烈的讨论，但始终不能达成共识。

这时，一直在听着大家发言的第二机械工业部第六研究所（简称"六所"，现中航工业航空材料研究院）副所长荣科站了起来，提出了一个现在看起来具有挑战性的建议："为什么不把实心涡轮叶片做成空心的，空心叶片可利用外部空气对其进行冷却，这样叶片所能承受的温度不是可以提高了吗？"接着他又说道，"要将涡轮叶片造成空心的，这项技术我们现在还不掌握，叶片材料是否允许，再说制造工艺上是否能够实现这都是问题，因此，我建议是不是可以考虑构建'设计-材料-制造'研究制造体，这样就可以从根本上解决空心涡轮叶片的所有问题，以后发动机制造工厂直接利用研究制造体研究的空心涡轮叶片进行生产。"

时任第六研究所副所长荣科（1914—1995）

时任二所所长刘苏（1913—1992）

与会专家听到荣科副所长的一席话,顿时感到眼前一亮,大家的思路好像都一下开阔了。历经数月的讨论,大家终于看到了解决问题的曙光。但与会的国防部第六研究院第二研究所(简称"二所",即现在的中航发沈阳发动机设计研究所)所长刘苏面露难色,仍然心存疑虑:"这个型号可是国家重点研发的型号,事关国家和军队发展,我们一定要慎之又慎。一旦出现问题,谁能承担这个责任?"他一说这些话,大家都不吭声了。原因很简单,这件事必须要有人牵头去承担,否则再好的想法也只是一个想法。另外,这件事的确非同小可,每个人也需要认真地掂量掂量。

师昌绪(1918—2014)

吴大观(1916—2009)

　　毕竟这项当时世界先进水平的技术攻关任务,难度很大,任务接受下来能否完成难料。这时荣科又说话了,"六所和其他搞材料的研究所在高温合金上是有一定技术储备的,在材料和工艺方面,我们拼命也要想办法把它拼出来……"接着他又说道,"我看这件事事不宜迟,给我一年时间,我一定能把它搞成功。"听到他的话,刘苏很受感染,也表态说:"如果你老荣能担保一年之内搞出空心涡轮叶片来,我们就敢承担改进发动机的任务。"荣科当即立下军令状:"如果不能在一年内研制并提供空心涡轮叶片和新的高温合金,我甘愿把自己的脑袋挂在二所的大门口示众!"当时二所技术副所长的吴大观听到荣科一番激动人心的表态,也站起来表态:"你一年内拿出空心叶片,我二所就同时搞出涡喷×发动机改进涡轮叶片强制冷却100℃的设计方案。"

　　就在会议结束的这天晚上,荣科就驱车来到担任中国科学院金属研究所某室主任的师昌绪家,提议将金属所(即中国科学院金属研究所)、410厂(即现在的中航发沈阳黎明发动机有限责任公司)和二所组织在一起,通力合作研究航空发动机精密铸造多孔气冷涡轮叶片。

　　"什么是空心叶片?用它来干什么?我从来没见过,也没听说过!"师昌绪一头雾水地看着显得有些着急的荣科。看到师昌绪这样的神情，荣科说道："这种空心涡轮叶片我在 1962 年的巴黎航空展览会上看过，那是一种铸造空心叶片。"接着，他将有关情况给师昌绪做了介绍。原来我国正在研制的某型航空发动机性能一直不过关，其中一项制约因素就是涡轮叶片的铸造工艺达不到要求。据相关资料研究表明，类似的涡轮叶片，美国于 20 世纪 50 年代后期到 60 年代前期已经研究成功，并且已经应用到 JT - 3D 和 JT - 8D 和军用的 J52 发动机上。

听到荣科说到这个情况，师昌绪很激动，说道："我们中国人也不比美国人笨，美国人能做成功的事，凭什么我们中国人就不能成功？只要我们多加努力，无非是多花点时间、多花点精力、多些失败，只要努力，这个空心叶片我们肯定能做出来！"

师昌绪于 1918 年 11 月 5 日生于河北省徐水县，1941 年考入国立西北工学院（即现在的西北工业大学）矿冶系。1945 年，师昌绪以第一名的成绩从国立西北工学院毕业。1948 年取得出国资格后赴美留学，1949 年在密苏里大学获得矿冶学院硕士学位。1950 年，朝鲜战争爆发，美国司法部发布禁令（1951 年），禁止在美国学习理、工、医学科的中国留学生回中国，师昌绪只好进入诺特丹（Notre Dame）大学任研究助教，同时攻读博士学位。1952 年 6 月，他博士毕业后进入麻省理工学院，在著名金属学家 M. 科恩（Morris Cohen）教授指导下从事研究工作。

与此同时，他还与一批留美的爱国科学家一起与美国当局不屈不挠地斗争了三年。后来，他们联名给周恩来总理写信，表达他们迫切

1945 年获得学士学位的师昌绪

要求回国的强烈愿望，这封信由他送往印度驻美大使馆并转交国内。1954 年的日内瓦国际会议期间，中国政府据此向美国政府提出交涉，抗议美国政府无理扣留中国留学生，迫使美国同意他们回国。接着中美举行大使级会谈，为中国留美学生回国打开了大门。1955 年，经过一番周折回国后的师昌绪被分配到中国科学院金属研究所（简称"金属所"）担任研究员。

1957 年开始我国组织开展高温合金材料研究，当时金属所是第一批研究高温合金的单位之一。针对当时航空发动机涡轮叶片存在高温条件下材料韧性和抗疲劳性能不够的问题，师昌绪领导研究团队研究了铸造镍基材料和铁基材料，于 1962 年分别研究成功我国第一种铸造高温合金 916 和铸造镍基高温合金 M17。

听到师昌绪要牵头进行铸造空心涡轮叶片研究，金属所出现了不同的声音和质疑。美国研究基础那么好，花了那么多年才研究成功，我们能行吗？实心铸造叶片技术还没有完全

过关,直接研究空心铸造叶片是不是对困难估计不足?等等。面对各种质疑,师昌绪依然坚定地认为只要能提高我国航空发动机的技术水平,提高新型飞机发动机的性能,有利于推动我国航空工业的发展,再大的困难都能克服,因为这是"我们的奋斗目标"。

在时任金属所党委书记高景之和所长李薰的积极支持下,金属所决定成立代号为 AB-1 的项目部,包括高温合金组、冶炼组、铸造组、强度组、超声波 X 射线定位组、化学分析与相鉴定组、防护组等七个工作小组,集中全所力量打歼灭战。国内高温合金界的人士闻讯也纷纷表示想要参与研制工作。后来,项目部在沈阳召开了数次工作协调会后,组成了以金属所(主要负责材料研究)、606 所(即沈阳航空发动机设计研究所,主要负责设计)及 410 厂等三个单位为主的三结合小组。

来自三个单位的上百名科研人员组成了控制合金质量、蠕变、疲劳等力学实验,以及制定验收标准等重要环节的攻关组,由师昌绪担任组长,负责技术攻坚工作。曾在 111 厂(源于 1920 年张作霖在沈阳建立的东三省航空处航空修理厂,新中

李薰(1913—1983)

国成立后成为我国第一个喷气式飞机发动机厂,现中国航天科工集团第三研究院 111 厂)和 410 厂工作过的陆炳昌任政委,负责协调分工等组织工作。

经过集体讨论,形成了三大孔变形加工、三大孔机械加工和九小孔铸造等三种方案,师昌绪选择了难度最大的九小孔铸造方案,因为这个方案叶片的冷却效果最好,而且不需要大型机械设备,利用金属所现有条件就能立即开展研究。参与项目的金属所胡壮麟(1995 年当选工程院院士)对师昌绪的胆大心细一直钦佩不已。

九小孔铸造方案的第一个难关是选择制作空心叶片型芯的材料,它必须同时具备高强度、高耐火性、高化学稳定性、高尺寸精度和高表面质量等五个方面的特点,这是当时国际上高度保密的技术。科研人员尝试了利用钼丝、磷酸盐、硅酸盐等几个方案,但都无一例外地失败了。

遇到这种情况,参与项目研究的人都一筹莫展,师昌绪也感到前所未有的压力。一个偶然的机会,他在翻阅国外的一本杂志时,看到了一个出售不同规格细石英管的广告,他敏锐地感觉到,石英管似乎具备上面提到的五个特点。经过对石英管成型工艺和性能的一番研究后,他决定集中精力针对石英管材料开展科研攻关。但利用石英管最大的难题是如何制备合格的石英管。恰好当时金属所就有一位技艺高超的玻璃工,他能做出多种规格和形状的石英管。经过多次反复的试验,不到一个月就攻克了石英管型芯的难关。

九小孔铸造方案的第二个难关是制模,这是铸造空心叶片工艺的第一道工序。经过不断的试验与摸索,攻关组设计了一套组合制模的方法,制造了精度较高的模具,既简化了工

序过程，又稳定了过程工艺。

九小孔铸造方案的第三个难关是使用什么材料铸造。当时国际上流行选用 IN100 合金作为航空发动机涡轮材料，这是一种低密度、高强度的镍基铸造高温合金，具有合金化程度高、铬含量较低、晶界强化元素硼含量低于 0.01% 而碳含量大都超过 0.1% 等特点，但这种合金在美国的生产过程十分复杂，国内极难仿制和推广。最后，攻关组决定采用铸造镍基高温合金 M17 合金，为此成立了以张顺南和柴寿森为首的冶炼攻关小组，开发出一套低温精炼、低温脱气和低温浇铸的"三低"冶炼工艺，大大提高了 M17 合金组织的稳定性和合金性能的稳定性。

经过所有科研人员的不懈努力，终于在不到 1 年的时间里，我国第一片九小孔铸造空心涡轮叶片诞生在金属所的实验室中。1966 年 11 月，410 厂生产出了铸造空心叶片。

但在第一次发动机台架试车时，只试了不到 2 h，涡轮叶片就出现断裂，断片飞了出来。这个故障的影响太大了，如果不能及时排查出原因，这个使用 M17 铸造的空心叶片任务很可能会半途而废。尽管师昌绪这时也倍感压力，但还是稳定心神，当即安排组成失效分析小组，查找和分析事故原因。通过对铸造空心叶片制造工艺、装配工艺等进行认真的复查，发现是由涡轮叶片榫齿的安装公差不当，造成叶片根部局部应力过大，再加上叶片工作时的振动所致。后来，将叶片根部安装公差由正公差改为负公差并控制叶片的振动量。当年 12 月，装机试车终于成功。

涡轮叶片的榫头

安装到涡轮盘上的涡轮叶片

师昌绪从承接任务到完成技术攻关，只用了短短 1 年多的时间。

1975 年，当时第三机械工业部第六研究院决定把空心叶片生产转到贵州 170 厂（现在的中航发黎阳航空发动机有限公司）。但厂里生产时的成品率很低，师昌绪面对当时 170 厂艰苦的工作条件，毫不犹豫地带队前往贵州。他从原料准备、合金冶炼、模具制造、浇铸制度，一直到检测方法与验收标准的制订，始终与大家在一起，最终使空心涡轮叶片的成品率远远超过了他们正在生产的实心叶片的水平。

截至目前，该空心涡轮叶片仍是我国生产量、使用量最大的一种航空叶片，仅贵州 170 厂就生产了 40 余万片，装备我国各种先进机种，并且向海外出口。由该项技术发展出的冶炼、浇铸、型芯、工作、检测等一系列工艺和标准,一直指导着我国高温合金的制备和铸造涡轮叶片的生产。

这项成果不但解决了当时的难题,也在该领域产生了广泛的国际影响。正是这种空心涡轮叶片,使我国成为继美国、英国之后,第三个能够铸造空心叶片的国家。从研制时间上看,我国比美国只晚了 5 年,而英国人完成这一研究成果足足用了 8 年。20 世纪 80 年代,英国罗罗公司总设计师斯坦利·胡克在 410 厂参观时,看到了我国自己研制的空心叶片实物,他不无感慨地说:"单凭这一成就,就没白来中国一趟。"

1985 年,师昌绪因这项成就获得了国家科技进步一等奖,可他却说:"很多和我一块工作的科技骨干榜上无名,实属不安。"

后来,中国科学院金属研究所科研人员在师昌绪指导下研发了应用于各类飞机发动机和大型燃气轮机定向、单晶等系列高温合金和复杂型腔铸造技术;他还根据我国资源情况开发出多种节约镍铬的合金钢,满足了当时我国工业制造的需要;组建了中科院金属腐蚀与防护研究所,领导建立了全国自然环境腐蚀站网,为我国材料研究与工程应用提供了大量基础性数据;他大力提倡传统材料与新材料研究、基础研究与应用研究并重,促进了我国材料研究的可持续发展;他推动了我国材料疲劳与断裂、非晶纳米晶等学科的发展,提出了我国应大力发展镁合金,倡导并参与我国高强碳纤维的研发应用。

2010 年,师昌绪荣获国家最高科学技术奖。

参 考 文 献

[1] 全景科学家. 他凭一张草图为航空发动机造"翅膀"[EB/OL]. (2021 - 09 - 03)[2022 - 02 - 20]. https://baijiahao. baidu. com/s? id=1709767782521089826&wfr=spider&for=pc

[2] 中科院之声. 写在师昌绪先生百年诞辰之际[EB/OL]. (2018 - 11 - 15)[2022 - 02 - 20]. https://www. sohu. com/a/275473025_166433

[3] 金属加工. 铸造"皇冠上的明珠",航发涡轮叶片往事[EB/OL]. (2021 - 12 - 04)[2022 - 02 - 20]. https://new. qq. com/rain/a/20211204A06LL500. html

[4] DT 新材料. 师昌绪诞辰 100 周年在即,三思依归,纵横天下,一生之事,只为信仰![EB/OL]. (2018 - 09 - 25)[2022 - 02 - 20]. https://www. sohu. com/a/255944265_777213

[5] 拦阻着舰. 这项发动机技术我国世界第二,多亏这位总师赌誓敢拿脑袋立军令状[EB/OL]. (2017 - 06 - 14)[2022 - 02 - 20]. https://www. sohu. com/a/145931406_817482.

[6] HOOKER K. Not Much of an Engineer - Sir Stanley Hooker[M]. England:an imprint of The Crowood Press Ltd. Wiltshire,1984.

后 记——缅怀程礼教授

想编写本书，那是 2006 年左右的事情。从那时起我们便开始搜集素材，但正式动手来写却是在 2021 年 7 月。到 2022 年 2 月初稿完成，算起来还不到一年的时间。就在这不到一年的时间中，我的好同事、好朋友、本书的编者之一——程礼教授因身患重病，在本书初稿完成的第三天——2022 年 2 月 23 日，带着许多遗憾告别了他自己钟爱的工作和挚爱的家庭，离开了他热爱的这个世界，年仅 59 岁。因此，本书既是我们多年从事专业工作的一个愿望，也是对程礼教授最好的纪念。

2003 年 1 月，程礼教授在徐州云龙湖畔留影

程礼教授生病期间承受着别人无法感受的精神和身体上的折磨。作为一起工作多年的同事和朋友，看到他所遭受的一切，除了心痛，更重要的是在想应该怎样帮助他缓解痛苦。于是，在 2021 年 6 月底的一次探望时，我试着提出让他把之前我们组织的材料拿出来，拉一个纲目，然后一起讨论讨论，再按照这个纲目抽空慢慢将这些故事写出来。那个时候他的病情很严重，但人的精神还不错，对于这件事非常上心。他仔细翻阅了之前所搜集的资料，很认真地编写了一个纲目，并就纲目中的一些故事内容进行了规划。我们经过三轮讨论之后，他就带着病痛开始动手写作。有时，由于病痛无法入睡，他一直工作到深夜。随着病情的发展，慢慢地情况越来越严重，但他还是忍受着常人无法忍受的痛苦，凭借坚强的意志和多年的知识积累，努力地书写着每一个故事，对一些内容多方查证，认真推敲，对个别细节还专门

约我们讨论后再定稿,以确保故事的趣味性和可读性。

正是为了本书的撰写工作,在他病情比较严重的时候分散了他的注意力,从某种程度上减轻了他的病痛。可惜的是,他的病情发展很快,到 2021 年 12 月中旬的时候,他连坐起来都非常困难,更不用说继续伏案工作了,再加上此时他的视力受到病情的影响也大不如从前,只能静静地躺着,听我给他说编写进展情况和一些故事内容的细节,他还不时地给出一些完善意见。后期,他出现经常性昏迷,但在清醒之际,仍向我了解本书的进展情况。

欣慰的是,他终于看到了本书的初稿完成。

我与程礼教授相识于 1988 年秋,那时我还是一名在校大学生,而他正是我所在班级的专业课辅导教师。当时,他与未婚妻李宁老师刚从西安交通大学力学专业硕士毕业,一起到我所就读的大学工作,他对开始接触的专业充满了好奇。由于初到工作单位,按惯例他要与学生一起听课,课后还要参与学生的辅导。当时的他戴着一副文气的眼镜,嘴唇上还留着一点小胡子,头上蓄有略带卷曲而帅气的浓发。

2013 年 8 月,程礼教授与夫人李宁教授在兰州留影

在我们这些学生到专业教室实习参观时,他也经常与我们一起参观。一开始的参观过程中,同学都以为作为辅导老师的他,必然对专业知识了解很多,自然就会有同学向他请教问题。记得每当有同学提出问题后,他先扑闪扑闪眼镜后的大眼睛,说道"我也不知道,我也是刚开始学习",然后流露出一副不好意思的神情,这期间总有一些知道问题答案的同学站出来对所提出的问题进行解答。到了课程学习后期,再有同学向他请教问题时,他同样先扑闪扑闪眼镜后的大眼睛,然后习惯性地用手推一推眼镜,再顺手拨一拨头发,说道"这个我正好知道",便认真地讲解起来。相处的时间长了,我们都知道,这位老师除了严谨认真之外,还是一个比较有趣的人。

再与他相遇时,是我硕士毕业后到母校工作,我们成了同事,这时的他已经是我所在教研室的副主任了。此时的他,少了一些书生气,多了一些学者的儒雅,但给我印象更深的是他对所从事专业的理解和认识,此时的他比我读书时认识的他干练很多,但仍然对许多事充满浓厚的兴趣,并善于表达独到的观点。记得我们一起承担一个之前没有任何积累的项目,项目要求的时间很紧,刚开始比较辛苦,好多时候要一起加班到凌晨,在此期间,为缓解疲劳,他会经常讲一些笑话。再后来我们两人对工作进行了分工,但仍经常就其中的一些细节开展研究和讨论,他常使用的一句口头语是"换个思路看看",这个态度对于项目的按时完成起到了重要的作用。再后来,我们共同承担一项上级安排的委托故障鉴定工作,这项工作挑战比较大,因为一方面这对我们是一个陌生的领域,另一方面委托单位给的故障件极其有限。这个故障本身影响面非常广,引起了相关关联单位上、下级领导的高度关注。在这种情况下,作为项目负责人,他主导用事实说话。之后的一个多月时间里,我们对故障件进行认真的分析和研究,对故障件进行了大量计算、仿真,对故障件故障前、后的工作情况进行了合理的还原,最终我们用可信的数据和结合故障件给出的推断拿出了一份客观的故障分析报告,得到委托单位和上级单位的高度认可和尊重。近几年来,我们又承担了一项非常具有挑战性的工作,从这项工作一开始,他便倾注了极大的精力,通过对国内相关单位调研和走访,结合我们的多轮讨论和研究,提出了几个原创性原理模型和方法,并且在安排研究生编程验证模型的同时,他还亲自动手编程,以验证研究生编程计算结果的准确性,这对于项目取得阶段性成果具有重要的推动作用。

从 2007 年 5 月起,程礼老师担任了我所在系的系主任,我既是他的下级,又是他的同事,深深感到虽然他的职务变了,但他坚强不屈、一丝不苟的品格,厚德载物、身体力行的风格,坦荡无私、淡泊名利的人格没有变。

2018 年 7 月,与程礼教授在成都双流机场留影

他是一个很热爱生活的人,突出的表现就是对大自然的热爱。一次,我们一起出差到珠

海,见到路边各种不同的榕树,便从他那里知道什么是大叶榕树,什么是小叶榕树,他还给我详细解释了不同叶子的榕树各自的生长习性和药用价值。有一次,他有机会到攀枝花,便对攀枝花到底是什么花产生了兴趣,见到我时便问我攀枝花是什么花,我自然没有想过这个问题,然后他很认真地给我讲攀枝花实际上是木棉花,之后又给我讲木棉花的习性,以及木棉花的用途。有一次我们一起到了云南,他对田野边的三角梅产生了兴趣,给我们介绍这种花为什么叫三角梅,三角梅是梅树吗,等等。一次出差的机会,我们一起在四川成都双流机场现场观看了某航空公司清洗 A330 飞机的遄达发动机,当时是 7 月底,在参观之余,现场的一名机务人员跟我们说这个季节进行发动机试车的时候,经常有知了(蝉)自投罗网进入发动机进气道,他便对此产生了兴趣,一直等到飞机发动机清洗完毕之后的试车,果然看到发动机在推大转速时有知了飞过来,径直奔向飞机的进气道。他对这种现象感到十分好奇,为此他自己专门进行了研究,还专程到相关单位请教了动物和植物专家,了解知了的生活习性。

我们一起共事了三十余年,他就是这样一个充满活力而又富有生活情趣的人。

陈 卫

2022 - 03 - 13(再改于 2022 - 07 - 31)